烟用胶粘剂
分析技术及应用

张凤梅　司晓喜　蒋　薇　编著
韩敬美　李响丽

YANYONG JIAOZHANJI FENXI JISHU JI YINGYONG

华中科技大学出版社
http://press.hust.edu.cn
中国·武汉

内 容 简 介

本书主要总结编著者近年来在胶粘剂分析技术及应用领域的系列研究成果,并归纳总结国内外胶粘剂分析技术近年来的研究进展和主要成果。内容主要包括烟用胶粘剂、烟用热熔胶分析技术及应用、烟用水基胶分析技术及应用、三乙酸甘油酯分析技术及应用、其他烟用胶粘剂分析技术及应用。本书涉及的烟用胶粘剂分析技术可为烟用胶粘剂的研究和产品开发提供技术支撑,也可为胶粘剂领域提供可借鉴的技术经验。

图书在版编目(CIP)数据

烟用胶粘剂分析技术及应用 / 张凤梅等编著. -- 武汉 : 华中科技大学出版社,2024. 10. -- ISBN 978-7-5772-1307-1

Ⅰ. TQ43

中国国家版本馆 CIP 数据核字第 2024L0F048 号

烟用胶粘剂分析技术及应用
Yanyong Jiaozhanji Fenxi Jishu ji Yingyong

张凤梅　司晓喜　蒋　薇　韩敬美　李响丽　编著

策划编辑:吴晨希
责任编辑:陈　忠
封面设计:原色设计
责任监印:朱　玢
责任校对:王亚钦
出版发行:华中科技大学出版社(中国·武汉)　　电话:(027)81321913
　　　　　武汉市东湖新技术开发区华工科技园　　邮编:430223
录　　排:华中科技大学惠友文印中心
印　　刷:湖北金港彩印有限公司
开　　本:889mm×1194mm　1/16
印　　张:12.75　插页:2
字　　数:404千字
版　　次:2024 年 10 月第 1 版第 1 次印刷
定　　价:138.00 元

编　委　会

前言
PREFACE

烟用胶粘剂是烟支卷接及包装的重要材料之一,广泛用于卷烟搭口、滤嘴接装、小盒及条盒包装、滤棒成型等,是烟用材料不可或缺、重要的组成部分。烟用胶粘剂不仅是支撑烟支卷制、包装的重要载体,还对卷烟的质量安全有着重要的影响。

本书主要总结编著者近年来在胶粘剂分析技术及应用领域的系列研究成果,并归纳总结国内外胶粘剂分析技术近年来的研究进展和主要成果。全书主要包括烟用粘胶剂、烟用热熔胶分析技术及应用、烟用水基胶分析技术及应用、三乙酸甘油酯分析技术及应用、其他烟用胶粘剂分析技术及应用等内容,旨在较为全面地介绍现有烟用胶粘剂分析技术及应用。

本书由张凤梅、司晓喜、蒋薇、韩敬美、李响丽担任主要编著者,冯洪涛、刘春波、冯欣、杨继、杨明权、李振杰、朱瑞芝、唐石云、何沛、杨建云、周博、张伟、李超、陈建华、张子龙、张超、牛佳佳、杨飞、王嘉乐、刘志华、何邦华、李方方、管莹、杨莹、朱洲海、李忠态、徐艳群、彭琪媛、苏钟璧、王欣林、刘欣担任副主编。全书编写过程中,云南中烟工业有限责任公司、中国烟草总公司郑州烟草研究院、上海烟草集团有限责任公司相关科技人员做了大量的文献调研和技术、政策分析工作,在此表示诚挚的感谢。

本书内容丰富,具有较强的科学性和指导性,书中涉及的烟用胶粘剂分析技术可为烟用胶粘剂的研究和产品开发提供技术支撑,也可为胶粘剂相关领域的技术研发和检测工作者提供可借鉴的技术经验。

由于编著者水平有限,烟用胶粘剂的研究也在发展中,新技术不断出现,新的应用领域也在不断拓展,书中疏漏和不妥之处在所难免,恳请读者批评指正。

编著者
2024 年 9 月

目录
CONTENTS

第一章

烟用胶粘剂

第一节　烟用胶粘剂简介

一、烟用胶粘剂定义

烟用胶粘剂,是指加工滤棒、烟支卷接和包装过程中所使用的胶粘剂。

二、烟用胶粘剂现状

烟用胶粘剂是烟支卷接及包装的重要材料之一,广泛用于卷烟搭口、滤嘴接装、小盒及条盒包装、滤棒成型等,是烟用材料不可或缺、重要的组成部分。其用量较少,以烟支长度为 84 mm、滤嘴长度为 24 mm 的硬盒卷烟为例,每万支卷烟使用的胶粘剂约 170 g。烟用胶粘剂不仅是支撑烟支卷制、包装的重要载体,还对卷烟的质量安全有着重要的影响。

烟用胶粘剂生产工艺较为复杂,例如烟用热熔胶除乙烯-乙酸乙烯酯等主要原料以外,还会添加石蜡、抗氧化剂等添加剂;烟用水基胶除乙酸乙烯酯-乙烯(VAE)共聚乳液和聚乙烯醇(PVA)等主要原料以外,在生产过程中还会添加其他物质,包括水、消泡剂、杀菌剂、黏度调节剂和其他添加剂。

三、烟用胶粘剂发展趋势

烟用胶粘剂不仅对滤棒、烟支、卷烟条盒包装有黏结、固化作用,还对滤棒、卷烟产品质量有着重要的影响。

从以往的研究情况来看,部分烟用胶粘剂含有人为添加的或原料夹带的有害成分,由于烟用胶粘剂参与燃烧或接触口腔,因此,烟用胶粘剂的安全性问题不容忽视。

随着卷烟工业对烟用水基胶性能和安全要求的不断提高,烟用水基胶的化学成分也在不断变化,而快速、安全、准确、灵敏、高通量是烟用水基胶中主要化学成分检测方法的主要发展方向。

传统的再造烟叶大多使用单一的胶粘剂,例如 CMC,制备出来的再造烟叶存在抗拉强度较低的缺陷。随着技术的发展,再造烟叶越来越多地使用复配胶粘剂,如天然多糖类胶粘剂。该类胶粘剂不会损害再造烟叶产品的吃味与香气,应用更为广泛。

随着爆珠卷烟迅速发展,为了更好地规范爆珠卷烟的生产,最大限度地减小潜在风险,人们更加关注爆珠壁材的安全,对爆珠壁材使用的胶粘剂的化学成分、性质和安全性等进行研究。

第二节　烟用胶粘剂分类

胶粘剂的种类很多,分类方法有多种,《胶粘剂挥发性有机化合物限量》(GB 33372—2020)[1]将胶粘剂分为溶剂型、水基型和本体型三类。

烟用胶粘剂按形态分为液态和固态两类,液态烟用胶粘剂指水基型胶粘剂和三乙酸甘油酯等,固态烟用胶粘剂指热熔胶粘剂。

根据烟草行业的应用特点,烟用胶粘剂分为烟用热熔胶、烟用水基胶、烟用三乙酸甘油酯、其他烟用胶粘剂,下面进行简要介绍。

一、烟用热熔胶

烟用热熔胶通常是指在室温下呈固态,加热熔融呈液态,涂布、润湿被粘物后,经压合、冷却,从而实现黏合的胶粘剂,如图 1.1 所示。

图 1.1　烟用热熔胶

二、烟用水基胶

烟用水基胶是含有一定水成分的水基型胶粘剂,包括淀粉胶和聚丙烯丝束成型胶粘剂,如图 1.2 所示。

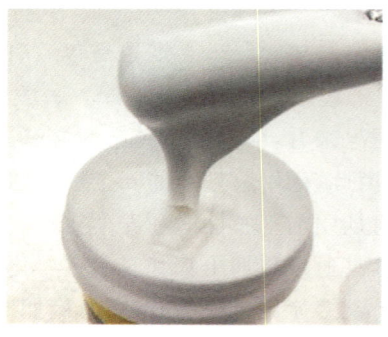

图 1.2　烟用水基胶

三、烟用三乙酸甘油酯

烟用三乙酸甘油酯是一种特殊的烟用胶粘剂,是由丙三醇(甘油)与乙酸(醋酸)或乙酸酐(醋酸酐)在酸性催化剂作用下经酯化反应制得的,是无色、无臭的油状黏稠液体,如图 1.3 所示。

图 1.3 烟用三乙酸甘油酯

四、其他烟用胶粘剂

除了加工滤棒、烟支卷烟和包装过程中使用的烟用水基胶粘剂、烟用热熔胶、烟用三乙酸甘油酯,在烟草生产过程中,还会使用其他烟用胶粘剂,如图 1.4 所示。

图 1.4 其他烟用胶粘剂

再造烟叶作为一种重要的烟草原料,在其生产过程中会使用很多类型的胶粘剂。再造烟叶胶粘剂通常是指把烟草颗粒/烟草纤维及其他组分黏结成片状等形状结构的胶粘物质,也称成膜剂。

同时,随着卷烟的发展,爆珠(胶囊或香珠)成为卷烟加香的重要方式之一,爆珠卷烟也越来越受到人们的重视,爆珠中使用的胶粘剂也进入了人们的视野。爆珠胶粘剂成分主要为增稠剂、成膜剂和填充剂,分为明胶体系和海藻酸钠体系。

第三节 烟用胶粘剂用途和特性

一、烟用热熔胶用途和特性

烟用热熔胶主要用于醋纤滤棒搭口、条/盒包装、烟箱封箱等。

2016 版《卷烟工艺规范》[2]中提出,烟用热熔胶在使用温度范围内满足开机使用的要求,熔融时间不宜

过长;使用过程应满足机台易清洁的要求;滤棒搭口胶使用后,应确保满足滤棒在常温环境下放置6个月无爆口现象。

《烟用热熔胶》(YC/T 187—2004)[3]规定了烟用热熔胶的外观和技术指标(表1.1),烟用热熔胶外观为浅黄色或乳白色固体颗粒,无异味、无异物和碳化物。

表1.1 烟用热熔胶技术指标

指标名称	单位	技术要求
固体含量	%	≥99.8
软化点	℃	标称值±3
熔融黏度	mPa·s	标称值(1±10%)
热稳定性	℃	≥200
重金属(以 Pb 计)[a]	mg/kg	≤10
砷(As 计)[b]	mg/kg	≤3

注:[a],[b]为型式检验指标。

二、烟用水基胶用途和特性

烟用水基胶主要用于醋纤滤棒中线、聚丙烯丝束滤棒成型,聚丙烯丝束滤棒中线、聚丙烯丝束滤棒搭口、卷烟搭口、卷烟接嘴、条/盒包装的黏结与固化。

2016版《卷烟工艺规范》[2]中提出,卷烟搭口胶不应堵塞喷嘴,应确保卷烟无爆口现象;卷烟接嘴胶应保持良好的流动性与黏结性能,使用过程不产生飞胶现象,不易使卷烟滚刀以及切纸轮与搓板结胶,确保烟支接装质量良好,不宜产生漏气、泡皱现象;滤棒中线胶不应堵喷嘴,应确保成型纸与丝束的粘连强度。

《高速卷烟胶》(YC/T 188—2004)[4]规定了高速卷烟胶的外观和技术指标(表1.2),高速卷烟胶外观应呈白色均匀乳状液,不应有可视异物和与卷烟不协调的异味。

表1.2 高速卷烟胶技术指标

指标名称	单位	技术要求
黏度	mPa·s	标称值(1±0.20)
pH	—	4.0~6.5
蒸发剩余物	%	标称值±2.0
粒度	μm	≤2
残存单体	%	≤0.5
稀释稳定性[a]	%	≤5
最低成膜温度[b]	℃	≤15
重金属(以 Pb 计)	mg/kg	≤10
砷(As 计)	mg/kg	≤3

注:[a],[b]为型式检验指标。

三、烟用三乙酸甘油酯用途和特性

烟用三乙酸甘油酯主要用于醋纤滤棒成型过程中的增塑和固化。

2016版《卷烟工艺规范》[2]中提出,烟用三乙酸甘油酯包装应完好、无破损;上机使用过程中不应出现堵塞管路、施加不畅的现象。

《烟用三乙酸甘油酯》(YC/T 144—2017)[5]规定了烟用三乙酸甘油酯的外观和技术指标(见表1.3),

烟用三乙酸甘油酯外观为无色、无臭、油状液体，不含机械杂质。

表 1.3　烟用三乙酸甘油酯技术指标

项目	单位	指标
三乙酸甘油酯含量	%	≥99.0
酸度（以乙酸计）	%	≤0.010
水分	%	≤0.050
色度	Hazen 单位（Pt-Co 色号）	≤15
密度	g/cm³	1.154～1.164
折光指数（n_D^{20}）	—	1.430～1.435
砷（As）	mg/kg	≤1.0
铅（Pb）	mg/kg	≤5.0

四、其他烟用胶粘剂用途和特性

再造烟叶胶粘剂主要用于将烟草颗粒/烟草纤维及其他组分黏结成片状，还赋予烟草薄片一定的机械性能。爆珠胶粘剂主要有增稠、成膜和填充等作用。

目前对其他烟用胶粘剂的技术指标和检测方法尚无统一的标准，但是通常均需要满足食品标准。没有食品标准的烟用胶粘剂，常规检测项目则有外观、pH 值、密度、固体含量、黏度、贮存期等。

参考文献

［1］　中华人民共和国国家质量监督检验检疫总局，中国国家标准化管理委员会.胶粘剂挥发性有机化合物限量：GB 33372—2020［S］.北京：中国标准出版社，2020.

［2］　国家烟草专卖局.卷烟工艺规范［M］.北京：中国轻工业出版社，2016.

［3］　国家烟草专卖局.烟用热熔胶：YC/T 187—2004［S］.北京：中国标准出版社，2004.

［4］　国家烟草专卖局.高速卷烟胶：YC/T 188—2004［S］.北京：中国标准出版社，2004.

［5］　国家烟草专卖局.烟用三乙酸甘油酯：YC/T 144—2017［S］.北京：中国标准出版社，2018.

第二章
烟用热熔胶分析技术及应用

▶

第一节　烟用热熔胶简介

热熔胶(hot-melt adhesive)指在熔融状态下进行涂布,冷却成固态即完成胶接的一种胶粘剂。热熔胶是以热塑性树脂或热塑性弹性体为基料,添加增黏剂、增塑剂、抗氧化剂、阻燃剂及填料,经熔融混合而成的固体状黏合剂,是一种加热到一定温度变为有一定黏性的液态的胶粘剂,具有无溶剂、无水分及在室温下呈固态的特点[1]。

烟用热熔胶(hot-melt adhesive for cigarette)指性能符合卷烟加工工艺要求,可在卷烟加工中应用,符合食品卫生标准的热熔胶粘剂。烟用热熔胶是卷烟生产制造过程中必不可少的辅料,在卷烟卷制和包装中已广泛应用于滤棒成型,以及包装盒、烟箱的粘接。

一、研究现状

中国热熔胶行业经过多年的研究和实践,产品细分品种超过 20 个,市场激烈竞争促进不断创新。据不完全统计,2001 年 9 月 30 日之后中国的热熔胶及相关发明专利公开 2161 项,美国为 495 项。相关工艺控制水平提高、效率提升,黏度计、拉力机、烘箱、涂布机等均已国产化,流变仪、涂布机成标配[2]。热熔胶在自动化包装、互联网快件袋、一次性卫材、汽车、建筑及室内装潢、便利性包装等方面,以及在替代溶剂胶等方面都还会有较快的发展。

中国热熔胶技术总体上处于世界先进水平,SBS(苯乙烯-丁二烯-苯乙烯嵌段共聚物)、SIS(苯乙烯-异戊二烯-苯乙烯嵌段共聚物)、聚醚多元醇等各种热熔胶材料均实现国内生产,绝大部分热熔胶材料国内供应充足、物美价廉。但中国热熔胶行业在全球竞争中还面临品牌力不足、国际化布局落后、缺乏国际化人才等问题,需要练好性能、质量、成本等内功。

二、发展趋势

(一)热熔胶未来市场规模变化

根据国际权威机构史密瑟斯研究所 2022 年发布的研究报告《到 2027 年热熔胶的未来》,印刷包装、非织布和其他用途的需求增加,将推动 2022—2027 年全球热熔胶需求稳步增长。数据显示,热熔胶市场规模预计将从 2022 年的 82 亿美元增长至 2027 年的 94 亿美元。5 年间,全球热熔胶的消费量预计将从 232 万吨上升至 277 万吨。报告预测,从 2022 年到 2027 年,包装仍将是热熔胶市场中份额最高的领域,该领域热熔胶的销售额预计将从 2021 年的 22 亿美元(71.5 万吨)增长至 2027 年的 29 亿美元(89.5 万吨)[3]。

(二)热熔胶品类的发展趋势

在热熔胶具体品类中,对乙烯-乙酸乙烯酯共聚物(EVA)的需求较大。能源和天然气价格的持续飙升,将促使热熔胶供应商重新调整产品配方,并将原料供应本地化。这意味着生产 EVA 需投入额外成本,最受欢迎的共聚物化学热熔胶正在失去其成本竞争力,EVA 类的热熔胶价格仍将保持相对较高的水平。但同时,这将有利于基于聚烯烃的配方,以及使用聚酯、聚碳酸酯等较小的细分市场。

高性能的热熔胶是当下热熔胶产品发展的趋势之一。2018 年中国高性能的 PUR(湿固化反应型聚氨酯)热熔胶销售量,相比 2017 年,增长速度达到了惊人的 40% 左右。

减少热熔胶的碳足迹将是研发的重要方向。为了应对气候变化、推动绿色低碳发展,许多行业重新审视自身的碳影响。这一趋势在占热熔胶市场 45.9% 的包装领域和卫生领域表现得尤为明显。在有关热熔胶的研究中,包括生物基、生物可降解和可回收在内的特征越来越突出。可回收性和可再制浆性是纸制品使用者考虑的重要因素。为了提高可持续性,大多数聚烯烃基热熔胶和其他黏合剂可以在很大程度上使用生物基作为原料生产,生物基等级的聚烯烃现已在商业领域应用。有研究表明,热熔胶可根据特定规则分解成富含营养的基质。也就是说,热熔胶可以通过生物基材料的组合实现有效的生命周期管理,而这些材料可以很好地进行回收利用,甚至可生物降解[3]。

产品的个性化、差异化将成为企业在市场上站稳脚跟的关键。随着市场多样化需求不断提高,中国新兴消费较多地体现出较高品位、个性化定制的需求,热熔胶产品应用领域不断被细分、扩大,产品品种也不断增加,这也将倒逼热熔胶企业走向产品个性化发展的道路,倒逼热熔胶产业结构调整、转型升级。

第二节　烟用热熔胶原料组成

表 2.1 中列出了调研的代表性烟用热熔胶常用物质。热熔胶主要由聚合物基体、增黏剂、蜡、抗氧剂和填充剂等材料组成,其中以乙烯-乙酸乙烯酯共聚物(EVA)为基础树脂的 EVA 热熔胶在卷烟生产中应用较为广泛[4]。

表 2.1　代表性烟用热熔胶常用物质

中文名	英文名
乙烯-乙酸乙烯酯共聚物	ethylene-vinyl acetate copolymer
合成蜡;费托蜡;沙索蜡	synthetic wax;Fischer-Tropsch wax;sasol wax
石蜡	paraffin wax
松香季戊四醇	pentaerythritol ester of rosin
松香甘油酯	rosin glycerol ester
氢化松香甘油酯	glycerol ester of partially hydrogenated rosin

续表

中文名	英文名
氢化松香	hydrogenated rosin
四[β-(3,5-二叔丁基-4-羟基苯基)丙酸]季戊四醇酯	pentaerythritol tetrakis 3-(3,5-ditert-butyl-4-hydroxyphenyl) propionate
2,6-二叔丁基对甲基苯酚	2,6-ditert-butyl-4-methyl phenol
氢化松香酯	hydrogenated rosin ester
烃聚合物	hydrocarbon polymer
氢化石油树脂	hydrogenated petroleum resin

一、乙烯-乙酸乙烯酯共聚物热熔胶

包装机生产速率的进一步提高以及包装材料的不断更新,尤其是卷烟工业近年来流行的"软盒硬化"包装形式,使 EVA 热熔胶在卷烟包装方面的应用呈逐年递增态势。EVA 热熔胶主要由以下四种成分熔混而成:基础树脂(EVA 树脂)、增黏树脂、蜡、抗氧剂。在某些场合还可加入少量填料以增加填隙性并降低成本。通常,热熔胶用 EVA 分子中的 VA 质量分数为 20%~35%[5]。与水基胶相比,热熔胶具有初粘时间短、初粘力大和粘接牢固等特点。因此,合适的固化时间可赋予 EVA 热熔胶良好的综合性能,并使 EVA 热熔胶能更好地适应超高速包装机的生产要求。软盒硬化类的卷烟产品采用了较厚的纸张材料,故其折叠后粘接面的反弹力度较大。使用 EVA 热熔胶可有效解决商标纸粘接不牢固、商标纸散包和烟盒挂烂破损等问题,以保证卷烟产品具有较高的生产效率和较低的生产成本[6]。

EVA 热熔胶的配方比较灵活,通过改变配方可调节热熔胶的某些性能。除选用合适的 EVA 树脂以外,还可通过增黏树脂、蜡和填料等组分的选用调节热熔胶的软化点、熔融黏度和粘接强度等性能,使其满足不同应用场合的使用要求[7]。朱万章[1]总结了 EVA 热熔胶的主要成分及其对性能的影响,下面对其总结进行介绍。

(一) EVA 聚合物

乙烯和乙酸乙烯酯的无规共聚物(EVA)是热熔胶的基础树脂,其分子结构可表示为:

$$—CH_2—CH_2—CH—CH_2—CH_2—CH_2—$$
$$| $$
$$O—CO—CH_3$$

EVA 的类型决定了热熔胶的内聚强度、柔韧性、对基材的粘接性以及可加工性。对热熔胶而言,应注意 EVA 的下列性能:分子质量及其分布、乙酸乙烯酯(VA)含量、结晶度、软化点、熔点、熔体指数(MI)以及熔体黏度等。这些性能直接影响热熔胶的各项性能。

EVA 的上述性能是相互联系的。同一系列的 EVA,分子质量越大,通常软化点越高,而熔体指数 MI 越小;不同系列的 EVA,结晶度和熔点随 VA 含量的增加呈直线下降。熔体黏度与 MI 呈反比关系。一般采用 VA 含量为 9%~40% 的 EVA,当 VA 含量超过 40% 时,EVA 便不再结晶。此外,当 VA 含量超过 30% 时,虽然对极性及多种无孔非极性基材的粘接性有所提高,但此种 EVA 聚合物常常与蜡不相容,这是热熔胶配方设计时要注意的一点。有时,在一个配方中往往要将 MI 不同的 EVA 或 VA 含量不同的 EVA 搭配使用,才能获得满意的综合性能。

表 2.2 中列举了 Exxon 公司 UL 系列 EVA 的性能。可见,当 VA 含量相同时(例如为 27.5% 时),随着熔体指数的增加,EVA 的断裂强度、硬度、环球法软化点和黏度均有规律地下降;而 VA 含量越高的 EVA,一般断裂伸长率要大一些,硬度会低一些。

表 2.2　UL 系列 EVA 的性能

性能	UL 15019	UL 53019	UL 00328	UL 00728	UL 02528	UL 04028	UL 15028	UL 40028	UL 12530	UL 02133	UL 04533	UL 05540
VA 含量/(%)	19	19	27	27.5	27.5	27.5	27.5	28	30	33	33	39
MI,190 ℃/[g·(10 min)$^{-1}$]	150	530	3	7	25	40	145	400	125	21	45	60
断裂强度/MPa	5.15	2.85	22	19	8.25	5.9	2.95	1.95	3.85	5.25	6.8	>5.85
断裂伸长率/(%)	680	200	750	800	750	750	500	320	820	830	900	>1000
硬度(邵尔 A)/度	86	84	82	80	75	76	69	68	73	72	67	55
环球法软化点/℃	102	87	165	140	127	110	89	82	101	100	116	100
黏度*,121 ℃/(mPa·s)	31	20	95	65	42	38	30	19	25	40	32	—

注:* 黏度是指 90% 石蜡和 10% EVA 混合后的黏度。

(二)增黏树脂

增黏树脂可以增加胶对基材的润湿性、接合力,从而提高粘接强度,其多为相对分子质量为数百至两千、软化点为 5~150 ℃的低聚物。常用的增黏树脂大致可分为四类:①松香及其衍生物,包括各种酯化松香和氢化松香;②萜烯树脂及改性产品;③石油树脂,最重要的是 C5 和 C9 树脂,包括它们的氢化物、混合物及共聚物等;④氧茚树脂及其氢化物。

选择热熔胶用增黏树脂时,应着重考虑增黏树脂的化学组成、软化点、价格、颜色、热稳定性和与热熔胶其他组分的相容性。其中软化点和相容性又是最重要的两个性能。一般来说,松香酯和萜烯树脂的极性越大,与 VA 含量高的 EVA 的相容性越好。相容性好的热熔胶室温下的柔韧性好。相容性可用胶的雾点来表征,雾点越高,相容性越差。氢化后的增黏树脂颜色较浅,在设计浅色热熔胶配方时多被采用。氢化的另一好处是可以提高胶的光稳定性。表 2.3 中列出了几类增黏树脂的性能比较,可作为热熔胶配方设计时的参考。

表 2.3　几类增黏树脂的性能比较

种类	色泽	耐老化性	与 EVA 的相容性	
			高 VA 含量	低 VA 含量
C5 树脂	4	4	2	4
C9 树脂	2	2	4	2
C5/C9 共聚树脂	3~4	3~4	2~4	4
氢化甲撑茚树脂	5	5	3	4
氢化 C9 树脂	5	5	3	2
萜烯树脂	4	3	3	4
松香酯	3	2	5	3
氢化松香酯	4	4	5	3
氧茚树脂	1	1	4	2

注:表中数值为相对比较值,1 代表极差,5 表示极好。

（三）蜡

蜡是热熔胶性能最有效的调节剂，一个配方的成败往往取决于所选用的蜡的种类及其用量合适与否。蜡分五大类：①动物蜡，如蜂蜡、虫胶蜡等；②植物蜡，如巴西棕榈蜡；③矿物蜡，如褐煤蜡；④石油蜡，如石蜡、微晶蜡；⑤合成蜡，如聚乙烯（PE）蜡、Fischer-Tropsch（费托）蜡、酰胺蜡、羟基蜡及氢化植物油等。其中，动植物蜡含大量的酯和不饱和键，热熔胶中不常用。石蜡是直链饱和烃（含碳原子 20～45 个），碳原子分布较窄，易形成片状大结晶，稳定性好；微晶蜡比石蜡分子质量高（含碳原子达 100 个），分子中有支化和环状结构，碳原子分布较宽，从而不能生成大结晶，相反，石蜡分子中常含有无定形结构。与石蜡相比，微晶蜡要软一些，也更柔韧，但熔点要高一些。石蜡和微晶蜡被大量用于 EVA 热熔胶中。

热熔胶中常用的合成蜡是 PE 蜡和 Fischer-Tropsch 蜡。PE 蜡的合成与聚乙烯相同，有高压法和低压法两种，也可由高分子质量的乙烯断链裂解而得。Fischer-Tropsch 蜡是高硬度结晶蜡，由一氧化碳和氢气反应制得，分子结构以直链为主，有少量侧甲基。

选择蜡时主要考虑它的熔点、结晶度、含油量、熔体黏度、分子质量分布及分子结构。高结晶蜡意味着正烷烃含量高。例如，合成蜡是高结晶、高熔点的蜡，广泛用于要求耐高温、快凝定的包装用热熔胶中，而微晶蜡则多用于要求低温性能和柔韧性好的热熔胶如装订胶中。现在，各种各样的合成蜡给热熔胶配方设计者提供了更广阔的选择余地。

（四）抗氧剂

理论上说，一般聚烯烃用高效抗氧剂均可用于 EVA 热熔胶，但在常用的配方中，大多选用抗氧剂 264 或 1010，后者化学名为四[β-(3,5-二叔丁基-4-羟基苯基)丙酸]季戊四醇酯，一般用量不超过热熔胶总量的 0.5%。

（五）填料

有时在热熔胶中加入一些填料，可降低收缩率，增加填隙性，降低成本。可用的填料有碳酸钙、滑石粉、二氧化硅等。

二、热熔胶的性能调节

（一）粘接性

粘接性是热熔胶最重要的性能之一，影响因素也最多。首先，EVA 是热熔胶粘接性能的主要决定者。如前所述，当 EVA 中 VA 含量增加时，热熔胶的粘接性大大提高，高 VA 含量的 EVA 可用来粘接无极性的非多孔材料，例如聚乙烯和聚丙烯膜。其次，增黏树脂和蜡对粘接性的影响主要取决于它们的熔体黏度和化学结构。熔体黏度越低，热熔胶越容易渗入多孔基材，从而形成机械结合。蜡的表面能低，当蜡量增加时，热熔胶的润湿性提高，可增加粘接性。用微晶蜡代替石蜡可改进价键力引起的黏附，这是因为微晶蜡热熔胶的模量低，凝定时间长。

对于极性基材，采用有极性基团的蜡（如羟基蜡或天然蜡）可提高粘接性。热熔胶的粘接性受整个胶体系相容性的影响。以蜡和 EVA 为例，蜡与 VA 含量为 18%～28% 的 EVA 的相容性最佳，容易形成共结晶，粘接性很好；但当 VA 含量低于 9% 时，EVA 先于蜡结晶，成了蜡的填料，胶的粘接性很差。

（二）黏度和流动性

热熔胶的黏度和流动性与施胶性能密切相关。选择 MI 大的 EVA、熔体黏度小的增黏树脂都可以使热熔胶黏度下降，可选择 MI 不同的 EVA 配合使用来调节热熔胶的施工黏度。但是，影响最大的还是蜡，因为蜡是热熔胶中黏度最小的成分，增加蜡的用量，可以显著降低热熔胶的黏度，增加其流动性，应尽可能选用黏度小、分子质量小的蜡，这样可以增加 EVA 用量，或采用低 MI 的 EVA。粘接多孔材料（纸板、瓦楞板）时，一般来说热熔胶的黏度越小越好。黏度太大，胶可能在未充分渗透基材时已固结，致使粘接得不好；黏度太低又可能造成胶过度渗入多孔基材，从而产生缺胶现象，这在机械化定量施胶的包装中特别要注意。总之,热熔胶的黏度主要通过蜡的种类、用量和 EVA 的 MI 来调节。蜡的熔点和热熔胶的软化点与热熔胶的黏度并无对应关系。

(三)拉伸强度和模量

EVA 的拉伸强度随其 VA 含量和 MI(或分子质量)不同有很大的变化。通常 MI 较小的 EVA 拉伸强度高,制成的热熔胶拉伸强度也大。此外,在相容性允许的情况下,蜡能使热熔胶的拉伸强度和模量增加,若不相容则会使胶的刚性增大,对提高强度无益。采用正烷烃含量高的高结晶蜡或高熔点蜡,会使热熔胶的拉伸强度和模量提高。

(四)延伸率和柔韧性

EVA 的分子质量直接影响胶的柔韧性,MI 越小,柔韧性越小。以 VA 含量为 28% 的 EVA 为例,熔体指数 MI 与柔性模量的关系见表 2.4。

表 2.4　EVA(VA 含量为 28%)的 MI 对柔性的影响

MI/[g/10 min]	柔性模量/MPa		
	−20 ℃	23 ℃	49 ℃
3	85.5	15.9	9.7
6	82.7	13.8	8.3
25	78.6	10.3	6.9
43	62.1	9.0	—

蜡对热熔胶的柔韧性也有很大影响。用微晶蜡代替石蜡,或用窄分布的合成蜡代替普通合成蜡,可以增加热熔胶的柔韧性,这是因为微晶蜡有比石蜡更好的柔韧性,而窄分布合成蜡更易与 EVA 中的乙烯链段相容。另外,松香酯和萜烯树脂增黏剂极性越大,与高 VA 含量的 EVA 的相容性也越好,这样也可提高热熔胶的室温柔韧性。蜡分子中的异构及环化烷烃量高,制成的热熔胶延伸率大。几种石油蜡的结构见表 2.5。书籍装订用热熔胶要求延伸率高达 500%～600%,冰箱包装用胶也要求有较好的柔韧性,因而配方中多采用微晶蜡。

表 2.5　几种石油蜡的结构

类型	正烷烃/(%)	异构及环化烷烃/(%)	碳原子数/个
石蜡	87	13	18～40
中等蜡	60	40	20～60
高熔微晶蜡	30	70	30～80
塑性微晶蜡	10	90	30～80

(五)玻璃化温度(T_g)

热熔胶的 T_g 直接关系到胶的低温性能。在 T_g 以下,胶脆,受冲击或弯曲时容易断裂。热熔胶中 EVA 的 T_g 较低,但增黏树脂和蜡的 T_g 一般较高。由高聚物物理学可知:若组分相容,混合体系的 T_g 处于组分高和组分低的 T_g 之间,由混合比决定;若体系不相容,则会出现几个 T_g。热熔胶也是如此,高分子质量的聚乙烯蜡与 EVA 的相容性往往不好,而窄分布的合成蜡、石蜡和微晶蜡与 EVA 相容。软微晶蜡的加入会使热熔胶的 T_g 稍稍上升,而高熔点的合成蜡使热熔胶 T_g 上升较多。要想使热熔胶的 T_g 较低,还应尽量采用 T_g 低的增黏树脂。

（六）开放时间

开放时间指的是施胶后不会因凝定或结晶失去润湿能力而仍能使用的时间间隔。热熔胶的开放时间常以秒计。对聚合物增黏树脂体系而言，蜡的加入总是会缩短开放时间，影响程度随蜡的性质而变。一般来说，蜡用量越大，熔点越高，结晶度越大，则使热熔胶的开放时间越短。不同用途的热熔胶要求有不同的开放时间。如工艺品用胶的开放时间要长些，以便于手工操作和调整；高速纸板密封胶的开放时间则很短，这样有利于缩短工期。

（七）凝定时间

凝定时间即胶的定位时间，与热熔胶的熔点、环境温度有关。冬季气温低，散热快，凝定时间短。配方设计中可用蜡来调节凝定时间，高结晶度、高熔点蜡可缩短凝定时间，微晶蜡则会延长凝定时间。

（八）未固化强度

胶未固化的粘接强度直接影响到施胶后的加压时间，从而影响到粘接工艺。未固化强度与胶的极性、润湿性有关，选取内聚强度和抗拉强度高的组分有利于提高胶的未固化强度。蜡的类型和用量对未固化强度也有很大影响。

（九）耐热性

耐热性与组分的熔点和分子质量分布有关。用高熔点组分制成的热熔胶耐热性高，而蜡的加入常常会降低耐热性。

（十）抗粘连性

热熔胶胶粒的抗粘连性与胶的贮存有直接关系。抗粘连性差的胶在高温高湿条件下贮存易结块。用较硬的蜡可防止胶粒粘连，如聚乙烯蜡。除了选择合适的蜡，蜡的用量适当也可防止粘连。此外，在某些场合下还可在胶粒中拌入滑石粉一类的粉状物，以防止粘连。

（十一）再制纸浆性

对包装纸板来说，热熔胶的再制纸浆性直接影响到纸板的回收利用。采用两种方法便于胶从纸浆中分离：一是使热熔胶的密度降低，通常低于 0.98 g/cm³，制纸浆时用过滤或离心法分离；二是采用酰胺蜡、羟基蜡等高极性蜡，或选用亲水的聚合物和增黏树脂使热熔胶具有水溶性或水分散性，这样在制浆时可与纸浆分离。

三、热熔胶原料对粘接性能的影响

烟支包装材料的正面和背面均为光滑平面，使用 EVA 或聚烯烃热熔胶对其进行粘接，经常出现开胶、粘接不牢等问题。耿志忠等[8]采用 OWRK 法测定热熔胶及其原料、烟用包装材料在常温下的表面能，讨论了材料表面能与粘接性能的关系。

烟用热熔胶主要原料的接触角、表面能及其分量见表 2.6。增黏树脂的表面能为 42.0～61.4 mN/m，它属于高表面能材料，用于提高热熔胶的粘接性。1♯～4♯原料为烟用热熔胶主体树脂，均为乙烯的共聚物。值得注意的是，在相同条件下，低乙酸乙烯酯含量的聚乙酸乙烯酯与乙烯共聚树脂对纤维类基材的粘接性要优于高乙酸乙烯酯含量的聚乙酸乙烯酯与乙烯共聚树脂。5♯和6♯原料为烟用热熔胶两种常用蜡：乙烯蜡和费托蜡。其中，费托蜡的表面能高于石蜡和乙烯蜡。7♯～10♯原料为烟用热熔胶常用增黏树脂，其中，C9 氢化石油树脂与水及二碘甲烷的接触角均最大，表面能最低，为 42.0 mN/m。11♯原料为试验室自制马来酸酐改性松香酯树脂，由于含有一定过量的马来酸酐，其对水的接触角减少至 51.7°，与二碘甲烷的接触角只有 21.7°，其表面能为 61.4 mN/m。

表 2.6　烟用热熔胶主要原料数据表

序号	材料名称	与水的接触角 θ_W/(°)	与二碘甲烷的接触角 θ_D/(°)	色散分量 /(mN/m)	极性分量 /(mN/m)	表面能 /(mN/m)
1#	聚乙烯与1-辛烯共聚树脂(POE)	99.5	67.4	24.4	1.1	25.4
2#	聚乙酸乙烯酯与乙烯共聚树脂（VA:28%）	98.4	64.8	25.8	1.1	26.9
3#	聚乙酸乙烯酯与乙烯共聚树脂（VA:19%）	91.3	61.0	28.0	2.3	30.3
4#	聚乙烯与丙烯共聚树脂(PO)	88.3	61.8	27.5	3.3	30.8
5#	乙烯蜡	80.4	67.9	24.1	7.5	31.5
6#	费托蜡	94.7	49.9	34.3	0.7	35.1
7#	松香	73.4	26.6	45.6	4.6	50.1
8#	松香季戊四醇酯	80.8	18.1	48.3	1.9	50.2
9#	C5氢化石油树脂	70.6	33.2	42.9	6.3	49.2
10#	C9氢化石油树脂	89.6	37.0	41.1	0.9	42.0
11#	马来酸酐改性松香酯树脂	51.7	21.7	47.2	14.1	61.4

合成的热熔胶及其表面能等数据见表 2.7。1号胶使用费托蜡改性聚乙烯与丙烯共聚树脂,导致表面分子中的结构、结晶和分布状态改变,胶体表面能由 30.8 mN/m 上升至 41.5 mN/m。2号胶在1号胶的基础上加入了松香,通过松香中的羧基亲水基团进一步提高胶体表面能。3号胶的表面能下降至38.3 mN/m,是由于所使用材料与水的接触角(即 θ_W)均较高,导致胶体表面能偏低。4号、5号热熔胶分别采用材料 9# 或 10#(即 C5 或 C9 氢化石油树脂)替换3号胶中的松香季戊四醇酯,4号热熔胶的表面能与3号胶几乎相等,略高于5号胶。基于以上,单独使用增黏树脂时,即使加入少量松香也会使热熔胶在主体材料(1号胶)基础上增加一定的表面能,而采用松香、C5 氢化石油树脂、C9 氢化石油树脂合成的热熔胶,即使加入大量松香也会导致表面能减少至 37.6~38.4 mN/m,这是由于大量增黏树脂的存在减少了胶中唯一能与水形成氢键的酯基在表面的数量,使3~5号胶表面亲水性降低,进而导致胶体表面能降低。

表 2.7　自制烟用热熔胶数据表

材料名称	与水的接触角 θ_W/(°)	与二碘甲烷的接触角 θ_D/(°)	色散分量 /(mN/m)	极性分量 /(mN/m)	表面能 /(mN/m)
1号胶	82.5	42.1	38.6	2.9	41.5
2号胶	60.6	66.3	24.9	18.8	43.7
3号胶	91.8	44.2	37.4	0.9	38.3
4号胶	89.2	45.5	37.0	1.4	38.4
5号胶	89.9	46.5	36.2	1.4	37.6
6号胶	57.38	40.81	39.2	14.1	53.3
7号胶	53.9	38.7	40.3	15.6	55.9

鉴于增黏树脂的亲水性对热熔胶表面能影响较大,利用松香季戊四醇酯与二碘甲烷接触角较小的性质,试验室制备了马来酸酐改性松香酯树脂,其表面性质如上所述。分别在 6 号胶和 7 号胶中添加 11♯ 材料,从结果看,11♯ 材料的加入使两个胶体的接触角都有一定的下降,表面能明显分别增加至 53.3 mN/m 和 55.9 mN/m,而将 6 号胶和 7 号胶对比,得知它的加入对热熔胶的表面能均有较大提升作用。

表 2.8 为采用 1～7 号胶进行粘接试验后测得的粘接强度数据。由表可得,纸箱属于易粘接材料,1～7 号胶均达到基材破坏的效果。普通条盒包装材料的粘接效果也较为理想,2～7 号胶配比均能达到基材破坏的效果,这说明在基材表面能为 44.7 mN/m,属于高表面能材料时,与基材表面能相似的热熔胶均能取得理想的粘接效果。而 1 号胶的胶粘效果要相对差一些,说明对于高表面能基材,胶粘效果不由热熔胶表面能决定,而取决于对基材的润湿性。对于软包硬化白卡纸,其表面能为 31.5 mN/m,属于低表面能基材。1～5 号胶粘接效果均不理想,剥离强度均小于 5 N/cm,这是表面能低导致的。6 号胶和 7 号胶粘接效果较为理想,其中 6 号胶对基材的粘接剥离强度最高,达到 11.2 N/cm,破坏类型为胶层开裂;7 号胶对基材的粘接剥离强度达到 7.8 N/cm,破坏类型为基材破坏。6 号和 7 号胶表面能与 2～5 号胶有明显差异,高表面能是取得高粘接性的主要原因。

表 2.8　自制热熔胶与烟用包装材料的粘接性能对比

材料名称	与纸箱的剪切强度 /(N·cm²)	与条盒纸的剥离强度 /(N·cm⁻¹)	软包硬化纸/(N·cm⁻¹)
1 号胶	基材破坏	50％基材破坏	1.83(界面脱胶)
2 号胶	基材破坏	基材破坏	2.16(90％界面脱胶,10％基材破坏)
3 号胶	基材破坏	基材破坏	3.58(90％界面脱胶,10％基材破坏)
4 号胶	基材破坏	基材破坏	4.85(80％界面脱胶,20％基材破坏)
5 号胶	基材破坏	基材破坏	3.77(界面脱胶)
6 号胶	基材破坏	基材破坏	11.2(胶层开裂)
7 号胶	基材破坏	基材破坏	7.8(基材破坏)

第三节　烟用热熔胶制备工艺

烟用热熔胶的研究主要集中在合成工艺、结构性能以及应用等方面[9-12]。

对于生产厂家来说,烟用热熔胶的生产工艺和配方都是严格保密的,但生产流程基本上是大同小异的(见图 2.1)。由于生产过程中选用原料的不同,工艺参数会有相应的变化调整[13]。

烟用热熔胶的生产工序主要如下[14]。

①确认原料的品种和数量。

②再次确认原料无误后,打开反应釜,将加热温度设置为 100～150 ℃,同时加入黏度调节剂。熔化一段时间后,逐步提高搅拌速度,同时留意温度的变化。

③上一步原料完全熔化后,温度达到 150 ℃,将聚合物、增黏剂、抗氧剂等一并加入。

④待原材料全部加入后,关闭罐口,将反应釜抽至真空,并把转速调整到最大转速的 50％～80％。

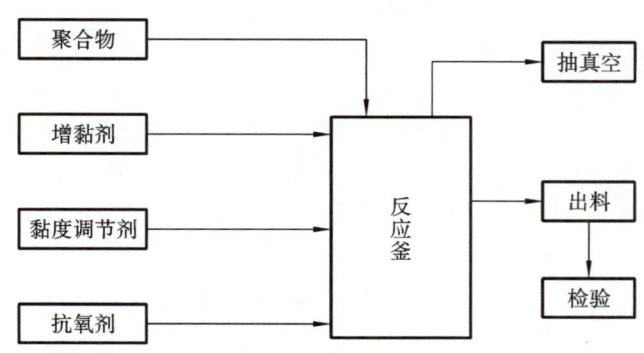

图 2.1　烟用热熔胶生产流程图[14]

⑤根据产品液位的高低,调整气阀的开度,逐渐提高产品的真空度,最终将气阀完全关闭,将真空度控制在一定的数值,同时升温至额定温度。

⑥待生产完成后,通知包装人员打开风机,并开始接料包装,同时严格按照质检部门的标准,控制水分以保证成品干燥。

⑦送质检部门检测,测试合格后进入成品库房。

第四节　烟用热熔胶主要技术指标

一、化工行业对热熔胶的技术要求

我国化工行业对热熔胶提出了产品性能要求。《EVA 热熔胶粘剂》(HG/T 3698—2002)[14]中规定了乙烯-乙酸乙烯酯共聚物(EVA)与增黏树脂、添加剂等其他配合剂经过熔融混合而制成的 EVA 热熔胶粘剂的技术要求(适用于无线装订、家用电器、包装、管道防腐等应用的 EVA 热熔胶粘剂),根据具体使用情况对熔融黏度、软化点、拉伸强度、扯断伸长率、硬度、热稳定性、脆性温度提出了不同的性能指标要求,具体见表 2.9。

表 2.9　产品性能指标[15]

项目		指标							
		无线装订用					家用电器用	包装用	管道防腐用
		普通纸		涂料纸		边胶			
		低速	高速	低速	高速				
外观		乳白色或浅黄色固体							
熔融黏度(180 ℃)/(Pa·s)		$N_1 \pm 0.5$	$N_1 \pm 0.5$	$N_1 \pm 0.4$	$N_1 \pm 0.4$	$N_2 \pm 0.4$	0.50~4.0	0.60~2.8	3.5~6.5
软化点/℃	≥	74	82	74	80	74	70~95	85~120	—
拉伸强度/MPa	≥	3.0	3.0	3.0	3.0	2.5	2.5	2.5	2.5
扯断伸长率/(%)	≥	300				100	100	100	—

续表

项目	指标					家用电器用	包装用	管道防腐用
	无线装订用				边胶			
	普通纸		涂料纸					
	低速	高速	低速	高速				
硬度(邵尔 A)/度	80～92				75～85		80～90	
热稳定性(180 ℃×24 h)	无颜色转黑或焦状物产生							
脆性温度/℃ ≤	-1							

注：N_1、N_2 为熔融黏度标称值，推荐 N_1 值为 2.7～5.5 Pa·s，N_2 值为 2.0～2.3 Pa·s。

针对纺织品用热熔胶，我国化工标准《纺织品用热熔胶粘剂》(HG/T 3697—2016)[15]也提出了纺织品用共聚酰胺类(PA)、共聚酯类(PES)、聚乙烯类[高密度聚乙烯(HDPE)、低密度聚乙烯(LDPE)]、乙烯-乙酸乙烯酯共聚物(EVA)、热塑性聚氨酯类(TPU)热熔胶粘剂的技术要求，见表2.10。

表 2.10 纺织品用热熔胶粘剂技术要求[15]

项目		PA	PES	HDPE	LDPE	EVA	TPU
熔融温度/℃		$m^a\pm5$	$m\pm10$	$m\pm3$	$m\pm3$	$m\pm3$	$m\pm5$
熔体流动速率/(g/10 min)		$C^b\pm10\%$	$C\pm10\%$	$C\pm10\%$	$C\pm10\%$	$C\pm10\%$	$C\pm10\%$
含水率/(%) ≤		3.0	2.0	0.5	0.5	0.5	2.0
灰分/(%) ≤		2.0	3.0	1.0	1.0	1.0	1.0
表观密度/(g/cm³)		0.52～0.67	0.55～0.78	0.39～0.45	—	—	0.50～0.70
密度/(g/cm³)		—	—	0.952～0.962	0.914～0.924	—	—
粒度c/μm	细粉 ≤	80	80	80	—	—	80
	中粉 ≤	200	200	200	200	200	200
	粗粉 ≤	600	600	600	600	600	600
剥离强度d/(N/m)≥	水洗前	480	420	340	200	180	300
	40 ℃,1 次	360	320	—	160	—	260
	40 ℃,3 次	320	300	—	120	—	240
	40 ℃,5 次	280	280	—	100	—	220
	60 ℃,1 次	300	280	—	—	—	240
	60 ℃,3 次	260	240	—	—	—	220
	60 ℃,5 次	220	220	—	—	—	200
	92 ℃,1 次	200	220	300	—	—	—
	92 ℃,3 次	140	160	280	—	—	—
	92 ℃,5 次	100	140	280	—	—	—
	干洗前	180	160	—	—	—	220
	干洗后 1 次	140	120	—	—	—	200
	干洗后 3 次	120	100	—	—	—	180

注：a m 为熔融温度指标值。b C 为熔体流动速率指标值。c 对粒度的具体要求，供需双方可另订协议。d 对于耐水洗温度和耐干洗次数供需双方可在标准范围内协商确定，洗涤前后的剥离强度需符合标准要求。

二、烟用热熔胶的技术指标

烟草行业根据烟草中使用的热熔胶种类、使用情况对烟用热熔胶的技术指标提出要求。烟草行业标准《烟用热熔胶》(YC/T 187—2004)[16]中对热熔胶的外观和技术指标进行了要求。外观要求为浅黄色或乳白色固体颗粒,无异味、无异物和碳化物。技术指标主要包括固体含量(percent solids)、软化点(max separation)、熔融黏度(melt viscosity)、热稳定性、重金属和砷含量。固体含量指在规定的条件下加热试样后,测得的不挥发物质的质量百分含量,也即不挥发物含量。软化点指规定的条件下测试的热熔胶蜡质化的温度。熔融黏度指在规定的温度条件下测得的热熔胶在熔融状态下的黏度。热熔胶的技术指标应符合表2.11的规定。

表 2.11　热熔胶技术指标[16]

指标名称	单位	技术要求
固体含量	%	≥99.8
软化点	℃	标称值±3
熔融黏度	mPa·s	标称值(1±10%)
热稳定性	℃	≥200
重金属(以 Pb 计)[a]	mg/kg	≤10
砷(As 计)[b]	mg/kg	≤3

注:[a]、[b] 为型式检验指标。

除技术指标外,国内外烟草公司也对热熔胶的潜在安全风险指标进行了管控。英美烟草公司烟用包装材料管理文件中要求热熔胶中只许可使用一种抗氧化剂,即2,6-二叔丁基-4-甲基苯酚(BHT),其最大使用量为0.5%。

三、烟用热熔胶的标志、包装、运输和贮存要求

烟草行业标准《烟用热熔胶》(YC/T 187—2004)[16]中对烟用热熔胶的标志、包装、运输和贮存也提出了要求,具体如下。

标志:应在每个包装容器的明显部位上标明产品名称、牌号、商标、批号、规格、净重、生产日期、生产厂名、厂址、联系电话等专用标签。

包装:烟用热熔胶应用牢固、密封、清洁干燥的塑料桶、纸桶、木桶、铁桶、纸箱或编织袋包装,在装入纸桶、木桶、铁桶、纸箱或编织袋前应衬塑料袋密封包装。每个包装净含量正负偏差不得大于其标定质量的1%。

运输:运输装卸工作应轻抬、轻放,以免破损。运输时不应与有毒或有异味的物品混装、混运,应防日晒、受潮和雨淋。本产品为非危险品。

贮存:烟用热熔胶应存放在阴凉通风干燥的场所,防止日晒,应隔绝火源,远离热源,不应与有毒或有异味的物品混放。产品自生产之日起,保质期为一年。

第五节　烟用热熔胶分析技术

热熔胶由主体聚合物、增黏树脂、黏度调节剂、填料及抗氧剂等部分构成。聚合物主体成分比例、质

量,添加剂成分等的差别,决定了热熔胶特性的差异。为了控制烟用热熔胶质量并开展成分配方分析、安全性评价等,烟用热熔胶物理指标分析、基本组成成分分析及抗氧化剂分析等技术得到了发展,下面将分别进行介绍。

一、物理指标分析技术

外观、熔点、黏度、硬度、固化速度等物理指标直接决定了热熔胶的可用性和使用性能。《烟用热熔胶》(YC/T 187—2004)[16]中规定了烟用热熔胶外观、固体含量、软化点、熔融黏度、热稳定性等物理指标的检验方法。

(一)外观检测方法

1. 仪器

烘箱、电磁炉或电炉。300 mL 铝制容器。天平:感量为 1 g,量程为 300 g。玻璃棒:直径 8 mm 左右,长 200 mm 左右。

2. 检验步骤

熔融前观察固体颜色和粒状,然后称取 200 g 左右的试样,放入铝制容器中加热至完全熔化,以目测观察其外观。

3. 结果表述和判定

熔融前固体为浅黄色或乳白色颗粒,表面平滑无杂质,粒状为枕状、片状、块状、条状等,熔融后为透明或半透明黏稠液体,不含水分,无异物及碳化物,其外观和颜色应均一稳定,否则该项指标为不合格。

(二)固体含量测定

1. 仪器

鼓风恒温烘箱:温度控制精度±2 ℃。温度计:0~150 ℃,分度值为 1 ℃。称量容器:直径 50 mm,高 30 mm 的称量瓶或铝箔皿。天平:感量为 0.01 g,量程大于 100 g。干燥器:装有变色硅胶的干燥器。

2. 检验步骤

用称量瓶称取 5 g 试样(精确至 0.01 g),将其置于恒温(80±2)℃的烘箱内。经干燥(60±5)min 后取出,放入干燥器内冷却至恒温后称量。

3. 结果表述和判定

试样烘干前后质量减少量≤0.02 g,则该项指标为合格,否则为不合格。

(三)软化点测定

按照《热熔胶粘剂软化点的测定 环球法》(GB/T 15332—1994)[17]的规定,采用环球法进行软化点测定。把确定质量的钢球置于填满试样的金属环上,在规定的升温条件下,钢球进入试样,从一定的高度下落,当钢球触及底层金属挡板时的温度视为软化点。

1. 仪器和传热介质

软化点测定器装置(见图 2.2)由下列部件组成。

①钢球:直径为 9.53 mm,质量为(3.50±0.05)g。

②环架金属板。

③钢球定位环:用黄铜制成。

④试样环:用黄铜制成的肩环或锥环,但仲裁试验要用锥环。

⑤环架:由上、下承板及中层的环架金属板和定位环组成。定位环可以水平地安放于中层环架金属板的圆孔中。定位环的下边缘距下承板应为(25±1)mm,容器底部与环架的下承板相隔同样的距离。3 层板用长螺栓固定在一起。

⑥烧杯:容量约为 800 mL,直径 90 mm,高度不小于 140 mm 的无嘴高型烧杯,其上口应与上承板相配合。

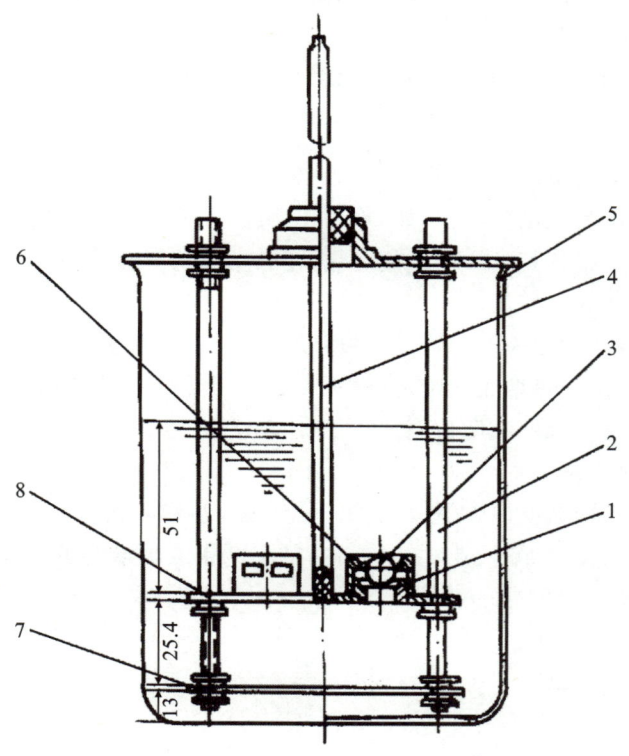

图 2.2　软化点测定器装置

注:1—试样环;2—环架;3—钢球;4—温度计;5—烧杯;6—钢球定位环;7—金属平板;8—环架金属板。

⑦温度计:分度值为 0.5 ℃。

其他设备和材料还包括:加热器;刮刀;瓷板或金属板,瓷板应光洁,金属板粗糙度达到 0.4 μm;瓷坩埚,容量为 50 mL;传热介质,应不与被测试样起反应,如使用水浴、甘油浴或硅油浴。

2. 检验步骤

(1)试样制备

取一定量的试验室样品放在瓷坩埚内,然后将瓷坩埚置于适当的传热介质中。加热样品至熔化,记录开始熔化的温度。继续加热使其完全熔化,直至其温度超过开始熔化的温度 25～50 ℃。在熔化和升温的整个阶段应搅动试样,使其完全成为均匀且无气泡的液体。另外把试样环加热到与熔化试样相同的温度,再将其放在瓷板或金属板上,为避免与其黏合,瓷板或金属板可稍微涂些甘油或硅油。用足够量的熔化的试样填满试样环,使其在冷却之后稍有多余部分。在空气中冷却 30 min,然后用稍加热的刀除去多余试样。

(2)试验步骤

准备好仪器,悬挂好温度计,使温度计的底部位于试样环平面,并与两环的距离相等,调节环架成水平状。

软化点温度低于 80 ℃的试样的测试:用比估计温度低 10 ℃的蒸馏水装满容器,要浸没试样环,水面应高出试样环 50 mm,在恒温的水浴中,这一温度应保持 15 min,用夹钳把预先浸在水浴中达到同一温度的钢球放入钢球定位环上。均匀升温,升温速度为(5±1) ℃/min。升高水浴温度,直至钢球穿到试样环进入试样。不按上述升温速度加热的所有试验都无效。当被试样包围的钢球触及环架的下承板时,要及时记录温度计所显示的温度。在试验过程中,如果试样发生连续降解,则可充入惰性气体或用其他方法进行测量。也可使用不同的传热介质进行加热。

软化点温度超过 80 ℃的试样的测试:与上述方法不同之处在于,要使用甘油浴或硅油浴进行加热。热熔胶粘剂在接近 80 ℃软化点的情况下,应该明确说明使用的传热介质的性能。

3. 结果表述和判定

二次测定温度的允许误差为 0.5 ℃。测定结果符合技术指标要求的为合格,否则该项指标为不合格。

(四)熔融黏度测定

《热熔胶粘剂熔融粘度的测定》(HG/T 3660—1999)[18]标准规定了热熔胶粘剂在180 ℃时熔融黏度的测定,也可根据需要商定采用其他试验温度,如《烟用热熔胶》(YC/T 187—2004)规定测定温度为(150±1)℃,根据试样量的不同分别用布鲁克(Brookfield)型旋转黏度计及套筒型旋转黏度计测定,测定的熔融黏度最大可达 200 Pa·s。

旋转黏度计测定的黏度是动力黏度,熔融的热熔胶粘剂是非牛顿流体,任意剪切速度与相对应的剪切应力之比不是定值。将一定量的热熔胶在给定条件下加热,当热熔胶温度达到试验温度时,选择适宜的黏度计转子、转速,开动黏度计,记录下黏度数值。

1. 仪器

布鲁克(Brookfield)型旋转黏度计(A 法);套筒型旋转黏度计(B 法)。

不锈钢或玻璃容器:A 法使用 200 mL 或 500 mL 的不锈钢或玻璃容器;B 法使用内径为 18 mm、高在 95 mm 以上的容器或使用黏度计附带的容器。

油浴:温度波动范围±2 ℃。

温度计:分度值为 0.1 ℃。

2. 检验方法

(1)试样的状态调节和试验室的温度及湿度

在试验前,在(23±2)℃以及相对湿度 50%±5%的条件下对试样进行 12 h 以上的状态调节,也可根据需要商定采用其他的时间。试验在与试样调节相同的温度及湿度的试验室内进行。

(2)A 法:布鲁克(Brookfield)型旋转黏度计

将不锈钢或玻璃容器放入油浴中,将油浴温度控制在 180 ℃。将足量预先加热接近试验温度的试样倒入容器中,用玻璃棒搅拌热熔胶直至样品完全熔融,将温度计插入试样中央测量温度。根据试样的预测黏度,选择适宜的转子,把黏度计调节到水平位置。将转子垂直浸入试样中心部位,并使液面达到转子液位标线。试样温度达到(180±1)℃后,开动旋转黏度计。选择转速,使指示值在刻度的 15%～95%范围内,预测黏度为 10 Pa·s 左右时,旋转 3 min 后记录指针读数;预测黏度为 100 Pa·s 左右时,旋转 5 min 后记录指针读数。每个试样测定三次,每次试验都用新的试样。

(3)B 法:套筒型旋转黏度计

将试样装入黏度计附带的容器里,并放入油浴中。将油浴温度控制在 180 ℃。试样熔融后,用温度计测量温度,待温度到达(180±1)℃后,恒温 15 min。根据试样预测黏度,选择适宜的转子和转速,把黏度计调节到水平位置,开动黏度计,使指示值在刻度的 15%～95%范围内。记录黏度计指针稳定值。

3. 结果表述和判定

对三个试样所测的读数值乘以所用的黏度计转子、转速的换算系数,分别算出试样黏度,求出三个试样的算术平均值(修约到有效数字两位)。

$$\eta_a = K_n \theta$$

式中:η_a——黏度(Pa·s);

K_n——所用的黏度计转子、转速的换算系数;

θ——在黏度计刻度板上读取的指示值。

A 法中试样量为 500 mL(无保护架)和试样量为 200 mL 时,指示值需乘以表 2.12 中的修正系数。

表 2.12　修正系数

试样量	转子号	修正系数
500 mL	A-1	1.04
	A-2	1.01
200 mL	A-1[1]	—
	A-2	0.86
	A-3	0.96
	A-4	0.98
	A-5	0.98

注:[1]试样量为 200 mL 时不宜使用 A-1 转子。

测定结果符合技术指标要求的为合格,否则该项指标为不合格。

(五)热稳定性测定

《热熔胶粘剂热稳定性测定》(GB/T 16998—1997)[19]规定了测定非反应性热熔胶粘剂热稳定性的方法。将一定量的热熔胶在给定条件下加热,以一定的时间间隔取出样品,记录加热期间黏度和软化点的数值,最高试验温度为 260 ℃,胶粘剂试验温度和试验时间由供需双方商定。

1. 仪器

①不锈钢或玻璃容器:外径 65 mm,高 95 mm,配有松动配合的盖子。

②油浴或鼓风恒温烘箱:温度波动范围为±2 ℃。

③玻璃棒。

④温度计:分度值为 0.1 ℃。

⑤上述测定软化点、黏度所用的仪器。

2. 测定方法

将不锈钢或玻璃容器放入油浴或烘箱中,将温度调节至所需的试验温度。将足量的试样放入容器中,用玻璃棒搅拌热熔胶直至样品完全熔融,将温度计插入样品中,测量温度。从该点开始计时。在试验温度±2 ℃范围内连续加热 2 h 以达到热平衡。《烟用热熔胶》(YC/T 187—2004)中规定的步骤与上述不同之处为,在 2 h 内将试样加热到试验温度,试验温度≥200 ℃,连续保持恒温 4 h。

在试验温度±2 ℃范围内,测量黏度;取适量胶粘剂,测定软化点。以 4～6 h 的时间间隔,重复黏度和软化点测定步骤,直至达到预定的试验时间。如果在热熔胶粘剂表面发现形成表皮,则应在测量黏度前先除去表皮。如果不可能以 4～6 h 的时间间隔进行试验,则时间间隔的选取应避免使胶粘剂产生破坏。在进行每次测量时,必须观察和记录下述情况:

——胶粘剂表面是否形成表皮;

——是否发烟;

——是否出现相分离现象;

——是否出现凝胶现象;

——是否出现沉淀物;

——是否出现颜色变化。

3. 结果表述和判定

将各加热时间间隔(以 h 计)测得的黏度值(以 Pa·s 计)和软化点值(以 ℃ 计)列表,加热时间间隔可根据热熔胶粘剂的特性和制造商的使用说明来选取。

试验过程中热熔胶无发烟、相分离、凝胶现象;无沉淀,无颜色变化,软化点和熔融黏度符合技术指标要求的为合格,否则该项指标为不合格。

二、基本组成成分分析技术

（一）成分分析技术

Vera 等对黏合剂的检测和迁移做了比较全面的研究[20-22]。Isella 等[23]用超高压液相色谱串联四极杆飞行时间质谱技术（UPLC-Q-TOF/MS）结合质谱图和数据库的方式，研究了聚氨酯黏合剂中难挥发物质的定性和迁移。目前黏合剂的检测定性方法主要为气相色谱-质谱联用法，其将各色谱峰对应的质谱图利用谱库检索进行物质匹配，匹配度越高，定性的可靠性越高。但是在实际样品成分分析过程中会发现黏合剂成分复杂，受分离度不佳或者色谱条件变化等因素的影响，组分质谱图发生变化，导致检索结果出现偏差；另外，黏合剂成分中往往含有多种同分异构化合物，因结构相似，质谱图差别不大，采用常规质谱检索方法不易准确定性，需要结合其他定性方法进行更准确的鉴定。Mcllroy 等[24]对保留指数法做了较为深入的研究，保留指数法与气相色谱-质谱联用法的许多参数和条件无关，能在定性中减少甚至消除具体试验条件的干扰，使定性更为准确。

单利君等[25]采用气相色谱-质谱联用法对复合包装用 2 种热熔胶中的未知成分进行分析，分别采用甲醇、正己烷、乙酸乙酯 3 种不同极性的溶剂超声萃取热熔胶中的化学物质，使用 2 种不同的色谱柱进行检测，在利用 NIST 质谱检索库检索的基础上，结合保留指数对未知化合物进行定性。下面对该方法进行介绍。

1.试验方法

（1）试验条件

试验热熔胶样品：白色胶棒编号为 HM1，购自珠海某公司；黄色胶粒编号为 HM2，购自广州化工市场。

色谱条件：色谱柱采用 HP-1MS 毛细管柱（30 m×0.25 μm × 250 μm）、HP-5MS 毛细管柱（30 m × 0.25 μm × 250 μm）。采用两种色谱柱对待测样品进行检测分析，利用检索出的不同色谱柱分析得出的文献保留指数进行交叉定性，提高定性结果的精确度。进样口温度：250 ℃。载气：氦气。流量：1.0 mL/min。进样量：1.0 μL。分流比：20∶1。根据不同萃取溶剂性质选择合适的升温程序。

质谱条件：电子轰击离子源。电子能量：70 eV。传输线温度：300 ℃。离子源温度：230 ℃。四极杆温度：150 ℃。采集模式：全扫描。

样品处理：称取 0.2 g（精确至 0.1 mg）样品置于具塞比色管中，加入 5 mL 萃取溶剂（分别为正己烷、甲醇、乙酸乙酯），加塞后用保鲜膜密封，在 40 ℃ 的水浴下超声振荡 30 min。将萃取液移至离心管内，以 3500 r/min 的转速离心 10 min，取上层清液，经 0.45 μm 滤膜后进样测定。

（2）数据处理方法

保留指数计算：取 5 μg/kg 的正构烷烃混合标品，测出各正构烷烃的保留时间，采用式（2-1）求得保留指数（RI）值。

$$RI = 100n + \frac{100(t_x - t_n)}{t_{n+1} - t_n} \qquad (2\text{-}1)$$

式中：n 为被测组分碳原子数；t_x、t_n 和 t_{n+1} 分别为被分析组分、碳原子数为 n 和 $n+1$ 的正构烷烃流出峰的保留时间（min）。

方法偏差的计算：方法的偏差是在确定的试验方法下计算出的实测保留指数和文献保留指数间的差值占文献保留指数的百分比。方法偏差越小，说明测定结果的精密度越高。方法的相对偏差公式如式（2-2）所示。

$$方法的相对偏差 = \frac{|RI_{exp} - RI_{lit}|}{RI_{lit}} \times 100\% \qquad (2\text{-}2)$$

式中：RI_{exp} 和 RI_{lit} 分别为被分析组分的实测保留指数和文献保留指数。

2. 热熔胶内未知物的定性结果

两种热熔胶共鉴定出 62 种物质,其中,HM1 鉴定出了 40 种物质,HM2 鉴定出了 42 种物质,方法的相对偏差为 0～2.56%,结果详见表 2.13。

HM1 里鉴定出的化学成分主要有酚类、酯类、酸类、烃类、醛类、醇类 6 大类物质。醛类有 1 种;酚类化合物有 4 种,都为热熔胶中抗氧化剂的组成成分;酯类化合物有 6 种,其中甲苯-2,4-二异氰酸酯能与二元醇作用而形成线型聚氨基甲酸酯或聚氨酯树脂,是构成热熔胶的主要原材料,三烯丙基异三聚氰酸酯是热熔胶内交联剂的主要成分;烃类化合物有 27 种,其中烷烃类大部分来自热熔胶中的石蜡,(＋)-长叶环烯、长叶烯、双戊烯、香树烯和 δ-杜松烯都是萜烯类化合物,可能是由热熔胶内的一种萜烯树脂增黏剂分解而来的;醇类有 1 种,2-乙基己醇是热熔胶内的一种增塑剂;酸类有 1 种,脱氢松香酸是热熔胶内的一种常用增黏剂。

HM2 里鉴定出的化学成分主要有酚类、酯类、酸类、烃类、酮类、醚类 6 大类物质。酚类化合物有 4 种,与 HM1 鉴定出的物质一样;酯类化合物有 3 种;酸类化合物有 3 种;烃类化合物有 30 种;酮类有 1 种;醚类有 1 种,双酚 A 二甲醚是一种橡胶防老剂,对健康有害。

表 2.13　热熔胶成分定性结果[26]

序号	化合物	CAS 号	热熔胶	溶剂类型	RI_{exp}	RI_{lit}	方法的相对偏差/(%)
1	甲苯-2,4-二异氰酸酯	584-84-9	HM1,HM2	A,C	1326[I]	—	—
2	甲苯-2,6-二异氰酸酯	91-08-7	HM2	A	1323[I]	—	—
3	三烯丙基异三聚氰酸酯	1025-15-6	HM1	A,C	1620[I] 1677[V]		—
4	2,4-二叔丁基苯酚	96-76-4	HM1,HM2	A,B,C	1485[I] 1519[V]	1502[I] 1518[V]	1.90[I] 0.00[V]
5	2,6-二叔丁基对甲酚	128-37-0	HM1,HM2	A,B,C	1492[I] 1528[V]	1492[I] 1533[V]	0.27[I] 0.52[V]
6	6-叔丁基间甲酚	88-60-8	HM1,HM2	A,B,C	1334[I] 1368[V]	1340[I] 1368[V]	0.52[I]
7	2,2'-亚甲基双-(4-甲基-6-叔丁基苯酚)	119-47-1	HM1,HM2	B,C	2363[I]	2398[I]	0.95[V]
8	2-氯-6-硝基苯甲酸	5344-49-0	HM1	B	2026[I]	—	—
9	脱氢松香酸	1740-19-8	HM1,HM2	B,C	2353[I] 2445[V]	2380[I] 2457[V]	1.13[I] 0.49[V]
10	脱氢枞酸甲酯	1235-74-1	HM1,HM2	C	2258[I] 2346[V]	2238[I] 2354[V]	0.89[I] 0.34[V]
11	2-乙基己基乙酸酯	103-09-3	HM1	A,C	1133[I] 1147[V]	1144[I] 1149[V]	0.96[I] 0.17[V]
12	乙酸十八酯	822-23-1	HM1	C	2208[V]	2208[V]	0.00[V]
13	正癸烷	124-18-5	HM2	B,C	1000[I] 1002[V]	1000[I] 1000[V]	0.00[I] 0.20[V]
14	十二烷	112-40-3	HM2	A,B,C	1201[I] 1199[V]	1200[I] 1200[V]	0.08[I] 0.08[V]
15	十四烷	629-59-4	HM2	A,B,C	1400[I] 1400[V]	1400[I] 1400[V]	0.00[I] 0.00[V]
16	十六烷	544-76-3	HM2	A,B,C	1599[I] 1599[V]	1600[I] 1600[V]	0.06[I] 0.06[V]
17	十八烷	593-45-3	HM2	A,B,C	1799[I] 1800[V]	1800[I] 1800[V]	0.06[I] 0.00[V]
18	二十烷	112-95-8	HM1,HM2	B,C	1999[I] 2000[V]	2000[I] 2000[V]	0.05[I] 0.00[V]
19	二十一烷	629-94-7	HM1	C	2100[I] 2101[V]	2100[I] 2100[V]	0.00[I] 0.05[V]

续表

序号	化合物	CAS 号	热熔胶	溶剂类型	RI_{exp}	RI_{lit}	方法的相对偏差/(%)
20	二十二烷	629-97-0	HM1,HM2	B,C	2202^I 2199^V	2200^I 2201^V	0.09^I 0.05^V
21	二十三烷	638-67-5	HM1,HM2	B,C	2100^I 2103^V	2300^I 2300^V	0.00^I 0.13^V
22	二十四烷	646-31-1	HM1,HM2	B,C	2400^I	2400^I	0.00^I
23	二十五烷	629-99-2	HM1,HM2	B,C	2500^I	2500^I	0.00^I
24	二十六烷	630-01-3	HM1,HM2	B,C	2601^I 2600^V	2600^I 2600^V	0.04^I 0.00^V
25	二十七烷	593-49-7	HM1,HM2	C	2700^I 2701^V	2700^I 2700^V	0.00^I 0.04^V
26	二十八烷	630-02-4	HM1,HM2	C	2799^I 2802^V	2800^I 2800^V	0.04^I 0.07^V
27	二十九烷	630-03-5	HM1,HM2	C	2899^I 2901^V	2900^I 2900^V	0.03^I 0.03^V
28	十二甲基环六硅氧烷	540-97-6	HM2	C	1341^I	1346^I	0.04^I
29	n-己基环己烷	4292-75-5	HM2	C	1240^I	1246^I	0.05^I
30	3-甲基十一烷	1002-43-3	HM2	C	1171^I	1172^I	0.09^I
31	3-甲基十三烷	6418-41-3	HM2	C	1371^I	1373^I	0.15^I
32	3-甲基十五烷	2882-96-4	HM2	C	1571^I	1574^I	0.19^I
33	3-甲基十七烷	6418-44-6	HM2	B	1769^V	1771^V	0.11^V
34	2,2,4,6,6-五甲基庚烷	13475-82-6	HM1	C	998^I 995^V	1003^I 995^V	0.05^I 0.00^V
35	2,2,7,7-四甲基辛烷	1071-31-4	HM1	C	1024^V	1013^V	0.50^V
36	乙苯	100-41-4	HM1	C	867^V	868^V	0.00^V
37	邻二甲苯	95-47-6	HM1	C	902^V	897^V	0.23^V
38	对二甲苯	106-42-3	HM2	C	876^V	870^V	0.69^V
39	苯甲醛	100-52-7	HM1,HM2	C	931^I	932^I	0.11^I
40	(＋)-长叶环烯	1137-12-8	HM1	A,B	1378^I	1376^I	0.15^I
41	长叶烯	475-20-7	HM1,HM2	B,C	1418^I 1439^V	1417^I 1413^V	0.07^I 1.84^V
42	双戊烯	138-86-3	HM1,HM2	C	1024^I	1023^I	0.10^I
43	香树烯	25246-27-9	HM1	A,C	1435^V	1439^V	0.28^V
44	右旋萜二烯	5989-27-5	HM1	C	1037^V	—	—
45	δ-杜松烯	483-76-1	HM1	C	1484^V	1498^V	0.63^I
46	蒽	120-12-7	HM1	C	1766^I	1755^I	0.14^I
47	9,10-二羟基蒽	613-31-0	HM1	C	1454^I	1452^I	0.11^I
48	萘	91-20-3	HM2	B,C	1168^I 1207^V	1159^I 1196^V	0.78^I 0.92^V

续表

序号	化合物	CAS 号	热熔胶	溶剂类型	RI$_{exp}$	RI$_{lit}$	方法的相对偏差/(%)
49	β-甲基萘	91-57-6	HM2	C	1280[I]	1284[I]	0.31[I]
50	3,6-二甲基菲	1576-67-6	HM1	C	2008[I]	2008[I]	0.00[I]
51	1,7-二甲基菲	6566-19-4	HM1,HM2	B,C	2069[I]	2082[I]	0.62[I]
52	(一)-alpha-gurjune-	489-40-7	HM1	C	1084[I]	1092[I]	0.73[I]
53	1-Phenanthrenecarboxaldehyd	13601-88-2	HM1,HM2	B,C	2212[I] 2282[V]	2270[I] 2268[V]	2.56[I] 0.62[V]
54	(4aS,8aα)-D-	5957-33-5	HM1	C	1449[V]	1431[V]	1.26[V]
55	(1aR)-1aβ,2,3,3a,4,5	489-29-2	HM1	A	1411[I]	1413[I]	0.14[I]
56	Benzene,1-(1,5-dimethyl-4-hexen-1-yl)-4-methyl-	644-30-4	HM1	A	1467[I]	1475[I]	0.54[I]
57	2-乙基己醇	104-76-7	HM1	B,C	1012[I] 1030[V]	1013[I] 1031[V]	0.10[I] 0.10[V]
58	cis-3-dodecene	7239-23-8	HM2	C	1188[I]	1195[I]	0.59[I]
59	4,7,9-巨豆三烯-3-酮	38818-55-2	HM2	B	1487[V]	1473[V]	0.95[V]
60	5-Methylpentade-	25117-33-3	HM2	B	1548[V]	1541[V]	0.45[V]
61	双酚 A 二甲醚	1568-83-8	HM2	B	2121[V]	2111[V]	0.47[V]
62	(1R)-Pimaral	472-39-9	HM1,HM2	B,C	2159[I]	2177[I]	1.29[V]

注:表中溶剂类型栏中 A、B、C 分别代表甲醇、乙酸乙酯、正己烷;RI$_{exp}$代表实测保留指数,RI$_{lit}$代表文献保留指数,均来源于 NIST Chemistry WebBook 的保留指数库;栏中××[I]、××[V]分别代表色谱柱类型为 HP-1MS 和 HP-5MS 所得的保留指数;"—"表示仅通过 NIST 质谱库检索定性。

3. 基于保留指数的定性分析

热熔胶内的化学成分含有多种同分异构体,分子式为 $C_9H_6N_2O_2$ 的有 2 个,分子式为 $C_{12}H_{26}$ 的有 3 个,分子式为 C_8H_{10} 的有 3 个,分子式为 $C_{15}H_{24}$ 的有 6 个。在 HM1 和 HM2 两种热熔胶中,在使用 HP-5MS 色谱柱、正己烷萃取剂时,分别在 4.403 min、4.171 min 出现两个类似的峰。而两峰的质谱图与邻二甲苯和对二甲苯(分子式都为 C_8H_{10})的质谱图类似。如图 2.3 所示是邻二甲苯和对二甲苯(分子式都为 C_8H_{10})的标准质谱图,可发现两峰的质谱图数据几乎相同。通过计算可知,在相应试验条件下,HM1 和 HM2 峰计算得到的保留指数分别为 902 和 876,而从 NIST Chemistry WebBook 的保留指数库中查得相应试验条件下邻二甲苯和对二甲苯的保留指数分别为 897 和 870。方法的相对偏差分别为 0.23% 和 0.29%(均小于 1%),由此可以确定 HM1 的峰为邻二甲苯,HM2 的峰为对二甲苯,进一步提高定性结果的准确性。

(二)热裂解产物分析技术

随着质量和安全要求的不断提高,人们对卷烟胶的成分和裂解(Py)产物的研究日益深入。游金清等[26]建立了测定胶粘剂中的乙酸乙酯和残余单体的顶空-气相色谱-质谱联用法,旨在进行日常检测和管控胶粘剂样品的残留。肖卫强等[27]采用裂解-气相色谱-质谱联用(Py-GC/MS)法对几种不同厂家卷烟胶 Py 产物进行对比分析,发现其 Py 产物不尽相同,但主要为乙酸、稠环芳烃、苯系物和烯烃。李国政等[28]建立了一种 Py-GC/MS 法对烟用水基胶的分析方法,并对 50 个烟用水基胶样品进行了测定,发现水基胶热 Py 时产生的 Py 物质含量差别较大,表明不同水基胶质量存在较大差别。

TGA(热失重分析)法和 Py-GC/MS 法相结合在烟用材料的研究中已经得到广泛应用[29-31]。汤晓东等[32]采用热失重分析法、裂解-气相色谱-质谱联用(Py-GC/MS)法对两种烟用热熔胶(热熔胶 A 和热熔胶

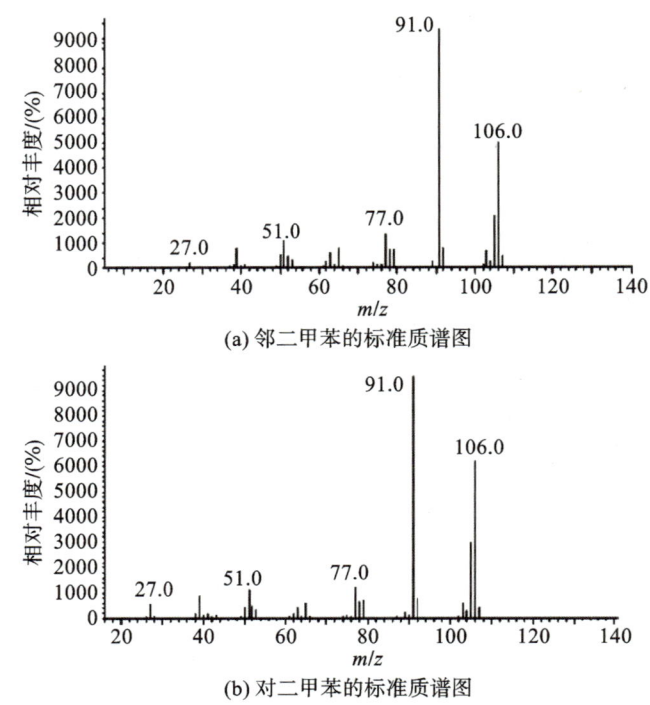

(a) 邻二甲苯的标准质谱图

(b) 对二甲苯的标准质谱图

图2.3 邻二甲苯(o-xylene)和对二甲苯(p-xylene)的标准质谱图[26]

B)的热失重现象和热裂解(Py)行为及其产物进行了研究,并对不同温度(400 ℃、450 ℃、550 ℃、650 ℃)下两种烟用热熔胶的Py产物进行了分析。下面以此为例进行介绍。

1.试验方法

①热性能:采用美国TA公司Q5000型热失重分析仪进行TGA表征,称取7.0 mg左右的热熔胶样品;初始温度为35 ℃,以20 K/min升温至800 ℃;氮气氛围,流量为50.0 mL/min。

②Py-GC/MS分析:采用美国CDS公司Pyroprobe 5250型热裂解仪与美国Agilent公司的6890/5973型气相色谱/质谱联用仪。将2.0 mg热熔胶样品置于专用石英管中,热裂解条件为:初始温度100 ℃(保持5 s),以20 K/ms的速率分别升温至400 ℃、450 ℃、550 ℃、650 ℃(保持5 s),Py气体氛围为氦气。GC条件的设定:色谱柱为DB-5 MS毛细管柱(尺寸为60 m×0.25 mm×1 μm);载气为氦气,流量为1 mL/min;分流进样,分流比为50∶1;进样口温度为280 ℃,程序升温按"40 ℃保持1 min→以5 K/min速率升温至280 ℃并保持10 min"进行。质谱条件的设定:采用电子轰击离子源(EI)方式进行离子化,电离能量为70 eV,传输线温度为280 ℃,离子源温度为230 ℃,四极杆温度为150 ℃,溶剂延迟时间为3 min,质量扫描范围为40~400 amu。产物的总离子图经标准谱库检索,筛选出匹配度大于80的Py产物。

2.热重分析

如图2.4所示,热熔胶A和热熔胶B都有2个明显的失重区,其失重主要在200~500 ℃区间,该阶段吸收的热量占整个反应的主要部分。热熔胶A第1阶段失重主要集中在200~400 ℃,相对最大失重温度为365 ℃,失重32%左右;第2阶段集中在400~500 ℃,相对最大失重温度为475 ℃,这一阶段为主分解阶段,到800 ℃左右完全分解,几乎没有残炭。而热熔胶B的TGA曲线与热熔胶A相似。与热熔胶A相比,热熔胶B第1阶段失重较缓,相对最大失重速率对应的温度向低温方向偏移,失重28%左右;同时第2阶段的相对最大失重速率对应的温度也向高温方向偏移,到800 ℃左右也完全分解。由此可见,热熔胶B具有更好的热稳定性,这可能与其添加的增黏剂和抗氧化剂不同有关。

3.裂解产物分析

以热熔胶的相对最大分解速率时的温度为基点(见图2.5),在400 ℃、450 ℃、550 ℃、650 ℃条件下,对热熔胶A和热熔胶B的Py产物进行分析,分析结果见表2.14、表2.15。

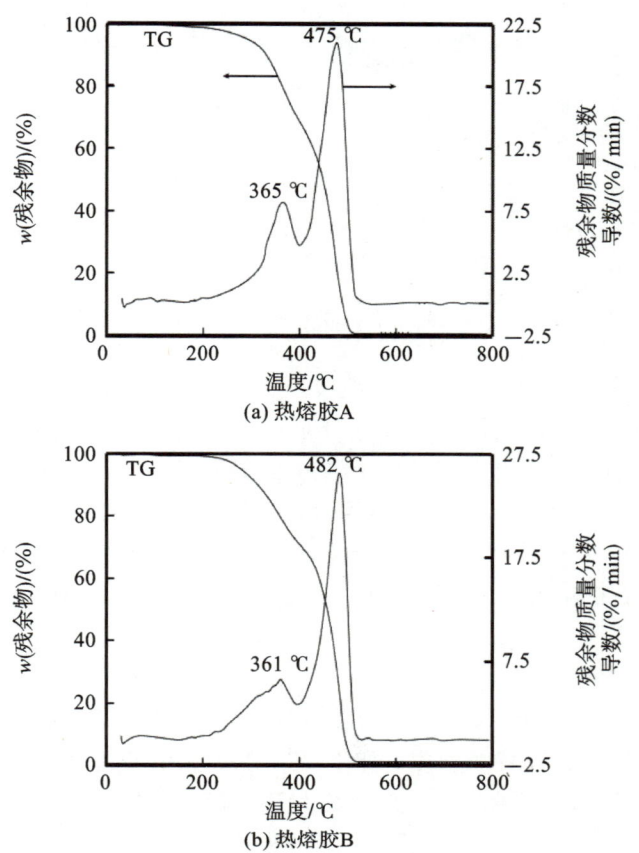

图 2.4　两种热熔胶的 TGA 曲线[32]

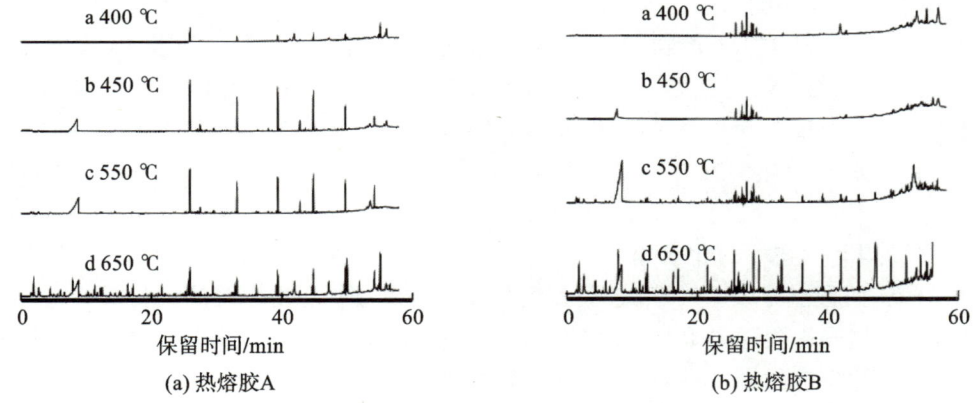

图 2.5　两种热熔胶在不同 Py 温度下总离子流色谱图[32]

表 2.14　不同温度下两种热熔胶 Py 产物的种数

类别	A 成分/（%）				B 成分/（%）			
	400 ℃	450 ℃	550 ℃	650 ℃	400 ℃	450 ℃	550 ℃	650 ℃
乙酸	—	1	1	1	—	1	1	1
烯烃	1	4	20	37	—	—	23	37
烷烃	7	17	23	18	5	5	16	18
芳香烃	1	2	10	16	2	3	15	18
其他	—	1	1	2	—	—	1	2

表 2.15　不同温度下两种热熔胶 Py 产物的类型

类别	A 成分/(%)				B 成分/(%)			
	400 ℃	450 ℃	550 ℃	650 ℃	400 ℃	450 ℃	550 ℃	650 ℃
乙酸	0	37.99	44.17	24.87	0	62.73	63.11	21.21
烯烃	0.56	1.25	4.36	32.35	0	0	14.37	44.73
烷烃	97.91	57.76	47.37	34.91	93.13	30.18	12.36	20.08
芳香烃	1.53	2.58	3.61	6.96	6.87	5.26	9.14	13.04
其他	0	0.42	0.49	0.91		1.83	1.03	0.93

(1)热熔胶 A 的 Py 产物分析

热熔胶 A 在 400 ℃、450 ℃、550 ℃、650 ℃时分别检出 9、25、55、74 种挥发性成分,总计 84 种 Py 产物。在 400 ℃时,热熔胶 A 的 Py 产物主要是烷烃类物质(2,2,4,6,6-五甲基庚烷、十二烷、十四烷、十六烷和十八烷含量较高);升到 450 ℃时,Py 开始产生乙酸,同时出现少量的烯烃类物质;随着温度的持续升高(550 ℃、650 ℃),烯烃类和芳香烃类物质种类明显增多,这主要是 EVA 在惰性气体和高温条件下,碳氢链段分解所引起的[33]。同时在热熔胶 A 的 Py 产物中检出 2,6-二叔丁基对甲酚,证明该热熔胶中也添加有抗氧化剂。

(2)热熔胶 B 的 Py 产物分析

热熔胶 B 在 400 ℃、450 ℃、550 ℃、650 ℃时依次检出 7、10、56、76 种挥发性成分,共 81 种 Py 产物。在 400 ℃时,热熔胶 B 的 Py 产物以烷烃为主(如 2,2,4,6,6-五甲基庚烷、十二烷等);当 Py 温度升高到 450 ℃时,产生明显的乙酸色谱峰,说明 EVA 开始发生 Py;随着温度的持续升高(550 ℃、650 ℃),Py 产物继续增多,出现烯烃类、芳香烃类等物质。在 4 个不同 Py 温度下均检出 2,4-二叔丁基苯酚和 2,6-二叔丁基对甲酚,这两种物质常用作热熔胶抗氧化剂,以防止在热和氧的作用下高分子链碳氢键断裂。

(3)两种热熔胶的 Py 产物比较

在热熔胶 A 和热熔胶 B 的 Py 产物中,共有 78 种相同的化合物。两种热熔胶 Py 产物种类基本相同,但是其相对含量存在较大差异,尤其是 2,2,4,6,6-五甲基庚烷、十二烷、十四烷、十六烷、十八烷和二十烷的含量差异更明显。当温度为 650 ℃时,热熔胶 A 中这 6 种化合物的含量分别为 3.01%、1.88%、2.30%、2.47%、3.55% 和 2.53%,而热熔胶 B 中则分别为 0.30%、0.53%、0.26%、0.22%、0.73% 和 1.72%,差异显著。

从两种热熔胶的 Py 产物中的化合物种类来看,主要包括乙酸及烷烃类、烯烃类和芳香烃类化合物。随着 Py 温度的升高,两种热熔胶 Py 产物的类型变化趋于一致,Py 产物中烷烃类物质减少,烯烃类和芳香烃类物质逐渐增多。这是因为随着 Py 温度的升高,能量增加,促使主链的断裂加剧,生成低碳烯烃的量增加;同时,由于脱氢消除反应加剧,主链环化生成的芳香烃类物质增加。

此外,在相同进样量及操作条件下,热熔胶 A 在 3 个温度(450 ℃、550 ℃和 650 ℃)下的乙酸绝对丰度相近。这说明热熔胶 A 在 450 ℃后,EVA 发生 Py,产生乙酸的过程基本结束。热熔胶 B 则随着温度的升高,乙酸绝对丰度逐渐升高,这说明热熔胶 B 需要相对更高的温度才能使其 EVA 完全释放乙酸。乙酸是 EVA 的主要 Py 产物,从乙酸含量的变化可以考察 EVA 的热稳定性,故热熔胶 B 具有相对更好的热稳定性。

以上研究结果表明在氮气(N₂)氛围中,热熔胶的热失重主要发生在 200~500 ℃范围内,600 ℃以后热失重趋缓;两种烟用热熔胶的 Py 产物种类相同,主要为乙酸及烯烃类、烷烃类和芳香烃类物质,但其含量不同;随着温度的升高,Py 产物趋于复杂,即烷烃类物质减少,烯烃类和芳香烃类物质增多。

三、抗氧化剂分析技术

抗氧化剂是热熔胶生产过程中的必要添加剂,广泛用于橡胶、塑料和黏合剂等高分子聚合物中,用于防止聚合物材料因氧化降解而失去强度和韧性。烟用热熔胶常用于滤棒成型,在使用过程中需加热熔化,因此在热熔胶生产过程中常加入一定量的抗氧化剂来增强产品的稳定性[34]。国内外食品接触材料法规及标准规定了许可使用的抗氧化剂及使用要求(见表 2.16),如欧盟食品接触材料法规、国家标准《食品安全国家标准　食品接触材料及制品用添加剂使用标准》(GB 9685—2016)许可使用 2,6-二特丁基-4-甲基苯酚(BHT)[35,36],其中国家标准《食品安全国家标准　食品接触材料及制品用添加剂使用标准》(GB 9685—2016)对 BHT 有最大残留量(QM)或特定迁移限量(SML)的限制要求,如聚乙烯、聚丙烯塑料中 BHT 的 QM 为 0.5%;欧盟食品接触材料法规规定,如食品接触涂层中 BHT 的 QM 为 0.5%,SML 为 3 mg/kg。食品添加剂领域也有抗氧化剂使用的具体规定,我国标准《食品安全国家标准　食品添加剂使用标准》(GB 2760—2014)许可使用丁基羟基茴香醚(BHA)、特丁基对苯二酚(TBHQ)等抗氧化剂作为食品添加剂,但规定了严格的使用量要求[37]。

表 2.16　抗氧化剂相关限量要求

法规、标准	BHT 限制要求
《食品安全国家标准　食品添加剂使用标准》(GB 2760—2014)	最大使用量为 0.2 g/kg(油炸食品、方便面等)
《食品安全国家标准　食品接触材料及制品用添加剂使用标准》(GB 9685—2016)	黏合剂,最大使用量为 0.1%;特定迁移限量(SML)为 3 mg/kg
欧盟食品接触材料法规	(1)涂层,最大使用量为 0.5%;特定迁移限量(SML)为 3 mg/kg (2)纸和纸板、塑料,特定迁移限量(SML)为 3 mg/kg
美国 21 CFR 175.105《间接食品添加剂　粘合剂》	按生产需要适量使用
英美烟草	许可,最大使用量为 0.5%

BHT 属 IARC(国际癌症研究机构,简称 IARC)名单中的 group 3(未被分类),即可能致癌也可能不致癌。日本、澳大利亚等国都禁止将 BHT 添加至食品,我国标准《食品安全国家标准　食品添加剂使用标准》(GB 2760—2014)规定 BHT 在油炸食品、方便面等食品中的最大使用量为 0.2 g/kg[37],美国食品药品监督管理局(FDA)规定,方便面中 BHT 含量不得高于 0.02 mg/kg。从以上看出,BHT 在食品添加剂中的使用仍有一定的争议,在食品接触材料中的使用须满足最大使用量及特定迁移限量的要求。

目前抗氧化剂的测定常见于食品、塑料和高分子等相关产品。食品行业的测定方法一般是以食品添加剂中限量使用的抗氧化剂作为目标物,如孟繁磊等[38]利用超高效液相色谱(UPLC)测定了食用油中的 10 种抗氧化剂;王国军等[39]利用高效液相色谱(HPLC)测定了聚丙烯餐具中 12 种抗氧化剂的迁移量;李小林等报道利用凝胶渗透色谱-高效液相色谱法测定食品中的 8 种抗氧化剂[40],李秀勇等报道利用超高效液相色谱-质谱法测定油脂中的 10 种抗氧化剂[41]。食品包装、高分子等材料中的抗氧化剂测定已有多个国家或行业标准方法[42,43],如《食品容器、包装用塑料原料　第 4 部分:高密度聚乙烯中酚类抗氧化剂的测定　液相色谱法》(SN/T 1504.4—2005)标准利用高效液相色谱测定高密度聚乙烯中的 6 种酚类抗氧化剂。此外,抗氧化剂的测定方法还有气相色谱-质谱法[44]、加压毛细管电色谱[45]等。热熔胶中含有大量的乙烯-乙酸乙烯酯聚合物、石蜡等基体物质,如何在实现目标分子有效提取的同时,尽可能地净化提取液、减少基质干扰是方法开发的重点和难点。下面对烟用热熔胶实际生产过程可能使用的 BHT,以及食品和食品包装领域常用的多种抗氧化剂同时分析技术进行介绍。

（一）BHT 和苯酚分析

基本原理为采用含有内标物的环己烷溶液对样品进行超声提取，提取液中加入甲醇沉淀热熔胶基体后进行离心，以气相色谱-质谱联用法测定，内标法定量。

1. 仪器和试剂

气相色谱-质谱联用仪，进样口具有分流进样方式，具有选择离子监测（SIM）功能；分析天平，感量0.0001 g；超声波清洗器，配有温控功能，功率不小于 200 W；高速离心机，转速不低于 4000 r/min；顶空瓶，20 mL；具塞离心管，50 mL。

环己烷、甲醇，色谱纯试剂；苯酚、2,6-二叔丁基-4-甲基苯酚、氘代邻甲酚-d7（内标物 1）、氘代 2,4,6-三甲基苯酚-d11（内标物 2），纯度不小于 99%。

混合内标溶液：准确称取 0.005 g 氘代邻甲酚-d7、0.4 g 氘代 2,4,6-三甲基苯酚-d11，精确至 0.0001 g，用甲醇完全溶解后，转移至 100 mL 容量瓶中，用甲醇稀释并定容，配制成氘代邻甲酚-d7 浓度为 50.0 mg/L、氘代 2,4,6-三甲基苯酚-d11 浓度为 4000.0 mg/L 的混合内标溶液。于 0~4 ℃条件下避光密闭保存，有效期 1 个月。

混合标准储备液：准确称取 0.005 g 苯酚、0.4 g 2,6-二叔丁基-4-甲基苯酚，精确至 0.0001 g，用甲醇完全溶解后，转移至 100 mL 容量瓶中，用甲醇稀释并定容，配制成苯酚浓度为 50.0 mg/L、2,6-二叔丁基-4-甲基苯酚浓度为 4000.0 mg/L 的混合标准储备液。于 0~4 ℃条件下避光密闭保存，有效期 1 个月。

标准工作溶液：根据需要配制合适浓度的系列标准工作溶液。推荐如下配制方法：分别准确移取 500 μL、250 μL、100 μL、50 μL、20 μL 混合标准储备液，准确加入 100 μL 混合内标溶液，再加入 20.0 mL 甲醇和 5.0 mL 环己烷，混合均匀，得到系列标准工作溶液，含苯酚的质量分别为 25 μg、12.5 μg、5 μg、2.5 μg、1 μg，含 2,6-二叔丁基-4-甲基苯酚的质量分别为 2000 μg、1000 μg、400 μg、200 μg、80 μg，每级标准溶液中内标物氘代邻甲酚-d7 质量均为 5 μg、内标物氘代 2,4,6-三甲基苯酚-d11 质量均为 400 μg，即配即用。

2. 测试方法

样品处理：将热熔胶样品切碎成最大粒径为 2 mm 的颗粒。准确称取 0.3 g 样品，精确至 0.0001 g，置于顶空瓶中，分别准确加入 5.0 mL 环己烷和 100 μL 混合内标溶液，密闭，放入超声波水浴中，于恒温 60 ℃下提取 15 min。冷却至室温后，将提取液转移至离心管中，用 20 mL 甲醇分 2 次润洗顶空瓶并转移至离心管。将离心管于 -18 ℃冷冻 10 min，经高速离心机以 4000 r/min 的转速离心 5 min。取上层清液，经 0.22 μm 有机相滤膜过滤，滤液进行 GC-MS 分析。同时进行空白试验。

色谱分析条件：色谱柱为弹性毛细管柱；固定相为(5%-苯基)-甲基聚硅氧烷；规格为 30 m（长度）×0.25 mm（内径）×0.25 μm（膜厚）。进样口温度：250 ℃。载气：氦气（纯度不小于 99.999%），恒流流量为 1.0 mL/min。进样量为 1 μL，分流进样，分流比为 10:1。程序升温：初始温度 70 ℃，保持 1 min，然后以 4 ℃/min 的速率升温至 95 ℃，再以 30 ℃/min 的速率升温至 280 ℃，并保持 10 min。

质谱条件：传输线温度，285 ℃；电离方式，电子轰击离子源（EI）；电离能量，70 eV；离子源温度，230 ℃；四极杆温度，150 ℃；溶剂延迟时间，5.0 min。扫描模式为选择离子监测（SIM）模式，离子选择参数见表 2.17。

表 2.17　分析物和内标物的定性定量离子

化合物名称	定量离子	定性离子及其丰度比
苯酚	94	94、66、65(100:39:27)
氘代邻甲酚-d7（内标物 1）	115	115、113(100:71)
2,6-二叔丁基-4-甲基苯酚	205	205、57、220(100:28:24)
氘代 2,4,6-三甲基苯酚-d11（内标物 2）	129	129、147(100:79)

3. 结果计算和表述

按照气相色谱-质谱分析条件对系列标准工作溶液进行测定,内标法定量。以标准工作溶液苯酚的定量离子峰面积与氘代邻甲酚-d7(内标物1)的定量离子峰面积的比值为纵坐标,苯酚的质量和氘代邻甲酚-d7的质量的比值为横坐标,绘制苯酚的标准工作曲线;以标准工作溶液2,6-二叔丁基-4-甲基苯酚的定量离子峰面积与氘代2,4,6-三甲基苯酚-d11(内标物2)的定量离子峰面积的比值为纵坐标,2,6-二叔丁基-4-甲基苯酚的质量和氘代2,4,6-三甲基苯酚-d11的质量的比值为横坐标,绘制2,6-二叔丁基-4-甲基苯酚的标准工作曲线;线性相关系数 R^2 应不小于0.99。

试样中苯酚或2,6-二叔丁基-4-甲基苯酚的含量由式(2-3)计算得出:

$$X = \frac{m - m_0}{m} \tag{2-3}$$

式中:X——试样中苯酚或2,6-二叔丁基-4-甲基苯酚的含量,单位为毫克每千克(mg/kg);

m——由标准工作曲线得出的试样中苯酚或2,6-二叔丁基-4-甲基苯酚的质量,单位为微克(μg);

m_0——由标准工作曲线得出的空白样品中苯酚或2,6-二叔丁基-4-甲基苯酚的质量,单位为微克(μg);

m——试样质量,单位为克(g)。

取两次平行测定结果的算术平均值为样品测试结果,精确至0.01 mg/kg。

两次平行测定结果的相对平均偏差应小于5%。

4. 样品前处理方法优化

热熔胶性状特殊,具有热熔性,此外其基体复杂,干扰物多,因而需要经过特殊的前处理才能进行分析。本方法选用环己烷分散或溶解热熔胶样品,同时将苯酚和BHT提取到环己烷中;然后加入甲醇沉淀提取液中的热熔胶基体,对提取液进行净化;净化液进样分析,采用选择离子监测模式,实现目标物的选择性分析测定。本部分对样品前处理方法进行了详细的优化。

(1)样品制备方法的选择和样品粒径的优化

样品的颗粒大小直接影响提取效率,一般制备成碎屑或粉末以提高提取效率。尝试用液氮冷冻破碎的方法制备热熔胶粉末样品,结果表明样品用液氮冷冻再用研磨仪粉碎时,研磨仪温度快速升高,热熔胶会黏结成团,无法粉碎。此外研磨仪内温度过高,可能造成苯酚和BHT损失。因此宜采用刀片切碎的方法进行试样制备。

进一步对切碎样品颗粒的大小进行优化选择,选取了2个代表性热熔胶样品,考察了样品粒径为1 mm、2 mm、3 mm时目标物的提取效果,以提取量和3次平行样测定的相对标准偏差进行评价。由图2.6可以看出,粒径为1 mm和2 mm时苯酚和BHT的提取量相当,粒径为3 mm时热熔胶分散或溶解效果较差,因而提取量较低;由误差条可以看出,样品粒径为1 mm和2 mm时相对标准偏差较小,而粒径为3 mm时样品均匀性较差,测定结果的相对标准偏差较大,当样品粒径为2 mm时,相对标准偏差已小于4.3%(n=3),满足分析要求,因此本项目样品粒径选择为2 mm。其中提取量计算方法如下(下文同):提取量(mg/kg)=提取所得的分析物的质量/样品质量。

(2)提取溶剂的选择

根据相似相溶原理,提取溶剂首先需对目标物有较好的溶解性,此外需对热熔胶基体有较好的分散或溶解能力,有利于目标物的溶出,以获得较高的提取效率。根据目标物的溶解性和热熔胶的性状特点,选取了环己烷、甲醇、二氯甲烷、二甲基亚砜(DMSO)、N,N-二甲基甲酰胺、四氢呋喃、甲苯作为提取溶剂进行试验。

试验结果表明,二氯甲烷会使热熔胶溶胀,萃取液呈透明黏稠状,不利于后续处理和分析测定,因此不宜选为提取溶剂;DMSO、N,N-二甲基甲酰胺和甲醇对热熔胶的分散或溶解能力一般,对目标物的提取率不高。相比之下,环己烷、四氢呋喃和甲苯对热熔胶有较好的分散或溶解能力,对目标物的提取率相对较高,因此选取这3种溶剂对行业在用37个热熔胶样品进行了细致考察。从溶解性方面比较,甲苯对热熔胶的溶解能力最强,环己烷次之,四氢呋喃对少部分热熔胶样品的溶解能力稍差,但总体而言,3种溶剂均能

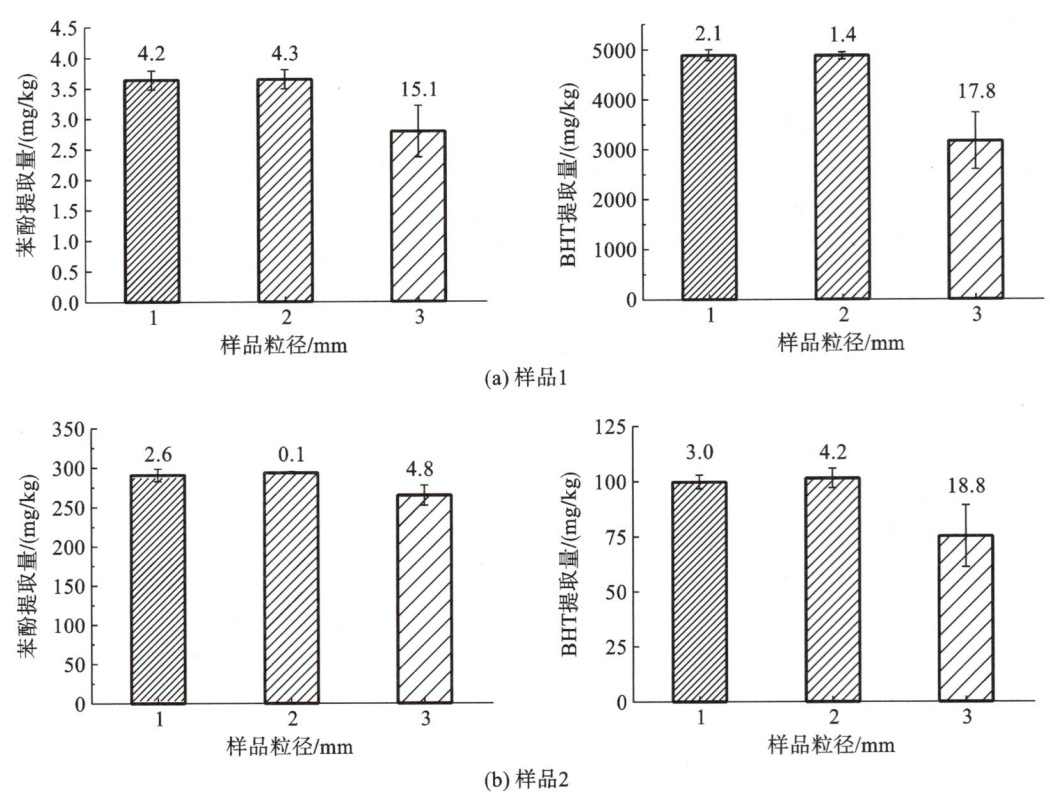

图 2.6　粒径的选择（n＝3）

注：柱状图上方数值为 3 次平行样测定的相对标准偏差，单位为％，下同。

较好地分散或溶解热熔胶样品。从提取率方面比较，环己烷对苯酚和 BHT 的提取率最高，四氢呋喃次之，甲苯较差。甲苯虽然对热熔胶有较好的溶解能力，但对苯酚和 BHT 的提取率低，特别是对 BHT 含量较高的样品提取率低，因此不宜作为提取溶剂。环己烷对热熔胶的溶解能力，以及对苯酚和 BHT 的提取率均优于四氢呋喃，此外环己烷沸点高于四氢呋喃，能加热到更高的温度，综合以上考虑最终选择环己烷作为本方法的提取溶剂。

（3）提取方法的优化

本方法的原理是分散或溶解样品，使样品中的苯酚和 BHT 溶出到提取溶剂中。此外，为避免苯酚和 BHT 在加热提取过程中发生变化，宜在密闭容器中进行提取。选择典型的热熔胶样品，固定提取温度为 60 ℃，考察了摇床振荡提取法和超声提取法的提取效果，结果见图 2.7。可以看出，两种提取方式对热熔胶中的苯酚和 BHT 的提取效果差别不大，但超声提取法对苯酚和 BHT 的提取量略高于摇床振荡提取法的提取量，且 3 次测定的相对标准偏差小于摇床振荡提取法。综上分析，超声提取法简单、方便，提取效率高，适用于批处理场合，故选择超声提取法作为前处理的提取方式。

（4）样品量和溶剂用量的选择

样品量过小会导致样品均匀性和代表性差，样品量过大则增加前处理的工作量和试剂的消耗量，造成浪费。固定提取溶剂用量，考察了样品量为 0.2 g、0.3 g、0.5 g、0.75 g 和 1.0 g 时的提取效果，即固液比分别为 1∶25（g∶mL）、1∶16.7（g∶mL）、1∶10（g∶mL）、1∶6.7（g∶mL）和 1∶5（g∶mL）。通过 3 次平行样测定的相对标准偏差评价样品的代表性，确定样品量；通过提取量选择最佳固液比，确定溶剂用量。由图 2.8 可以看出，随着固液比从 1∶5（g∶mL）变至 1∶16.7（g∶mL），即随着萃取剂用量的增加，两个热熔胶中苯酚和 BHT 的提取量呈现逐渐增加的趋势，当固液比达到 1∶16.7（g∶mL）时，目标物提取量达到最大值，提取基本完全，故选取固液比为 1∶16.7（g∶mL）。由图中误差条可以看出，固液比为 1∶16.7

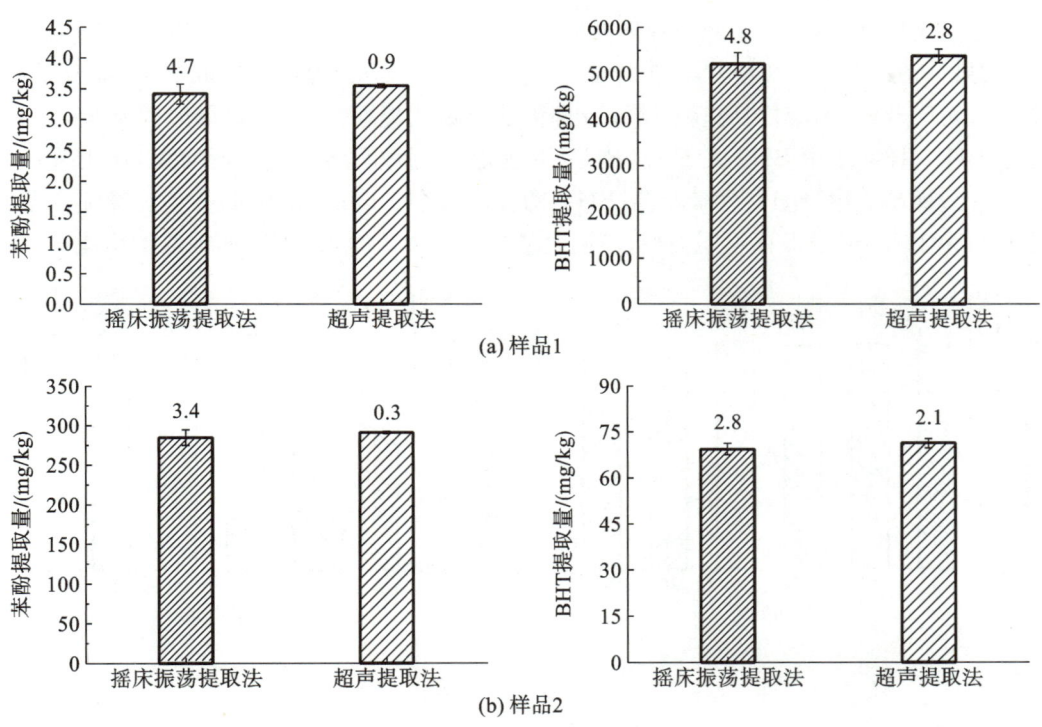

图 2.7　提取方法的优化 ($n=3$)

（g：mL）时，即样品量为 0.3 g、萃取溶剂为 5 mL 时，相对标准偏差已小于 2.8%（$n=3$），样品代表性较好，考虑到节约溶剂和减小工作量，样品量选择 0.3 g。

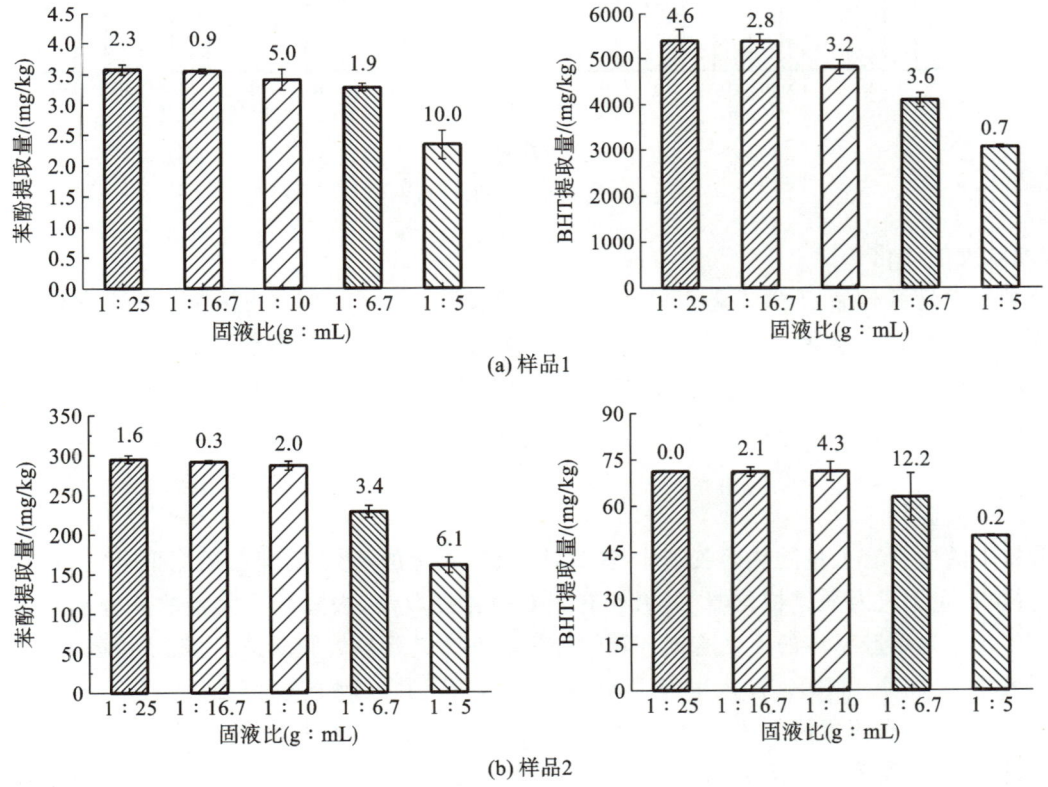

图 2.8　固液比的优化 ($n=3$)

（5）提取时间的选择

选取了典型热熔胶样品，考察了超声提取时间分别为 5 min、10 min、15 min、20 min、30 min、40 min 时的提取效果，结果见图 2.9。可以看出，两个样品中苯酚和 BHT 均较为容易提取溶出，提取 5 min 即能达到较大提取量。对于苯酚，两个样品提取 10 min 即能达到最大提取量，随着提取时间延长，提取量基本稳定不变。对于 BHT，样品 1 中 BHT 含量高，BHT 的提取量随时间增加而逐渐增大，在 15 min 达到最大值，之后稳定不变；样品 2 中，BHT 含量较低，BHT 的提取量在 5 min 即达到最大值。经综合考虑，最终选择最优提取时间为 15 min，以保证不同类型、不同含量的样品中苯酚和 BHT 的提取量均能达到最大值。

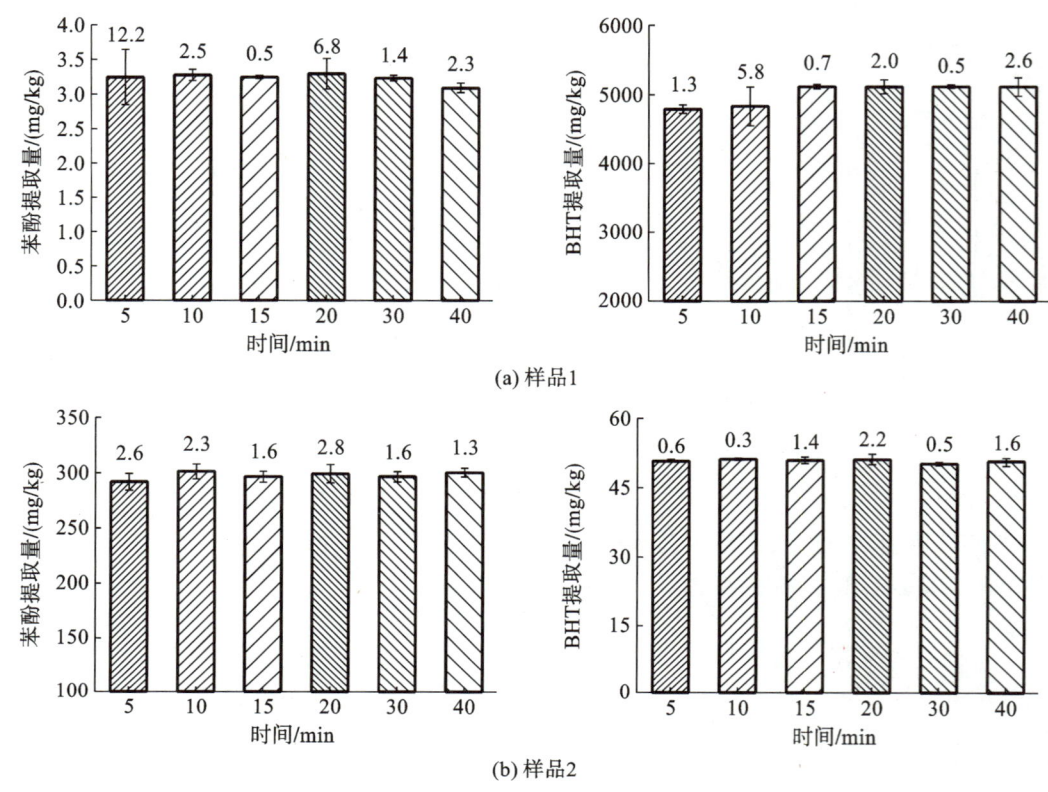

图 2.9　提取时间的优化（n＝3）

（6）提取温度的优化

选取了典型热熔胶样品，考察了超声提取温度 40 ℃、50 ℃、60 ℃、65 ℃、70 ℃、75 ℃ 下对苯酚和 BHT 的提取效果，见图 2.10。结果表明，当苯酚或 BHT 含量较低时，40 ℃ 即能达到最大提取量；而苯酚或 BHT 含量较高时，苯酚或 BHT 的提取量随着温度升高呈现逐渐增加趋势，在 60 ℃ 时达到最大值，之后趋于稳定。经综合考虑，为满足不同苯酚或 BHT 含量样品均能达到最大提取量，最终选取提取温度为 60 ℃。

（7）沉淀剂的选择

热熔胶提取液中含有大量的热熔胶基体，如直接进样，大量的乙烯-乙酸乙烯酯聚合物、石蜡等物质会严重污染进样口、色谱柱及质谱检测器等，因此有必要净化提取液，去除其中大量的高分子基质。试验采用在提取液中加入热熔胶基体的不良溶剂（即沉淀剂）的方法去除热熔胶基体，比较了甲醇、乙醇对热熔胶基体的沉淀效果，见图 2.11（a）。加入甲醇后，沉淀呈胶状析出并黏附于底部，加入乙醇后析出沉淀呈悬浊液，经高速离心后均能获得澄清上清液，但加入乙醇离心得到的上清液长时间放置或冷藏后，仍会有沉淀析出，而加入甲醇离心得到的上清液长时间放置或冷藏后无沉淀析出，表明甲醇去除沉淀效果更好。将甲醇或乙醇沉淀后得到的沉淀烘干后进行称量，进一步比较验证两种溶剂对热熔胶基体的沉淀效果，见图 2.11（b），可以看出甲醇去除沉淀效果明显优于乙醇。

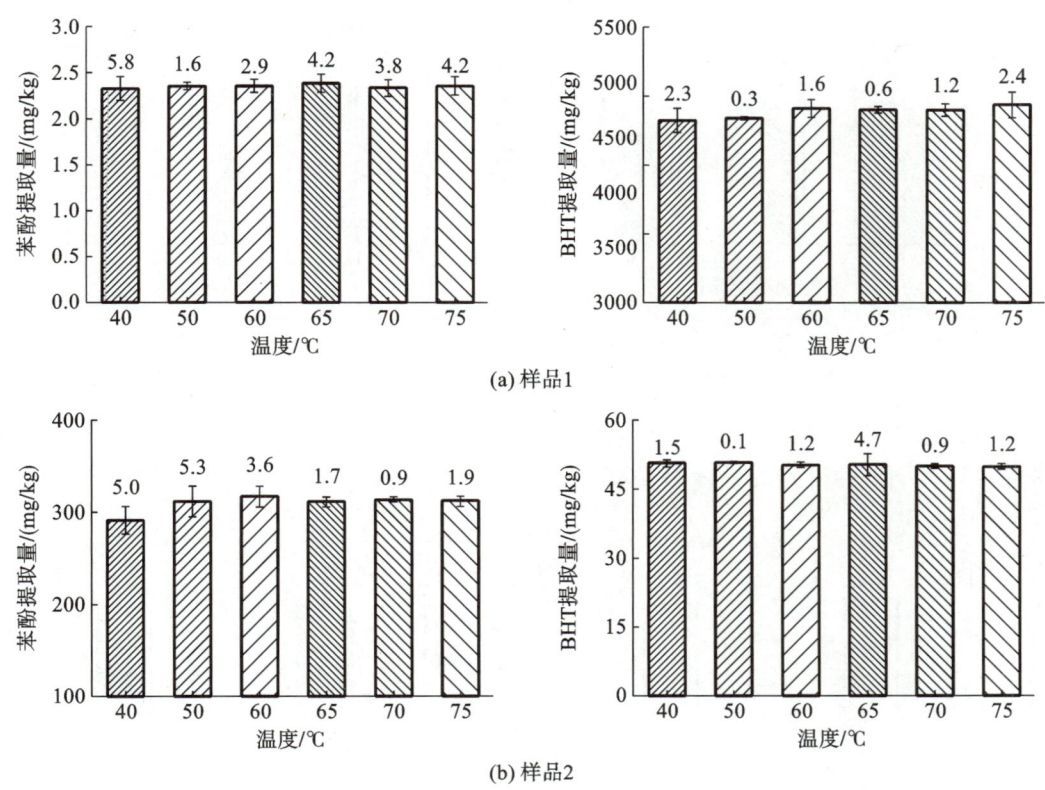

(a) 样品1

(b) 样品2

图 2.10   提取温度的优化($n＝3$)

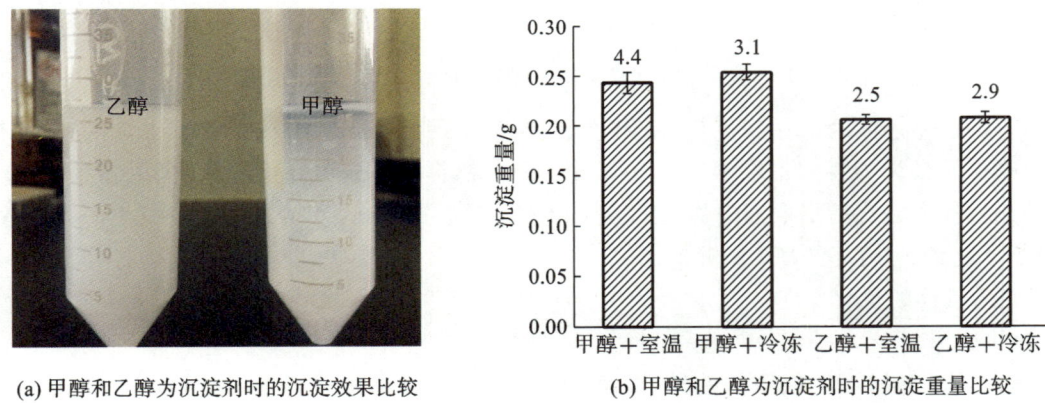

(a) 甲醇和乙醇为沉淀剂时的沉淀效果比较

(b) 甲醇和乙醇为沉淀剂时的沉淀重量比较

图 2.11   甲醇和乙醇为沉淀剂时的沉淀效果和沉淀重量比较

（8）沉淀剂用量的优化

图 2.12 比较了沉淀剂用量不同时苯酚和 BHT 的提取量。可以看出，采用两种沉淀剂苯酚和 BHT 的提取量相当；对于甲醇作为沉淀剂，甲醇用量较少时可能由于目标物溶解性受到影响因而提取量稍低，甲醇用量较大时也会造成目标物损失，当甲醇用量为 20 mL 时苯酚和 BHT 的提取量最大；对于乙醇作为沉淀剂，乙醇用量为 20 mL 或 25 mL 时苯酚和 BHT 的提取量均达到最大值。综合考虑去除沉淀的效果，以及目标物提取量，最终选择沉淀剂为甲醇，用量为 20 mL。

（9）沉淀温度的选择

温度降低可能改善沉淀效果，试验比较了室温下沉淀、低温冷冻下沉淀的效果。图2.11(b)比较了甲醇和乙醇为沉淀剂时在室温下和低温冷冻下的沉淀量，试验结果显示，低温冷冻能略微增加沉淀析出量，

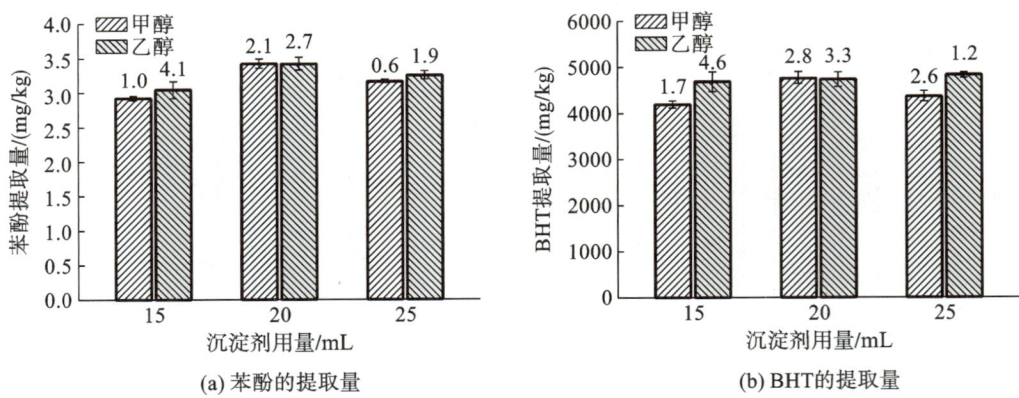

图 2.12　甲醇和乙醇为沉淀剂时苯酚和 BHT 的提取量比较

进一步提高沉淀去除效果。图 2.13(b)进一步比较了室温沉淀、低温冷冻沉淀时苯酚和 BHT 的提取量,可以看出在这两种温度下沉淀得到的目标物提取量相当。从去除热熔胶基体的效果考虑,试验采用低温冷冻沉淀。

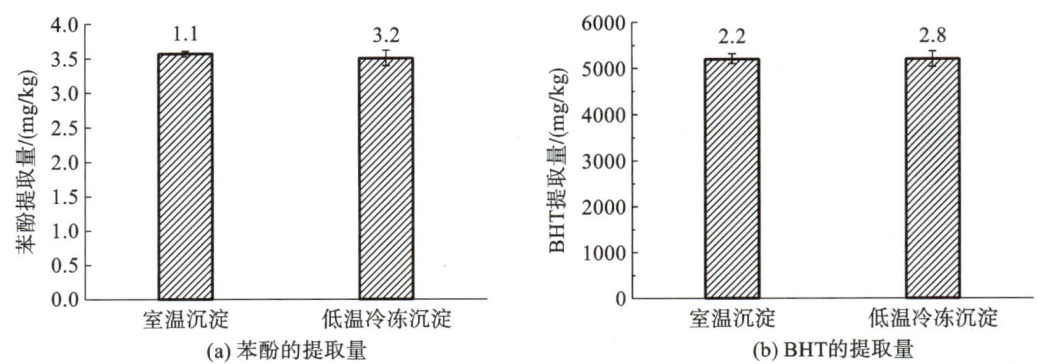

图 2.13　室温沉淀和低温冷冻沉淀苯酚和 BHT 的提取量比较

经过上述前处理条件的选择和优化,烟用热熔胶中苯酚和 BHT 检测的前处理方法确定为:样品切碎粒径为 2 mm,样品量为 0.3 g,提取溶剂为 5.0 mL 环己烷,提取方式为超声提取,提取温度为 60 ℃,提取时间为 15 min。提取完成后提取液中加入 20 mL 甲醇,冷冻 10 min 后,经高速离心机离心 5 min,经 0.22 μm 有机相滤膜过滤,进行 GC-MS 分析。

5. 气相色谱条件的优化

(1)内标的选择

由于目标物苯酚和 BHT 性质的差异,以及二者在热熔胶样品中残留量的差异,宜分别选择各自的内标物。苯酚选择了氘代苯酚-D6、氘代邻甲酚-D7、氘代间甲酚-D7、4-氟苯酚进行考察。其中氘代苯酚-D6 和苯酚性质最为接近,但二者在非极性柱、中等极性柱、极性柱上均无法完全分开,虽然二者的特征定量离子之间相差 5 Da,不影响准确定量,但是苯酚的定性离子和氘代苯酚-D6 的碎片离子重合,因此不宜选作内标。4-氟苯酚、氘代邻甲酚-D7、氘代间甲酚-D7 均和苯酚结构相近,且在非极性 DB-5MS 柱上和中等极性 DB-17 色谱柱上均能与苯酚能完全分离(见图 2.14),从与苯酚性质的相似性考虑,最终选择氘代邻甲酚-D7 作为苯酚的内标物。

BHT 则选择了氘代 2,4,6-三甲基苯酚-d11、2,4-二甲基苯酚-d10、丁基羟基茴香醚(BHA)进行考察,分离情况见图 2.14。图中可以看出所考察的三种内标在非极性 DB-5MS 柱上和中等极性 DB-17 色谱柱上均能实现与 BHT 完全分离,其中 BHA 与 BHT 出峰时间接近,但 BHA 也为一种抗氧化剂,不排除在热熔胶中存在的可能性,不宜选作内标,而氘代内标则能解决此问题。从与 BHT 性质的相似性考虑,最终选择氘代 2,4,6-三甲基苯酚-d11 作为 BHT 的内标物。

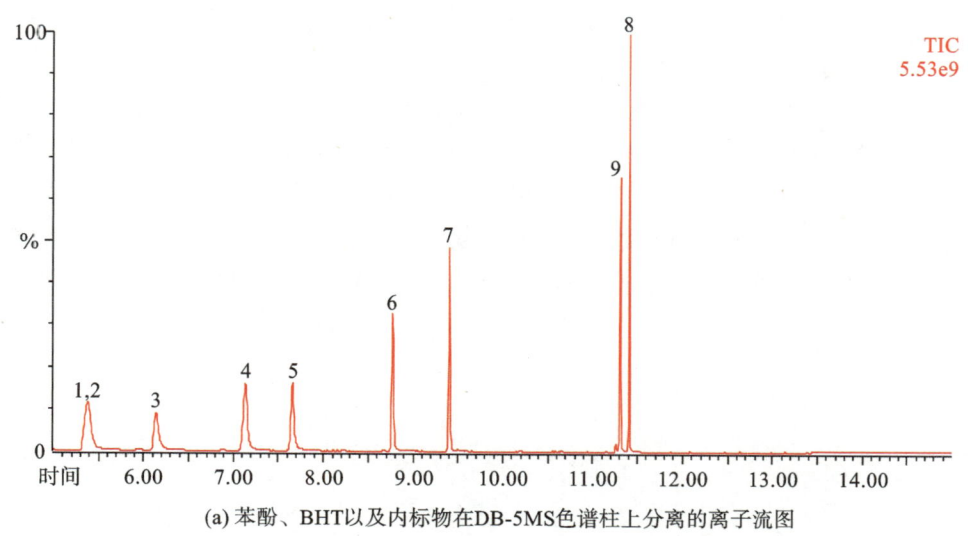

(a) 苯酚、BHT 以及内标物在 DB-5MS 色谱柱上分离的离子流图

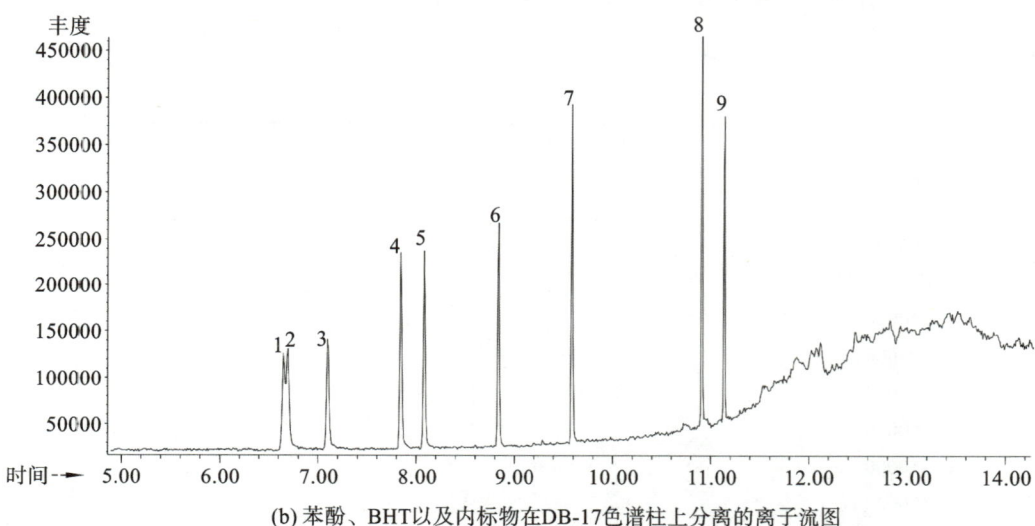

(b) 苯酚、BHT 以及内标物在 DB-17 色谱柱上分离的离子流图

图 2.14 苯酚、BHT 以及内标物在 DB-5MS 和 DB-17 色谱柱上分离的总离子流图

注：1—氘代苯酚-d7；2—苯酚；3—4-氟苯酚；4—氘代邻甲酚-d7；5—氘代间甲酚-d7；
6—2,4-二甲基苯酚-d10；7—氘代 2,4,6-三甲基苯酚-d11；8—BHT；9—BHA。

（2）色谱柱的选择

苯酚沸点为 181.9 ℃，BHT 沸点为 249 ℃，根据文献报道[46-48]，中等极性、非极性或极性色谱柱均能用于苯酚和 BHT 的分离测定。选择三种不同极性的毛细管柱进行比较，分别为（5％-苯基）-甲基聚硅氧烷非极性毛细管柱（DB-5MS，美国 Agilent 公司）、（50％-苯基）-甲基聚硅氧烷中等极性色谱柱（DB-17，美国 Agilent 公司）、聚乙二醇极性毛细管柱（ZB-WAX 柱，美国 Phenomenex 公司），规格均为 30 m（长度）×0.25 mm（内径）×0.25 μm（膜厚）。

对三种色谱柱的分离条件（主要是程序升温条件）进行优化，优化条件如下。

DB-5MS 色谱柱：初始温度 70 ℃，保持 1 min，然后以 4 ℃/min 的速率升温至 95 ℃，再以 30 ℃/min 的速率升温至 280 ℃，并保持 10 min。

DB-17 色谱柱：初始温度 70 ℃，保持 1 min，然后以 4 ℃/min 的速率升温至 95 ℃，再以 30 ℃/min 的速率升温至 260 ℃，并保持 10 min。

ZB-WAX 色谱柱：初始温度 120 ℃，保持 1 min，然后以 10 ℃/min 的速率升温至 230 ℃，并保持 15 min。

除程序升温条件外,其余条件保持一致,具体如下。

——载气为氦气(纯度不小于99.999%);恒流流量为1.0 mL/min。

——进样量为1 μL;分流进样;分流比为10∶1。

在优化的条件下三种色谱柱对苯酚、BHT标准溶液的分离图见图2.15。可以看出,三种色谱柱均能实现苯酚、BHT及内标物的分离。比较三种色谱柱下的分离情况,发现苯酚和BHT在三种色谱柱上的保留行为有差异。苯酚在非极性柱DB-5MS上保留较弱,出峰较早,在ZB-WAX极性柱上保留较强,出峰时间略晚;BHT则相反,在ZB-WAX极性柱上保留较弱,出峰较早,在中等极性柱DB-17和非极性柱DB-5MS上保留较极性柱上强,出峰稍晚。总体而言,三种色谱柱均能实现目标物的良好分离。

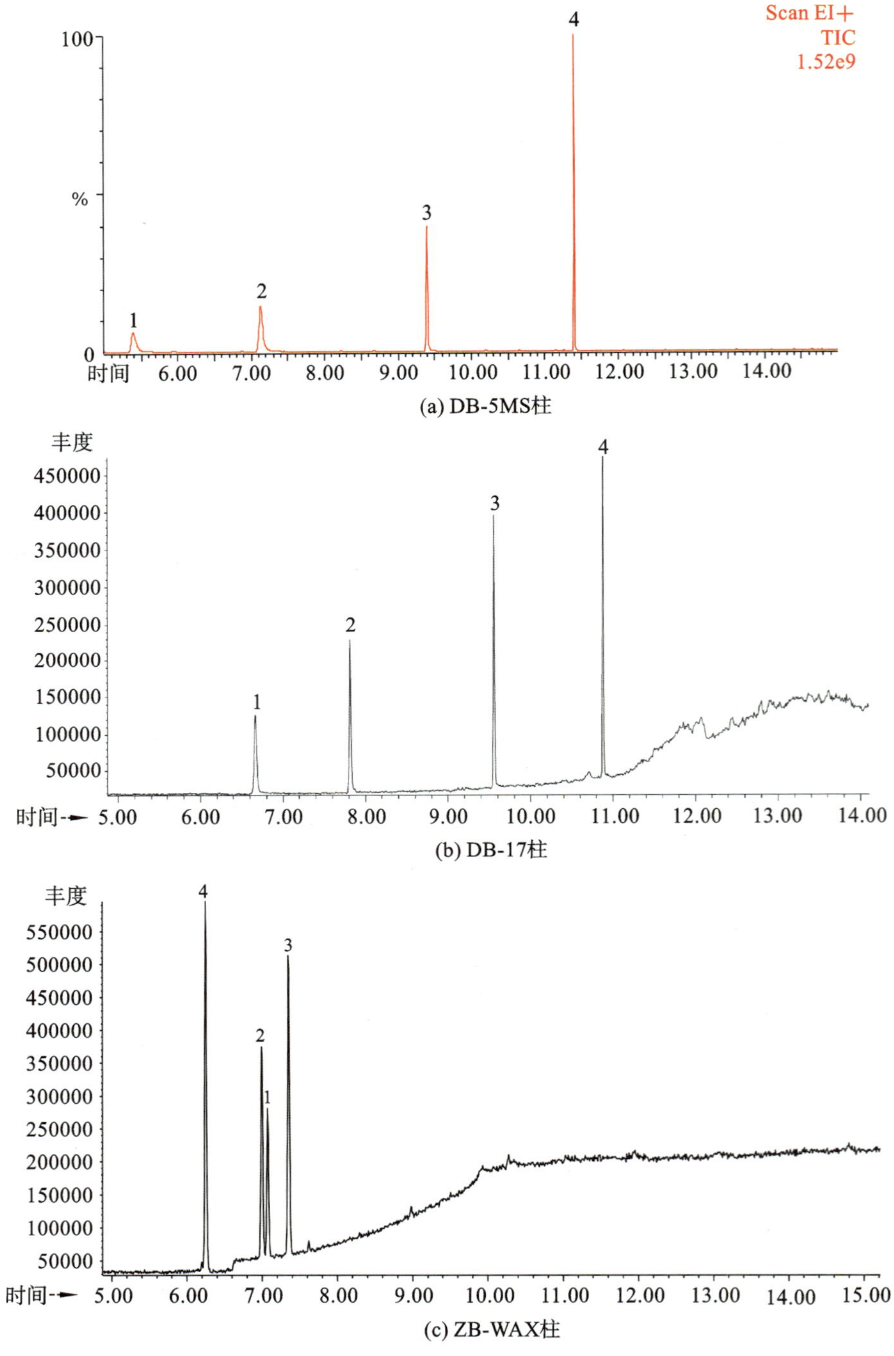

图 2.15 三种色谱柱分离标准溶液的总离子流色谱图比较

注:1—苯酚;2—氘代邻甲酚-d7;3—氘代2,4,6-三甲基苯酚-d11;4—BHT。

进一步采用三种色谱柱,建立苯酚和BHT的标准曲线,并测定检出限和定量限,结果见表2.18。从表中可以看出,三种色谱柱建立的苯酚和BHT的线性方程线性相关系数良好,定量限均满足分析要求,但采用DB-5MS色谱柱苯酚能获得更低的定量限。综合两个目标物苯酚和BHT的分离情况,以及不同色谱柱建立的目标物的线性方程相关系数、检出限和定量限,优选出(5%-苯基)-甲基聚硅氧烷非极性毛细管柱(30 m×0.25 mm×0.25 μm)作为本方法的推荐色谱柱。

表 2.18　三种色谱柱的线性方程、方法检出限和定量限比较

分析物	色谱柱	线性回归方程	线性相关系数(R^2)	检出限/(mg/L)	定量限/(mg/L)
苯酚	ZB-WAX	$Y=1.207X+0.0162$	0.9997	0.003	0.011
	DB-17	$Y=1.407X-0.0202$	1.0	0.003	0.011
	DB-5MS	$Y=1.306X-0.0169$	1.0	0.001	0.005
2,6-二叔丁基-4-甲基苯酚(BHT)	ZB-WAX	$Y=1.528X+0.0145$	0.9996	0.005	0.016
	DB-17	$Y=1.445X-0.0009$	1.0	0.005	0.016
	DB-5MS	$Y=1.367X-0.0391$	1.0	0.005	0.016

6.质谱分析条件优化

(1)定量离子的选择

加入不良溶剂的前处理方法,可以去除大量高分子、石蜡等基质,但澄清提取液仍然存在部分小分子化合物,宜采用选择离子监测模式对样品进行分析,并应选择响应高、干扰小的离子作为定量离子和定性离子。图2.16为样品中分析物和内标物的选择离子色谱图,可以看出选择离子的峰形良好,基线平稳,无明显的干扰。

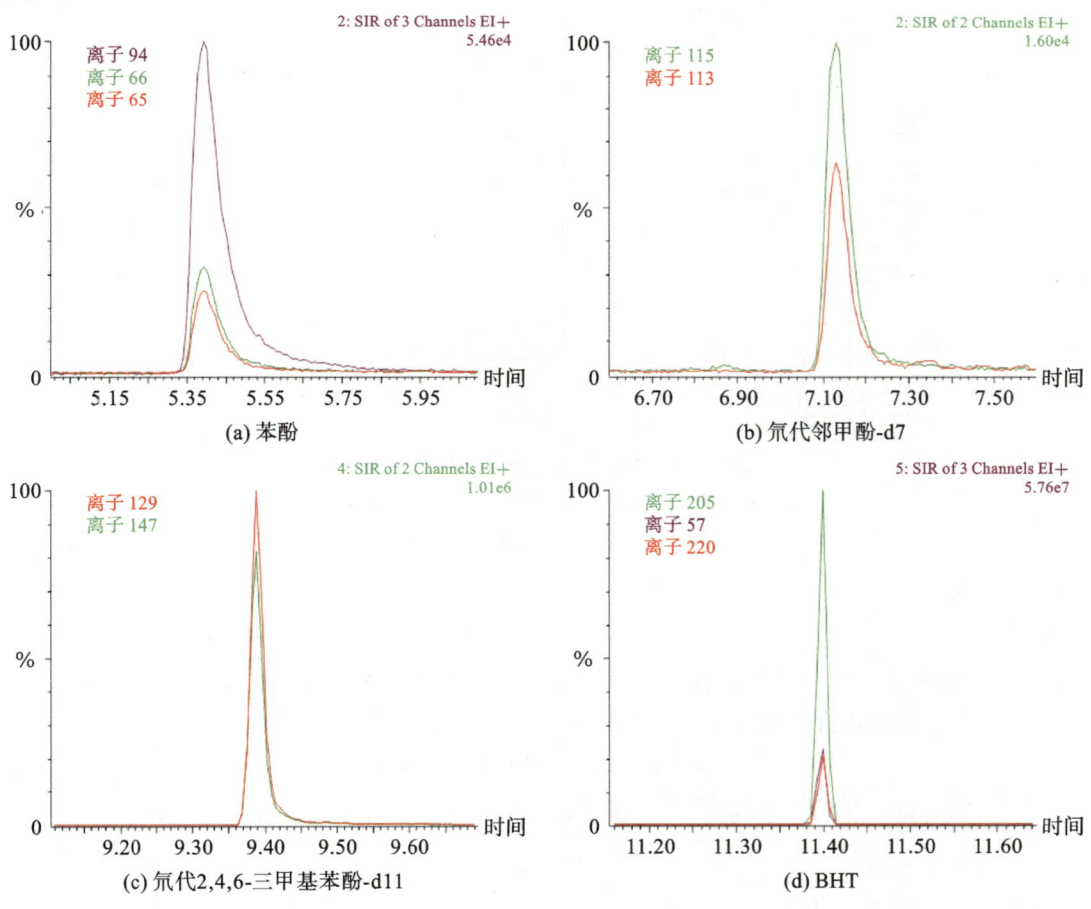

图 2.16　样品中分析物和内标物的选择离子色谱图

（2）质谱条件的优化

比较了常用的离子源温度和四极杆温度对目标物的影响,结果表明二者对目标物的响应无明显影响,因此选用了适中的温度,离子源温度选择 230 ℃,四极杆温度选择 150 ℃。此外,溶剂延迟时间设为 5.0 min,能有效避免溶剂峰的干扰。在优化的色谱条件下标准工作溶液和实际样品溶液的色谱分离图见图 2.17 和图 2.18。

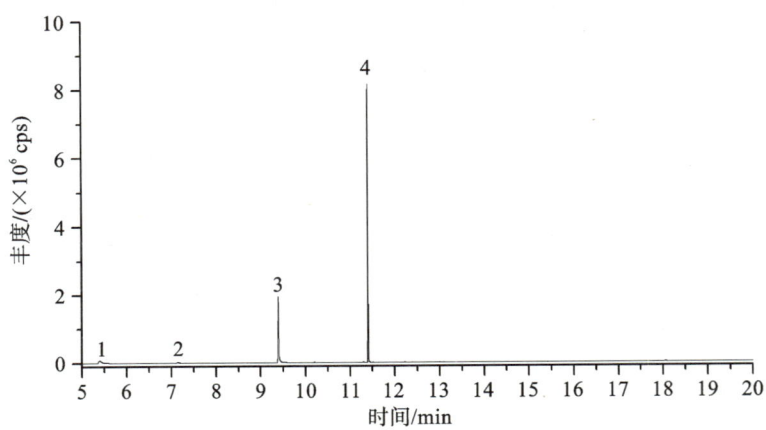

图 2.17　标准工作溶液选择离子色谱图

注:1—苯酚;2—氘代邻甲酚-d7(内标物 1);3—2,6-二叔丁基-4-甲基苯酚;
4—氘代 2,4,6-三甲基苯酚-d11(内标物 2)。

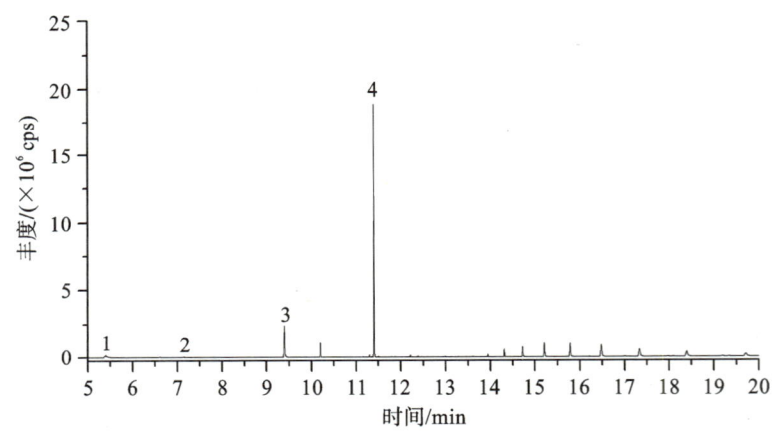

图 2.18　实际样品溶液选择离子色谱图

注:1—苯酚;2—氘代邻甲酚-d7(内标物 1);3—2,6-二叔丁基-4-甲基苯酚;
4—氘代 2,4,6-三甲基苯酚-d11(内标物 2)。

7. 方法建立和验证

（1）工作曲线

取配制好的系列标准工作溶液进行检测,以分析物的定量离子峰面积与内标物定量离子峰面积的比值为纵坐标,分析物与内标物的浓度比为横坐标,绘制标准曲线,线性回归方程和线性相关系数(R^2)见表 2.19。

表 2.19　方法的检出限和定量限

分析物	线性回归方程	线性相关系数(R^2)
苯酚	$Y = 1.407X - 0.0202$	1.0
2,6-二叔丁基-4-甲基苯酚(BHT)	$Y = 1.445X - 0.0009$	1.0

（2）检出限和定量限

取低浓度标准工作溶液连续重复进样 10 次，以 3 倍标准偏差（3SD）作为检出限，10 倍标准偏差（10SD）为定量限，苯酚检出限和定量限分别为 0.25 mg/kg、0.83 mg/kg；2,6-二叔丁基-4-甲基苯酚检出限和定量限分别为 0.44 mg/kg、1.46 mg/kg，见表 2.20。

表 2.20　方法的检出限和定量限

测定次数	测定值/(mg/kg)	
	苯酚	2,6-二叔丁基-4-甲基苯酚（BHT）
1	1.75	16.67
2	1.75	16.50
3	1.75	16.50
4	1.58	16.33
5	1.67	16.42
6	1.58	16.33
7	1.58	16.33
8	1.58	16.17
9	1.75	16.25
10	1.75	16.50
检出限（3SD）	0.25	0.44
定量限（10SD）	0.83	1.46

（3）精密度考察

选取不同类型且含量不同的 2 个典型热熔胶样品，进行 7 次日内和 7 次日间平行测定，考察方法重复性，结果如表 2.21 和表 2.22 所示，日内及日间重复性相对标准偏差均在 5％以下，方法的精密度良好。

表 2.21　方法的日内及日间精密度（苯酚）

指标	测试次数	日内重复性结果		测试天数	日间重复性结果	
		样品 1	样品 2		样品 1	样品 2
苯酚含量/(mg/kg)	1	3.27	509.77	1	3.05	529.12
	2	3.16	544.05	2	3.26	500.19
	3	3.28	500.05	3	3.29	520.56
	4	3.09	530.48	4	3.07	538.28
	5	3.00	505.88	5	3.11	515.26
	6	2.95	552.57	6	2.95	512.10
	7	3.10	526.58	7	2.92	562.49

续表

指标	测试次数	日内重复性结果		测试天数	日间重复性结果	
		样品1	样品2		样品1	样品2
平均值/(mg/kg)		3.12	524.20		3.09	525.43
RSD/(%)		4.02	3.79		4.57	3.88

表 2.22　方法的日内及日间精密度(BHT)

指标	测试次数	日内重复性结果		测试天数	日间重复性结果	
		样品1	样品2		样品1	样品2
2,6-二叔丁基-4-甲基苯酚(BHT)含量/(mg/kg)	1	4367.88	131.32	1	4461.81	142.39
	2	4461.27	145.55	2	4398.20	133.13
	3	4335.91	133.52	3	4181.84	130.51
	4	4235.30	144.56	4	4059.91	143.12
	5	4055.36	139.60	5	4130.03	145.69
	6	4200.50	135.94	6	4303.20	139.12
	7	4243.36	142.22	7	4383.31	131.29
平均值/(mg/kg)		4271.37	138.96		4274.04	137.89
RSD/(%)		3.07	3.97		3.56	4.50

(4)加标回收率考察

选取 2 个不同类型和含量的典型热熔胶样品,进行 5 次平行测定,并以平均值作为苯酚和 BHT 的原始含量。以已知含量的样品为试验本底,在本底样品中准确加入低、中、高 3 个水平的苯酚和 BHT 标样,按照试验方法,进行样品加标回收率测定。每个水平平行测定 3 次,测试结果如表 2.23 和表 2.24 所示。结果表明,本方法检测苯酚的平均回收率为 95.2%～106.0%,检测 BHT 的平均回收率为 95.4%～108.1%,满足定量分析要求。

表 2.23　方法回收率(苯酚)

样品编号	原始含量/(mg/kg)	加标量/(mg/kg)	实测值/(mg/kg)	回收率/(%)	平均回收率/(%)
样品1	3.85	2.50	6.14	91.7	95.2
		2.50	6.39	101.8	
		2.50	6.15	92.1	
		5.00	8.84	100.0	102.2
		5.00	9.20	107.1	
		5.00	8.82	99.4	
		10.00	14.18	103.3	96.1
		10.00	13.16	93.2	
		10.00	13.01	91.7	

续表

样品编号	原始含量/(mg/kg)	加标量/(mg/kg)	实测值/(mg/kg)	回收率/(%)	平均回收率/(%)
样品2	6.15	5.00	11.07	98.3	
		5.00	11.59	108.7	105.0
		5.00	11.54	107.8	
		10.00	17.09	109.43	
		10.00	16.22	100.67	106.0
		10.00	16.93	107.80	
		20.00	26.37	101.1	
		20.00	25.97	99.1	102.7
		20.00	27.76	108.1	

表 2.24 方法回收率(BHT)

样品编号	原始含量/(mg/kg)	加标量/(mg/kg)	实测值/(mg/kg)	回收率/(%)	平均回收率/(%)
样品1	3143.60	1500.00	4774.40	108.7	
		1500.00	4728.82	105.7	103.0
		1500.00	4560.92	94.5	
		3000.00	6110.73	98.9	
		3000.00	6357.26	107.1	105.0
		3000.00	6415.76	109.1	
		4500.00	7951.64	106.8	
		4500.00	7833.87	104.2	104.8
		4500.00	7798.99	103.5	
样品2	29.35	25.00	86.21	107.5	
		25.00	86.75	109.6	108.1
		25.00	86.15	107.2	
		50.00	112.80	106.90	
		50.00	111.66	104.61	106.9
		50.00	113.91	109.12	
		100.00	150.43	91.1	
		100.00	152.25	92.9	95.4
		100.00	161.57	102.2	

8. 比对试验

采用所建立方法选取 5 个不同含量水平的样品,在 5 家试验室开展了比对试验,比对试验所得数据见

表2.25和表2.26。可以看出5家试验室检测结果一致性较好，RSD小于11.7%。

表2.25 各试验室苯酚检测结果

结果统计	检测值/(mg/kg)					平均值/(mg/kg)	RSD/(%)
	试验室1	试验室2	试验室3	试验室4	试验室5		
样品1	4.7	4.5	5.7	5.5	4.7	5.0	9.7
样品2	135.8	146.9	146.3	147.2	150.1	145.3	3.4
样品3	3.5	4.0	3.8	3.9	3.2	3.7	8.0
样品4	17.0	17.5	21.0	18.4	18.6	18.5	7.4
样品5	4.6	4.9	6.3	5.1	4.8	5.1	11.7

表2.26 各试验室BHT检测结果

结果统计	检测值/(mg/kg)					平均值/(mg/kg)	RSD/(%)
	试验室1	试验室2	试验室3	试验室4	试验室5		
样品1	3673.3	3876.5	4120.6	4082.4	3750.6	3900.7	4.5
样品2	46.7	54.1	45.1	52.0	40.7	47.7	10.1
样品3	3402.9	3357.6	3630.0	3731.1	3403.0	3504.9	4.2
样品4	54.9	52.3	53.0	61.7	49.8	54.3	7.4
样品5	86.0	83.9	90.2	97.3	85.1	88.5	5.5

9. 实际样品测定

应用本方法检测了抽检的37个烟用热熔胶样品中苯酚和BHT的含量，结果统计见表2.27。样品普查试验表明，该检测方法对不同类型、不同含量的烟用热熔胶试样测定具有普适性。

表2.27 烟用热熔胶中苯酚和BHT含量检测数据统计表

苯酚		BHT	
含量范围/(mg/kg)	样品个数/个	含量范围/(mg/kg)	样品个数/个
<3.3	30	<266.7	24
3.3~10	3	266.7~1000	6
10~50	3	1000~5000	6
>50	1	>5000	1

（二）多种酚类抗氧化剂同时分析

牛佳佳等[49]报道以四氢呋喃为良性溶剂提取、甲醇为不良溶剂沉淀基体物质的前处理条件，结合超高效液相色谱(UPLC)建立了烟用热熔胶中苯酚、特丁基对苯二酚(TBHQ)、丁基羟基茴香醚(BHA)、2,4-二特丁基苯酚、2,6-二特丁基苯酚、2,6-二特丁基-4-甲基苯酚(BHT)、四[β-(3,5-二叔丁基-4-羟基苯基)丙酸]季戊四醇酯(Irganox 1010)和β-(3,5-二叔丁基-4-羟基苯基)丙酸十八碳醇酯(Irganox 1076)8 种酚类抗氧化剂的快速测定方法,可为烟用热熔胶的质量监控提供参考。下面对该方法进行详细介绍。

1. 仪器和试剂

Waters ACQUITY UPLC I-Class 超高效液相色谱仪、二极管阵列检测器(PDA)、Empower 3 色谱工作站(美国 Waters 公司);KQ-700DE 型超声仪(昆山市超声仪器有限公司);BP221S 电子天平(感量0.0001 g,德国 Sartorius 公司)等。

标准品:苯酚、TBHQ、BHA、2,4-二特丁基苯酚、2,6-二特丁基苯酚、BHT、Irganox 1010、Irganox 1076(>98%,百灵威科技有限公司);四氢呋喃(使用前减压蒸馏纯化)、甲醇、乙腈(色谱纯,美国 Tedia 公司)。

2. 测试方法

(1)前处理条件

选择甲醇、乙腈、三氯甲烷、四氢呋喃等溶剂进行酚类抗氧化剂的提取效果考察。结果表明:采用振荡提取方式,样品均难以溶解;在超声条件下,四氢呋喃、三氯甲烷两种溶剂可使样品完全溶解,但不同样品溶解耗时差异较大;超声萃取 2 h 可使样品完全溶解,且通过对比四氢呋喃、三氯甲烷的测试数据发现,数据之间无明显差异。考虑到三氯甲烷不易购得,宜选择四氢呋喃为溶剂且超声 2 h 的提取条件。

样品提取液中含有大量的热熔胶基体物质,如果直接进样会严重污染色谱柱及管路等,因此须对提取液进行净化。本试验采用向提取液中加入不良溶剂沉淀基体物质的方法去除热熔胶基体,比较了甲醇、乙醇对热熔胶基体的沉淀效果。提取液加入甲醇后,出现块状沉淀;提取液中加入乙醇后,溶液呈悬浊状。可见,甲醇去除基体效果更好。将经甲醇或乙醇沉淀后得到的沉淀物烘干后进行称量,进一步比较验证两种溶剂对热熔胶基体的沉淀效果,结果显示,甲醇的沉淀效果明显优于乙醇。另外,增加-18 ℃冷冻处理步骤后,沉淀物的质量均有所增加。

最终确定的样品处理条件如下。用刀片将热熔胶样品切成粒径小于 2 mm 的粒状,混合均匀。准确称取 0.2 g 热熔胶样品,置于 50 mL 锥形瓶中,加入 5 mL 四氢呋喃,常温下超声提取 2 h;加入 15 mL 甲醇稀释,于-18 ℃下放置 10 min;过滤,用少量甲醇润洗固形物;合并滤液并用甲醇定容至 25 mL,过有机相滤膜后进行分析。

(2)仪器检测条件

检测波长确定:采用二极管阵列检测器对标准溶液进行 190~400 nm 全波段扫描,8 种目标物在波长 200 nm 左右的吸光度均最高(见图 2.19),且色谱峰分离良好,峰形尖锐,因此选择检测波长 200 nm。

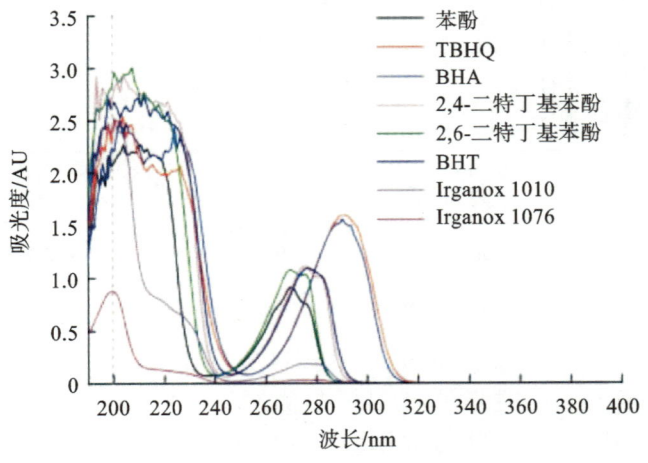

图 2.19　190~400 nm 下 8 种目标物的吸光度

流动相确定:酚类抗氧化剂分离中常用的流动相是乙腈和水。例如,《食品容器、包装用塑料原料　第 4 部分:高密度聚乙烯中酚类抗氧化剂的测定　液相色谱法》(SN/T 1504.4—2005)[42]中采用乙腈和水对目标物进行梯度洗脱,通常还加入甲酸或乙酸以改善目标物的色谱峰形。但实际样品分析结果表明,在相同的梯度条件下,甲酸、乙酸水溶液和纯水流动相体系条件下的目标物色谱峰形接近,乙腈-水体系条件下8种目标物的分离度较高。20%乙腈等度洗脱条件下可以实现目标物的有效分离,但有部分目标物的保留时间过长(Irganox 1076 保留时间为 42 min);采用梯度洗脱程序,在 17 min 内目标物完全分离,表明分析效率较高。

色谱柱选择:比较 Waters ACQUITY UPLC@BEH(50 mm×2.1 mm×1.7 μm)、Agilent ZORBAX Eclipse XDB-C18(50 mm×2.1 mm×1.8 μm)超高效色谱柱以及 Agilent ZORBAX Eclipse plus C18(150 mm×4.6 mm×5 μm)常规色谱柱对目标化合物的分离效果,结果分别见图 2.20(a)～(c)。可以看出,Waters ACQUITY UPLC@BEH(50 mm×2.1 mm×1.7 μm)色谱柱对 8 种目标物的分离效果好,分析速度快,可满足定性、定量分析要求。

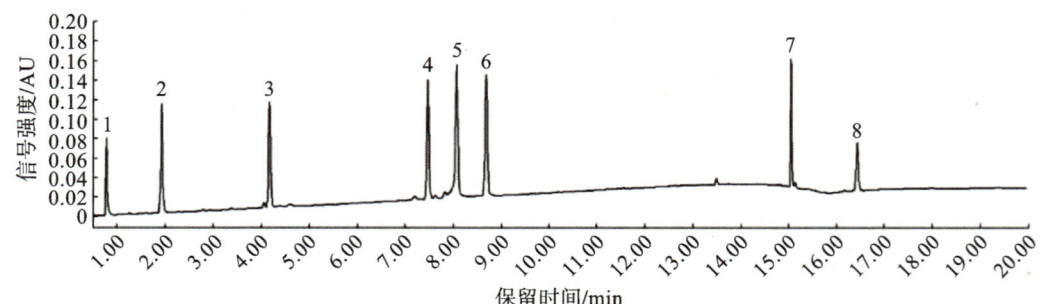

(a) Waters ACQUITY UPLC@BEH 超高效色谱柱分离效果

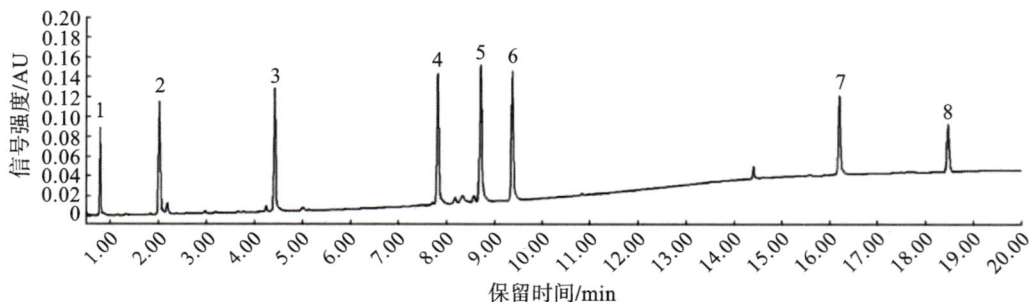

(b) Agilent ZORBAX Eclipse XDB-C18 超高效色谱柱分离效果

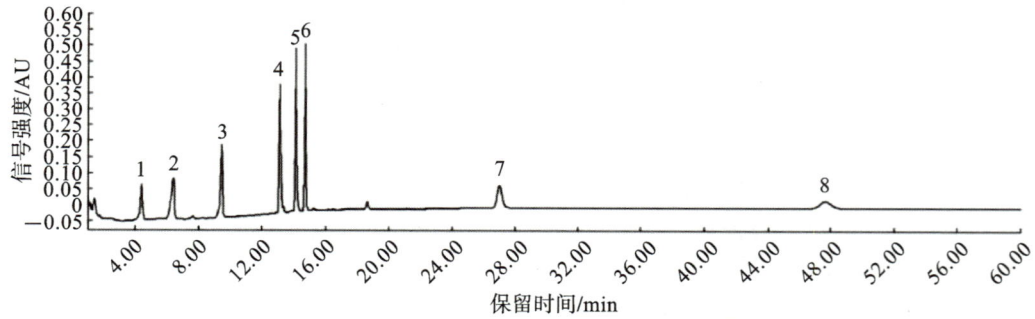

(c) Agilent ZORBAX Eclipse plus C18 常规色谱柱分离效果

图 2.20　不同色谱柱分离效果对比[50]

最终确定的仪器条件如下。色谱柱:Waters ACQUITY UPLC@BEH(50 mm×2.1 mm×1.7 μm)。柱温:30 ℃。柱流量:0.6 mL/min。进样量:2 μL。检测波长:200 nm。流动相 A:水。流动相 B:乙腈。梯度洗脱程序:0～15 min,20%～100%流动相 B;15～20 min,100%流动相 B。

(3)定量方法的建立和评价

工作曲线和检测限:用四氢呋喃甲醇混合溶液(1:5,体积比)配制 0.5 mg/L、1 mg/L、5 mg/L、10 mg/L 和 20 mg/L 5 个不同质量浓度的标准工作溶液,按照浓度由低到高的顺序分别进行 UPLC-UV 测定,将测得的 UV 峰面积(y)与标准溶液的质量浓度(x,mg/L)进行线性回归分析,得到各目标化合物的标准工作曲线方程。选择合适的最低浓度的标准工作溶液平行测定 10 次,计算其标准偏差,以 3 倍标准偏差为检出限,检测限为 0.008～0.028 μg/mL。

回收率和精密度:采用标准加入法测定方法的回收率。称取 0.2 g 样品,加入与其含量相当的混合标准溶液,采用与样品处理同样的方法进行前处理和分析,进行 6 次重复试验,测定加标回收率和重复性,结果显示方法回收率为 90.9%～103.4%,RSD 为 0.7%～6.7%,可以满足定量分析要求。

稳定性考察:称取 0.2 g 样品,加入与其含量相当的混合标准溶液,采用与样品处理相同的方法进行前处理,分别在 0 h、2 h、4 h、8 h、12 h、24 h 对处理好的样品溶液进样测试。结果表明,8 种目标物的 RSD 为 1.6%～4.2%,表明样品处理液在 24 h 内稳定。

3. 样品测试结果

采用上述方法测定了 10 个烟用热熔胶样品中 8 种抗氧化剂的含量,以 BHT 和 Irganox 1010 为主,未检出苯酚、TBHQ、BHA、Irganox 1076 等食品及食品接触材料中常见的抗氧化剂或污染物。其中 BHT 含量为 497.4～3951.5 mg/kg,Irganox 1010 为 456.3～7990.5 mg/kg;少量样品中检测出 2,4-二特丁基苯酚、2,6-二特丁基苯酚,含量均在 500 mg/kg 左右。以欧盟食品接触材料法规要求的涂层中 BHT 的 QM 为 0.5% 来看,烟用热熔胶样品中 BHT 的含量能够满足该要求。

四、风险及潜在风险成分分析技术

烟用热熔胶多用于滤棒成型、烟箱黏结等,由于条盒以及烟箱封箱所使用热熔胶与人体或卷烟未直接接触,因此目前烟用热熔胶的安全性相关的风险及潜在风险成分分析研究主要聚焦于滤棒成型所使用的热熔胶。

热熔胶的主体原料 EVA 聚合物、石蜡等均为石化产品,存在着苯及苯系物、多环芳烃、残留单体等杂质污染的可能性;热熔胶本身作为类塑型材料,在生产过程中存在着可能易被滥用的物质,如邻苯二甲酸酯类等。其中"基本树脂"可能存在乙酸乙烯酯单体残留和苯及苯系物;"增黏剂"苯乙烯聚合物中可能存在着苯乙烯、1,3-丁二烯等单体残留;氢化石油树脂可能存在脂肪族、脂环族及单苯环芳香类的烯烃和双烯烃;"黏度调节剂"主要为石蜡类物质,可能存在多环芳烃和苯系物残留;邻苯二甲酸二辛酯曾被广泛用于 EVA 热熔胶的生产。

下面对热熔胶中风险及潜在风险成分分析方法和相关研究进行介绍。

(一)苯系物

苯为具有特殊芳香味的无色透明油状液体,难溶于水,可与乙醇、乙醚、丙酮、汽油和二硫化碳等有机溶剂混溶。甲苯、二甲苯、乙苯等苯系物大多为具有特殊芳香味的无色透明易挥发液体,难溶于水,可溶于醇、醚等有机溶剂。苯及苯系物可作为稀释剂、萃取剂和溶剂,用于油漆、油墨和黏胶等;可作为化工原料,用于制造塑料、合成橡胶、树脂等。国际卫生组织已经把苯确定为强烈致癌物质。苯及苯系物可经过呼吸道、胃肠道和皮肤、黏膜进入体内,其中呼吸道吸收是群体性中毒事件的主要接触途径。苯可以引起白血病和再生障碍性贫血已被医学界公认。

热熔胶的主要原料均来源于石化产品,如乙烯-乙酸乙烯酯共聚物(EVA)、树脂、石蜡、抗氧化剂等,其中均可能存在苯系物(BTEX)残留,此外加工过程中可能滥用 BTEX 作为胶的溶剂,也会造成热熔胶产品中 BTEX 的残留[7,50]。

BTEX 具有较强的挥发性,对人体的血液、神经、生殖系统等具有较强危害,具有严重的职业危害性,已有较多因胶粘剂中 BTEX 中毒的职业病案例报道[51,52]。由于 BTEX 显著的环境效应及健康效应,国标《室内装饰装修材料 胶粘剂中有害物质限量》(GB 18583—2008)[53]中规定了溶剂型和水基型胶粘剂中苯系物的限量值,《建筑胶粘剂有害物质限量》(GB 30982—2014)[54]中增设了本体型建筑胶粘剂中苯、甲苯、甲苯、二甲苯的限量值,但仅限于聚氨酯类和环氧类胶粘剂,如聚氨酯类苯和甲苯的限量值均为 1 g/kg,环氧类中环氧树脂(A 组分)苯限量值为 2 g/kg,甲苯和二甲苯总和限量值为 50 g/kg。

BTEX 的检测方法较多,主要有气相色谱法[55]、气相色谱-质谱联用法[56,57]、液相色谱-串联质谱法[58]等。《建筑胶粘剂有害物质限量》(GB 30982—2014)[54]中采用溶剂稀释、气相色谱法检测胶粘剂中的苯系物,但该法不适用于固体状的热熔胶样品,而且气相色谱选择性差,缺乏定性信息。而气相色谱-质谱联用法具有检测快速、灵敏度高、选择性好等优点,已广泛用于水基胶[59]、水基型和溶剂型建筑用胶[60]等的BTEX 的测定。司晓喜等[61]建立了一种溶剂萃取-气相色谱-质谱联用法测定热熔胶中 BTEX 的方法,将分析物完全萃取到溶剂中并直接测定;张凤梅等[62]报道了热熔胶中 BTEX 的顶空-气相色谱-质谱联用法,该法不需要溶剂萃取步骤。下面就这两种方法进行介绍。

1. 溶剂萃取-气相色谱-质谱联用法

(1)仪器与材料

Clarus 600 气相色谱-质谱联用仪,美国 PerkinElmer 公司;KQ-300VDB 台式三频数控超声波清洗器,昆山市超声仪器有限公司;3K15 高速台式冷冻离心机,德国 SIGMA 公司。环己烷,色谱纯,德国 Merk 公司;苯、甲苯、乙苯、对二甲苯、间二甲苯、邻二甲苯、氘代苯标准品,纯度不小于 99%,德国 Dr. Ehrenstorfer 公司;市售热熔胶样品。

内标溶液:用环己烷配制质量浓度为 100 μg/mL 的氘代苯溶液。

混合标准溶液:以环己烷为溶剂配制 6 种苯系物的系列混合标准溶液,6 种苯系物的质量浓度分别为 0.005 mg/L、0.02 mg/L、0.1 mg/L、0.5 mg/L、1.0 mg/L、2.0 mg/L,并加入内标氘代苯使得其质量浓度为 0.5 mg/L。

(2)试验方法

样品前处理:称取切碎的热熔胶样品 0.5 g(精确至 0.001 g)置于 25 mL 旋盖锥形瓶中,依次加入 10 mL 环己烷、50 μL 内标溶液,旋盖密闭后,于 60 ℃下超声萃取 20 min。待萃取液冷却至室温后,转移至离心管,然后放至冷冻离心机中于-10 ℃冷冻 5 min 后,以 8000 r/min 的转速离心 10 min,取上清液进样测定。若测定值超过标准曲线上限,则对提取液进行适当稀释。

气相色谱-质谱分析条件:选择 HP-INNOWAX 熔融石英毛细管柱(30 m×0.25 mm×0.25 μm),载气为氦气(纯度不小于 99.999%),流量为 1.0 mL/min,恒流模式,进样口温度为 200 ℃,进样量为 1 μL,分流比为 10:1,升温程序为在 40 ℃下保持 6 min,然后以 5 ℃/min 的速率升温至 70 ℃,再以 30 ℃/min 的速率升温至 220 ℃,并保持 3 min。电离方式为电子轰击离子源(EI),扫描模式为选择离子监测(SIM)模式,电离能量为 70 eV,离子源温度为 240 ℃,传输线温度为 230 ℃,溶剂延迟时间为 2 min。苯系物的质谱测定参数见表 2.28。

表 2.28　苯系物的质谱测定参数

序号	目标物	保留时间/min	定量、定性离子
1	苯	2.97	78,77,51
2	甲苯	4.74	91,65,51
3	乙苯	7.58	91,106,51
4	对二甲苯	7.86	91,106,77
5	间二甲苯	8.07	91,106,77
6	邻二甲苯	9.59	91,106,77
IS	氘代苯(内标)	2.93	84,56,52

注:第 1 个离子为定量离子,第 2 个和第 3 个离子为定性离子。

(3)样品萃取条件优化

选取超声萃取法进行热熔胶样品的萃取,以 0.5 g 阳性样品进行试验,对萃取溶剂、萃取温度(50 ℃、

60 ℃、70 ℃）、溶剂用量（5 mL、10 mL、20 mL）和萃取时间（10 min、15 min、20 min、25 min）进行优化，结果见图 2.21。由于正己烷和环己烷对热熔胶样品的溶解能力好，对比了 2 种溶剂的萃取效果，见图 2.21(a)，可知 2 种溶剂均获得较高的萃取率，其中环己烷萃取效率更高，因此选其作为萃取溶剂。50 ℃下热熔胶样品部分溶解，萃取率低，但温度升至 60 ℃时热熔胶样品能完全分散或溶解，温度升至 70 ℃时苯系物有少量损失，综上考虑选取萃取温度为 60 ℃，见图 2.21(b)。较少的萃取溶剂不能完全分散热熔胶，萃取溶剂用量过大时，目标物被过分稀释，不利于测定，并造成溶剂浪费，当溶剂体积为 10 mL 时，热熔胶样品能完全分散或溶解，并达到较高的萃取率，见图 2.21(c)，因此选取萃取溶剂体积为 10 mL。目标物萃取率随着萃取时间的延长而增加，在萃取 20 min 后萃取率达最大值，因此选取萃取时间为 20 min，见图 2.21(d)。

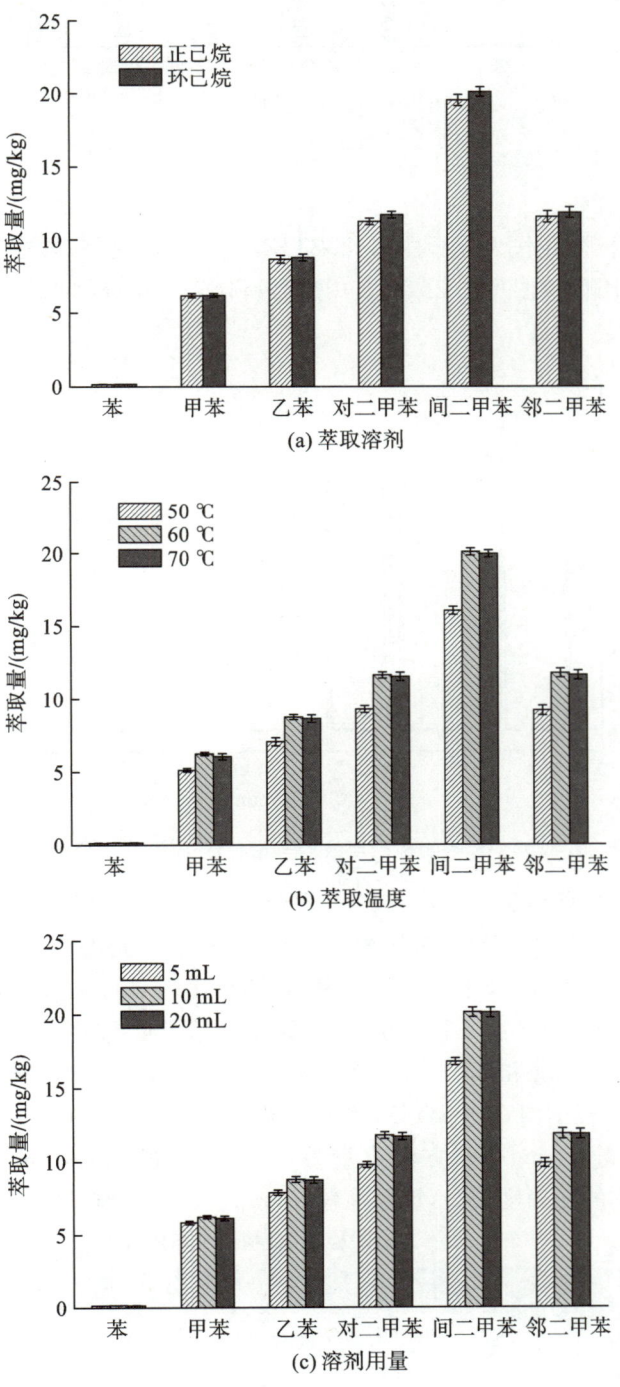

图 2.21　不同因素对热熔胶中苯系物萃取率的影响（$n=3$）

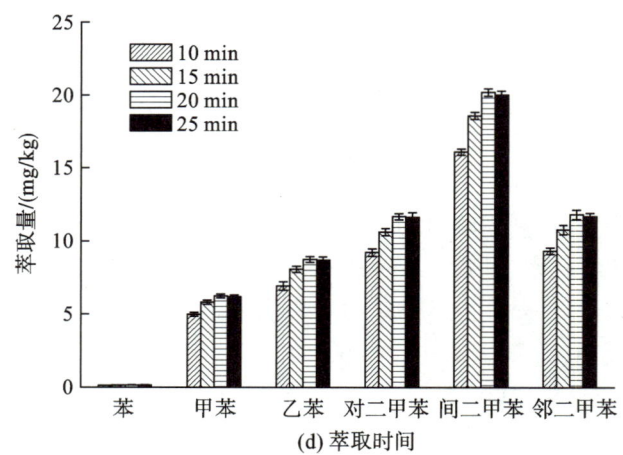

(d) 萃取时间

续图 2.21

（4）分析方法的建立和评价

选取 HP-INNOWAX 极性柱作为分析柱，6 个 BTEX 分离情况良好，峰形尖锐对称。在优化条件下标准溶液的气相色谱-质谱联用色谱图见图 2.22，其中序号所代表的化合物与表 2.28 相同。

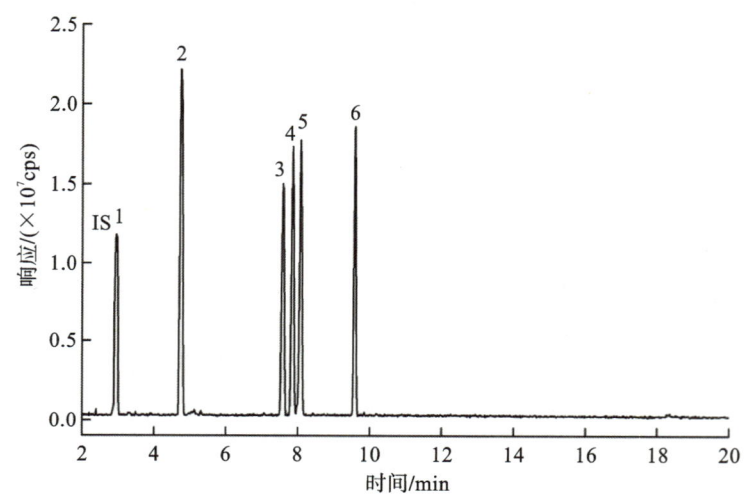

图 2.22 苯系物标准溶液的气相色谱-质谱联用色谱图

将系列标准溶液按照优化条件进样测定，以各 BTEX 与内标物的质量浓度比值为横坐标，各 BTEX 的定量离子与内标物定量离子的峰面积比值为纵坐标，建立 6 种苯系物的标准曲线。将空白热熔胶样品测定 20 次，计算标准偏差（SD），分别以 3 倍和 10 倍 SD 计算检出限（LOD）和定量限（LOQ）；选取典型热熔胶阳性样品，按照优化的方法进行 7 次平行测定，并计算相对标准偏差（RSD）以评价精密度；取空白热熔胶样品，添加 1.0 mg/kg、5.0 mg/kg 和 20.0 mg/kg 3 个含量水平的 BTEX，进行加标回收率测定，结果见表 2.29。在 0.005～2.0 mg/L 范围内，6 种 BTEX 线性方程的相关系数大于 0.9992，表明线性回归良好。方法的定量限范围为 0.03～0.07 mg/kg，方法定量限低，相对标准偏差小于 4.8%，加标回收率范围为 89.1%～103.1%，表明方法的准确度较高，重复性较好，该方法可满足热熔胶中苯系物的分析要求。

表 2.29 方法的检出限、精密度与回收率

目标物	相关系数	LOD /(mg/kg)	LOQ /(mg/kg)	RSD/(%) (n=7)	回收率/(%) (n=3)
苯	0.9992	0.01	0.03	4.8	89.1～95.8

目标物	相关系数	LOD /(mg/kg)	LOQ /(mg/kg)	RSD/(%) (n=7)	回收率/(%) (n=3)
甲苯	0.9996	0.02	0.06	4.2	90.7~97.6
乙苯	0.9993	0.02	0.07	3.2	91.0~98.4
对二甲苯	0.9997	0.02	0.06	3.6	91.8~103.1
间二甲苯	0.9998	0.02	0.06	3.7	92.0~102.5
邻二甲苯	0.9997	0.01	0.04	3.1	91.1~99.6

2. 顶空-气相色谱-质谱联用法

溶剂萃取法虽然简单,但针对固体中苯系物的萃取也有一定的缺点,如溶剂峰的存在、大体积有机溶剂污染及萃取效率低等问题。目前,固体及黏状物质中苯系物的测定可采用顶空方法,包括静态顶空方法、顶空固相微萃取方法和动态顶空方法三种。A. Serrano 等[63]采用顶空-气相色谱-质谱联用法分析了酸性及碱性土壤中的 25 种挥发性有机物(包括苯、甲苯、乙苯、二甲苯等),该方法采用无机盐水溶液作为基质校正剂,对苯、甲苯、乙苯、二甲苯的检测限分别为 2.0 ng/g、1.3 ng/g、1.2 ng/g、1.5 ng/g。对于苯系物来说,静态顶空方法不需要复杂的前处理,且具有较好的重现性,为经典稳定的方法。Alkalde 等[64]采用顶空-固相微萃取(HS-SPME)和气相色谱-质谱联用检测单离子监测模式,建立了一种简单的人体尿液中苯、甲苯和二甲苯(BTX)定量分析方法,该方法无溶剂、无创,只需要小体积的样品(1 mL),显示出高选择性、灵敏度、重复性和线性(相关系数>0.998)。

美国 EPA 5021 采用顶空-气相色谱-质谱联用法测定土壤及其他固体物质中的挥发性物质[65],包括苯系物(苯、甲苯、乙苯、二甲苯、苯乙烯)。2011 年红云红河烟草(集团)有限责任公司申请专利[66],采用顶空-气相色谱-质谱联用法来测定热熔胶中的苯及苯系物,该试验采用三醋酸甘油酯作为基质校正剂。石蜡与热熔胶性质相似,中国石油化工行业标准《石蜡中苯和甲苯含量的测定　顶空进样气相色谱法》(NB/SH/T 0707—2016)规定采用顶空进样气相色谱法来测定石蜡中苯及甲苯的含量[67]。

张凤梅等[62]通过对基质校正剂、顶空条件、气相色谱条件和质谱条件等参数的优化,建立了一种简单可靠的热熔胶中苯系物的测定方法。原理为在一定温度的密闭容器中和一定温度下,试样中的苯、甲苯、乙苯、二甲苯及苯乙烯在气相(顶空)和基质(液相或固相)之间存在分配平衡。达到平衡时,将气相部分导入气相色谱柱进行分离,用质谱进行定性定量分析,可测定出苯、甲苯、乙苯、二甲苯及苯乙烯在试样中的含量。

(1)试剂和材料

苯系物标准品,纯度不小于 99%;氘代苯内标,纯度不小于 99%。三乙酸甘油酯基质校正剂,分析纯,要求进行溶剂空白测试,确保不含被测定物质。

内标工作溶液配制:准确称取 0.01 g 氘代苯,精确至 0.0001 g,用三乙酸甘油酯溶解后定容至 100 mL,配制成浓度为 0.1 mg/mL 的内标储备液。准确移取 1.0 mL 内标储备液于 1000 mL 容量瓶中,用三乙酸甘油酯溶解后稀释到一定刻度,配制成氘代苯浓度为 0.1 mg/L 的内标工作溶液。内标工作溶液在 0~4 ℃条件下密封存放,有效期为 1 个月。

根据需要配制合适浓度的系列标准工作溶液。推荐的系列标准工作溶液配制方法如下:分别准确称取 0.05 g 的苯、甲苯、乙苯、对二甲苯、间二甲苯、邻二甲苯、苯乙烯于 50 mL 容量瓶中,精确至 0.0001 g,用内标工作溶液稀释并定容,得到各组分浓度均为 1000.0 mg/L 的混合标准储备液。准确移取 1.0 mL 混合标准储备液于 100 mL 容量瓶中,用内标工作溶液稀释并定容,得到各组分浓度均为 10.0 mg/L 的混合标准溶液。分别准确移取 0.1 mL、0.25 mL、0.5 mL、1.0 mL、2.5 mL、5.0 mL 和 10.0 mL 的混合标准溶液于 50 mL 容量瓶中,以内标工作溶液稀释并定容,配制成 7 级标准工作溶液,对应各级待测组分的浓度为

0.02 mg/L、0.05 mg/L、0.10 mg/L、0.20 mg/L、0.50 mg/L、1.00 mg/L 和 2.00 mg/L,此溶液现配现用。

(2)仪器条件

静态顶空参考条件如下。样品平衡温度:140 ℃。样品环:3.0 mL。样品环温度:150 ℃。传输线温度:160 ℃。样品瓶加压压力:30 psi(约为 0.21 MPa)。样品平衡时间:20.0 min。加压时间:2.0 min。充气时间:0.5 min。进样时间:0.10 min。

气相色谱参考条件如下。弹性毛细管聚乙二醇柱或等效柱,规格为 30 m(长度)×0.25 mm(内径)×0.25 μm(膜厚)。载气:氦气,恒流模式;柱流量为 1.0 mL/min;分流比为10∶1。进样口温度:180 ℃。程序升温:初始温度 40 ℃,保持 6 min,以 5 ℃/min 的升温速率升至 100 ℃,再以 30 ℃/min 的升温速率升至 230 ℃,保持 15 min。

质谱参考条件如下。辅助接口温度:230 ℃。电离方式:电子轰击离子源(EI)。电离能量:70 eV。离子源温度:230 ℃。四极杆温度:150 ℃。溶剂延迟时间:2.0 min。扫描模式为选择离子监测模式,选择离子参数见表2.30。

表2.30　选择离子参数

序号	化合物名称	定性离子及其丰度比	定量离子
1	苯	78,77,51(100∶28∶22)	78
2	甲苯	91,65,51(100∶12∶6)	91
3	乙苯	91,106,51(100∶28∶11)	91
4	对二甲苯	91,106,77(100∶66∶12)	91
5	间二甲苯	91,106,77(100∶52∶14)	91
6	邻二甲苯	91,106,77(100∶50∶21)	91
7	苯乙烯	104,78,51(100∶45∶27)	78
8	氘代苯	84,56,52(100∶26∶26)	84

(3)分析步骤

测定:称取 0.2 g(精确至 0.0001 g)试样于顶空瓶中,加入 1.0 mL 内标工作溶液,迅速密封瓶口,进行顶空-气相色谱-质谱分析。每个试样应平行测定两次,同时每批样品做一组空白对照。

定性分析:采用保留时间与碎片离子丰度比相结合的方法对目标峰进行定性。在仪器测试条件下,待测试样和标准品色谱峰的保留时间一致,要求样品待测液和标准品的选择离子色谱峰在相同保留时间处(±5%)出现,且对应质谱碎片离子的质荷比与标准品一致,其丰度比和标准品相比应符合:相对丰度＞50%时,允许有±10%偏差;相对丰度为 20%～50%时,允许有±15%偏差;相对丰度为 10%～20%时,允许有±20%偏差;相对丰度≤10%时,允许有±50%偏差,此时可定性确证目标物。

定量分析:对标准工作溶液进行选择离子扫描,以各标准溶液中苯、甲苯、乙苯、二甲苯及苯乙烯与内标峰面积的比值为纵坐标,苯、甲苯、乙苯、二甲苯及苯乙烯的浓度与内标浓度的比值为横坐标,制作标准工作曲线,标准工作曲线线性相关系数 R^2 应不小于 0.99。烟用热熔胶中苯、甲苯、乙苯、二甲苯及苯乙烯的含量由式(2-4)计算得出。取两次平行测定的平均值作为样品中苯的测定结果,精确至 0.01 mg/kg。平行测定结果的相对平均偏差应小于 10%。

$$X = \frac{(A_i - A_0) \times V}{m} \tag{2-4}$$

式中:X——试样中苯、甲苯、乙苯、对二甲苯、间二甲苯、邻二甲苯和苯乙烯的含量,单位为毫克每千克(mg/kg);

A_i——由标准工作曲线计算出的样品中苯、甲苯、乙苯、对二甲苯、间二甲苯、邻二甲苯和苯乙烯的浓度,单位为毫克每升(mg/L);

A_0——由标准工作曲线计算出的空白样品中苯、甲苯、乙苯、对二甲苯、间二甲苯、邻二甲苯和苯乙烯的浓度,单位为毫克每升(mg/L);

V——内标工作溶液的体积,单位为升(L);

m——试样的质量,单位为千克(kg)。

(4)前处理条件优化

为了有效地消除基质效应,使分析样品与标准工作溶液具有相同的基质溶剂,可以提高定量分析的准确性。比较了常用的三种溶剂 N,N-二甲基甲酰胺、二甲基亚砜和三乙酸甘油酯的效果,图 2.23 为三种溶剂作为基质校正剂的色谱图,其中 N,N-二甲基甲酰胺、二甲基亚砜沸点较三乙酸甘油酯低,容易造成溶剂过载,此外对比了不同厂家的溶剂,发现 N,N-二甲基甲酰胺、二甲基亚砜中的杂质较三乙酸甘油酯多。

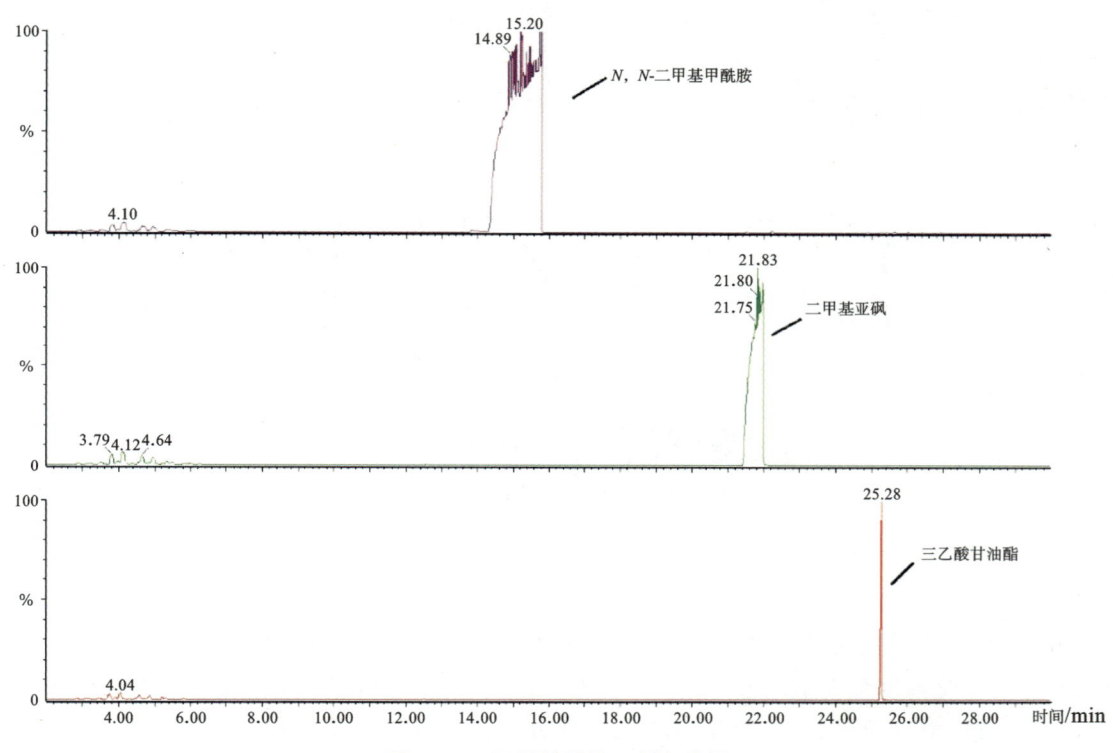

图 2.23 不同基质校正剂色谱图

根据文献报道,搭口胶[68]、油墨[69]、包装材料[70]、卷烟滤嘴[71]中苯系物的顶空-气相色谱-质谱分析均选用三乙酸甘油酯作为基质校正剂,此外,《烟用纸张中溶剂残留的测定 顶空-气相色谱/质谱联用法》(YC/T 207—2014)[72]也采用三乙酸甘油酯作为基质校正剂。因此,本方法中,采用三乙酸甘油酯作为基质校正剂,三乙酸甘油酯色谱峰在 25 min 左右,苯系物色谱峰在 15 min 以内,不干扰苯系物的定量分析。同时,热熔胶样品软化温度为 43.1~120.1 ℃,样品分析中平衡温度选择 140 ℃,选择沸点较高(258~260 ℃)的三乙酸甘油酯作为基质校正剂满足检测的要求。因此,项目组选用三乙酸甘油酯作为顶空基质校正剂,建立烟用热熔胶中苯、甲苯、乙苯、对二甲苯、间二甲苯、邻二甲苯和苯乙烯的检测方法。

进一步优化基质校正剂用量。选择同一个热熔胶样品,考察样品与萃取溶液固液比分别为 0.2:10、0.5:10、0.8:10、1:10、2:10、3:10、4:10 和 5:10 时苯、甲苯、乙苯、对二甲苯、间二甲苯、邻二甲苯和苯乙烯的含量测定结果,如图 2.24 所示。可见,当固液比为 2:10 时,样品中苯及苯系物的测定结果最好。为节约原材料,减少污染,选择称样量 0.20 g,萃取溶液用量 1 mL。

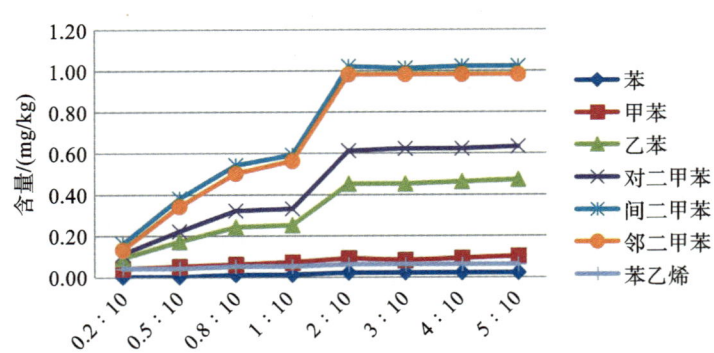

图 2.24　不同固液比对测试结果的影响

（5）仪器条件优化

①样品平衡温度的优化。选用同一个样品，考察样品平衡温度为 80 ℃、90 ℃、100 ℃、110 ℃、120 ℃、130 ℃、140 ℃和 150 ℃对检测结果的影响，结果如图 2.25 所示。可以看出，随着平衡温度的升高，目标物检测结果都得到了提高。平衡温度为 140 ℃和 150 ℃时得到的检测结果差别不大。

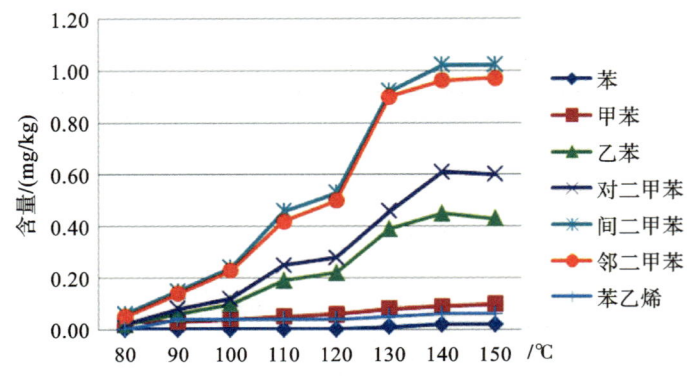

图 2.25　平衡温度对测定结果的影响

用熔点测定仪（BUCHI Melting Point B-545）测试的热熔胶样品软化温度为 43.1～120.1 ℃，温度分布如图 2.26 所示。厂家提供的热熔胶样品的软化点为 63.2～118.4 ℃，温度分布如图 2.27 所示。可看出，热熔胶样品的软化温度最高不超过 120 ℃。同时，通过调研发现嘴棒成型过程中生产温度在 140 ℃左右。结合平衡温度的测试结果、热熔胶样品软化温度分布情况以及嘴棒成型过程的生产实际，最终选取 140 ℃作为标准方法的样品平衡温度。

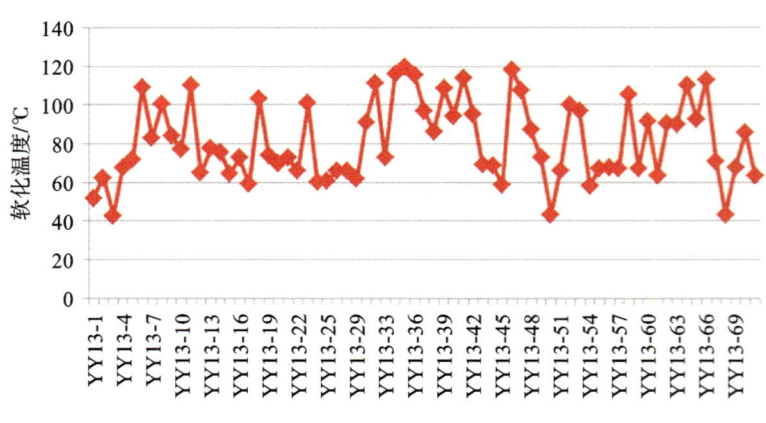

图 2.26　测试的热熔胶样品软化温度

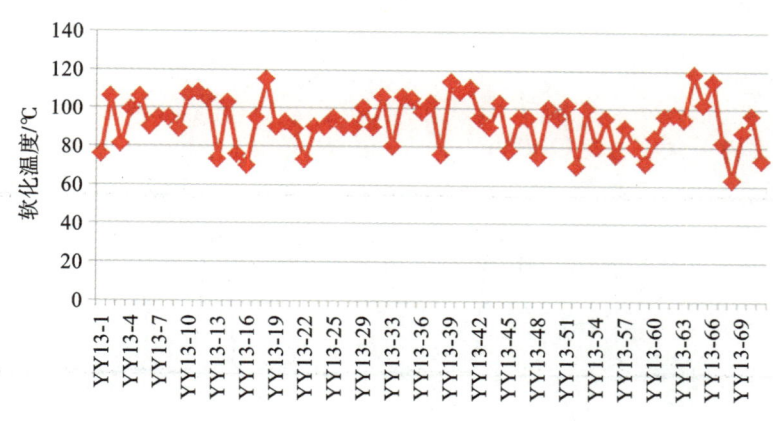

图 2.27　厂家提供的热熔胶样品软化温度

②样品平衡时间的优化。选择同一个热熔胶样品,在 140 ℃的平衡温度下,考察 10 min、20 min、30 min、40 min、50 min 和 60 min 样品平衡时间对检测结果的影响。热熔胶是以热塑性树脂或热塑性弹性体为主要成分,以增黏剂、增塑剂、抗氧化剂、阻燃剂及填料为添加成分,经熔融混合而制成的不含溶剂的固体状黏合剂。如图 2.28 所示,随着平衡时间的增加,目标物检测结果也增加,在 20 min 即达到最大值,20 min 到 30 min 处于平衡状态,检测结果差异不大,平衡时间超过 30 min 后目标物可能受到热熔胶经加热后产生的其他干扰成分的影响,导致检测结果降低。综上分析,平衡时间在 20 min 时目标物检测值达到最大,因此,最终选取 20 min 作为标准方法的样品平衡时间。

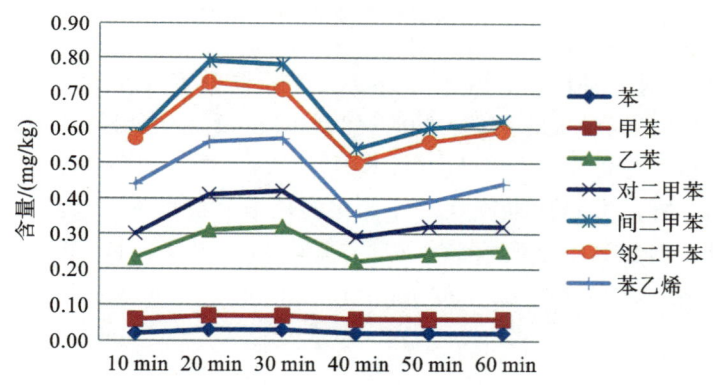

图 2.28　平衡时间对测定结果的影响

③进样时间的优化。准确称取 0.20 g 样品,将其按照标准方法制成待测试样,分别在 0.10 min、0.20 min、0.30 min 和 0.40 min 的样品进样时间条件下按照标准方法检测,考察样品进样时间对目标物检测结果的影响,结果如图 2.29 所示。可以看出,选择 0.10 min 进样时间时,乙苯、对二甲苯和间二甲苯基线分离且色谱峰形较好。随着进样时间的增加,过载现象比较明显,影响定量。因此,最终选取 0.10 min 作为标准方法的样品进样时间。

④气相色谱柱的选择。针对苯系物的分析,选择了 3 种常见的毛细管柱进行比较,分别是规格为 30 m(长度)×0.25 mm(内径)×0.25 μm(膜厚)的(5%-苯基)-甲基聚硅氧烷非极性毛细管柱、规格为 60 m(长度)×0.32 mm(内径)×0.5 μm(膜厚)的聚乙二醇极性毛细管柱和规格为 30 m(长度)×0.25 mm(内径)×0.25 μm(膜厚)的聚乙二醇极性毛细管柱,对其分离度进行了对比。结果表明:极性毛细管柱所有目标物色谱峰能实现基线分离。非极性毛细管柱对苯、甲苯、邻二甲苯实现基线分离,对二甲苯、间二甲苯完全重叠。60 m DB-WAX 色谱柱内径大、柱子长,所需载气流量大,对分析物保留时间长,需要较长的分析时间才能使柱中残留物流出。因此,综合分离度的情况,优选出聚乙二醇极性毛细管柱(30 m×0.25 mm×0.25 μm)作为标准方法的推荐色谱柱。

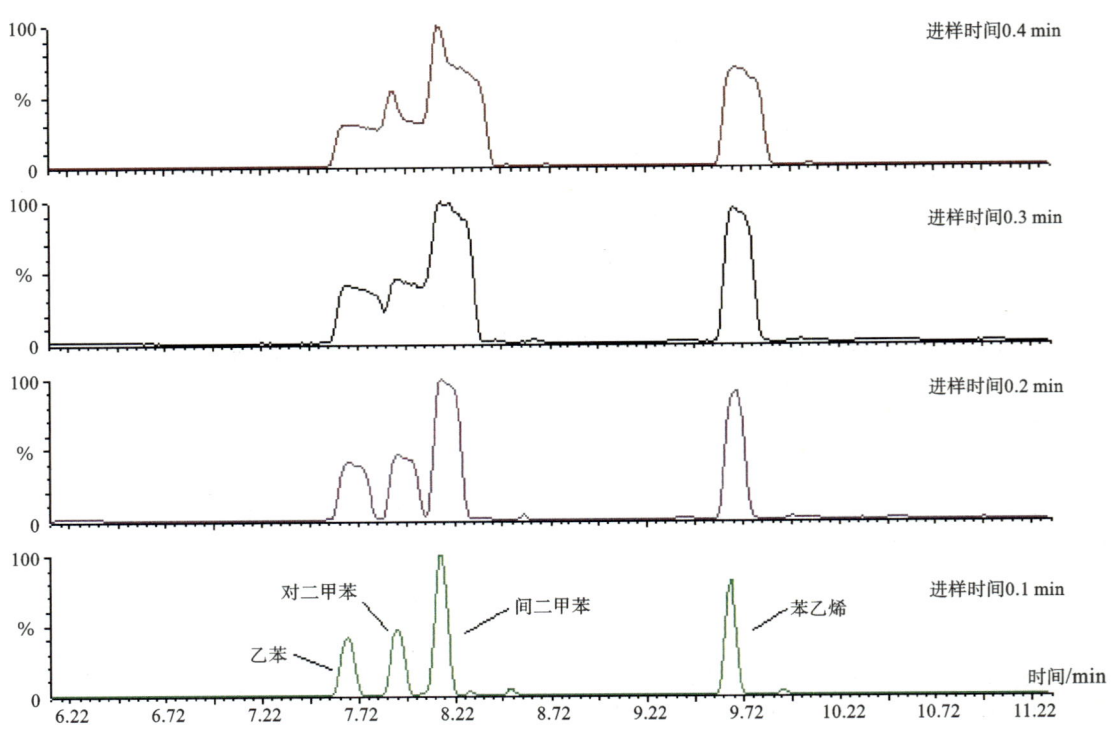

图 2.29　进样时间对测定结果的影响

　　⑤内标的选择。氘代苯是一种良好的内标物,本方法选择同位素内标法,用氘代苯作为内标来消除样品体系和标准溶液体系基质不同带来的差异。同时,配制标准工作溶液用的溶剂为三乙酸甘油酯,与样品中加入的基质校正剂一致,均为含 0.10 mg/L 氘代苯内标的三乙酸甘油酯溶液,减少了因基质不一致而导致的定量上的差异,提高了样品分析的准确性。在优化的色谱分析条件下,标准工作溶液的顶空-气相色谱-质谱联用色谱图见图 2.30。其中氘代苯、苯、甲苯、乙苯、对二甲苯、间二甲苯、邻二甲苯和苯乙烯保留时间分别为 2.98 min、2.98 min、4.81 min、7.67 min、7.95 min、8.17 min、9.67 min、12.20 min。

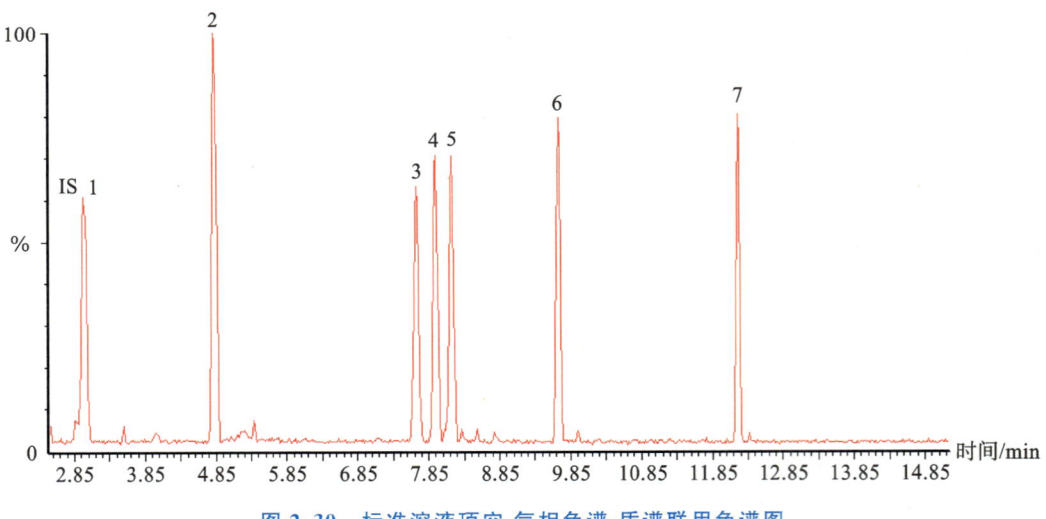

图 2.30　标准溶液顶空-气相色谱-质谱联用色谱图

注:IS—氘代苯(内标);1—苯;2—甲苯;3—乙苯;4—对二甲苯;5—间二甲苯;6—邻二甲苯;7—苯乙烯。

（6）方法评价

标准工作曲线：为了更加全面地研究该检测方法的适用性，配制了苯及苯系物的 7 级标准工作溶液，浓度范围均为 0.005～0.50 mg/L。苯及苯系物工作曲线的线性方程和相关系数如表 2.31 所示，其相关系数均大于 0.9990，能够满足检测要求。取标准工作溶液中的最低浓度样品，重复进样 10 次，计算标准偏差。3 倍标准偏差为检出限，10 倍标准偏差为定量检测限，结果如表 2.31 所示。

表 2.31　苯及苯系物的回归方程、相关系数、检出限和定量检测限

目标物	回归方程	相关系数	检出限 /(mg/kg)	定量检测限 /(mg/kg)
苯	$Y=0.2525X-0.002$	0.9999	0.01	0.03
甲苯	$Y=0.3868X-0.002$	0.9999	0.02	0.05
乙苯	$Y=0.2638X-0.010$	0.9999	0.01	0.03
对二甲苯	$Y=0.2295X-0.028$	0.9999	0.02	0.06
间二甲苯	$Y=0.2295X-0.007$	0.9999	0.02	0.05
邻二甲苯	$Y=0.2180X-0.010$	0.9998	0.01	0.03
苯乙烯	$Y=0.0723X-0.018$	0.9999	0.01	0.03

精密度试验：选择同一个样品，加入一定浓度的标准分析物后，在同一天内平行测定样品中各组分的含量 10 次，计算相对标准偏差，考察方法的日内精密度，见表 2.32。结果表明：方法的日内精密度为 1.29%～2.95%，本方法日内精密度良好。选择同一个样品，加入一定浓度的标准分析物后，分 10 天测定样品中各组分的含量，计算相对标准偏差，考察方法的日间精密度，见表 2.33。结果表明：方法的日间精密度为 2.23%～3.45%，本方法日间精密度良好。

表 2.32　方法的日内精密度（$n=10$）　　　　　　　　　　　　　　　　　　单位：mg/kg

项目	苯	甲苯	乙苯	对二甲苯	间二甲苯	邻二甲苯	苯乙烯
1	2.01	1.92	2.01	2.00	2.01	2.12	1.92
2	2.09	1.97	2.09	2.02	2.04	2.15	1.97
3	2.06	1.97	1.92	2.02	2.05	2.13	1.97
4	2.04	1.98	1.98	2.04	2.01	2.13	1.98
5	2.03	2.01	2.01	2.03	2.04	2.14	2.01
6	2.10	2.01	2.10	2.07	2.05	2.17	1.96
7	2.02	2.01	1.99	2.06	1.92	2.17	2.01
8	1.98	1.99	1.98	2.05	2.08	2.18	1.99
9	2.01	2.01	2.01	2.08	2.10	2.21	1.99
10	1.89	2.03	2.01	2.07	2.11	2.24	2.03
平均值	2.02	1.99	2.01	2.04	2.04	2.16	1.98
标准偏差	0.06	0.03	0.05	0.03	0.05	0.04	0.03
相对标准偏差（RSD）	2.95%	1.59%	2.61%	1.29%	2.66%	1.77%	1.56%

表 2.33　方法的日间精密度($n=10$)　　　　　　　　　　　　　单位:mg/kg

项目	苯	甲苯	乙苯	对二甲苯	间二甲苯	邻二甲苯	苯乙烯
1	2.01	1.92	2.01	2.00	2.01	2.12	1.92
2	2.01	2.03	2.07	2.05	2.02	2.02	2.01
3	2.01	2.09	2.06	2.02	2.14	1.98	1.97
4	1.99	1.98	2.17	1.98	2.17	2.01	1.98
5	2.01	2.00	2.08	2.01	2.17	2.10	2.01
6	1.89	1.89	2.07	1.96	2.18	2.01	2.08
7	2.09	2.01	1.99	2.01	2.21	1.99	2.07
8	1.98	1.99	1.98	1.89	2.13	2.18	1.99
9	1.88	2.01	2.15	1.99	2.10	2.11	1.98
10	1.89	1.98	1.99	2.03	2.10	2.05	2.01
平均值	1.98	1.99	2.06	1.99	2.12	2.06	2.00
标准偏差	0.07	0.06	0.07	0.04	0.07	0.07	0.05
相对标准偏差(RSD)	3.45%	2.78%	3.22%	2.23%	3.14%	3.24%	2.34%

回收率试验:选取 2 个苯系物含量不同的典型的热熔胶样品,根据其含量准确加入一定量(高、中、低浓度)的标准分析物,按分析步骤测定样品中各组分的含量,进行 3 次平行测定,计算回收率。3 个浓度梯度的样品加标回收率测定结果见表 2.34 和表 2.35。

表 2.34　样品 1 的加标回收率($n=3$)

序号	化合物	已知含量/(mg/kg)	添加量/(mg/kg)	测定平均值/(mg/kg)	平均回收率/(%)
1	苯	0	0.05	0.05	96.0
			0.10	0.09	91.0
			0.20	0.19	95.0
2	甲苯	0.53	0.25	0.77	96.0
			0.50	1.01	96.0
			1.00	1.49	96.0
3	乙苯	0.56	0.25	0.79	92.0
			0.50	1.03	94.0
			1.00	1.52	96.0
4	对二甲苯	0.67	0.25	0.92	100.0
			0.50	1.15	96.0
			1.00	1.68	101.0
5	间二甲苯	1.02	0.50	1.51	98.0
			1.00	1.97	95.0
			2.00	3.05	101.5

续表

序号	化合物	已知含量/(mg/kg)	添加量/(mg/kg)	测定平均值/(mg/kg)	平均回收率/(%)
6	邻二甲苯	0.82	0.50	1.31	98.0
			1.00	1.77	95.0
			2.00	2.74	96.0
7	苯乙烯	0.09	0.05	0.14	100.0
			0.10	0.18	90.0
			0.20	0.28	95.0

表 2.35　样品 2 的加标回收率($n=3$)

序号	化合物	已知含量/(mg/kg)	添加量/(mg/kg)	测定平均值/(mg/kg)	平均回收率/(%)
1	苯	0.06	0.05	0.11	100.0
			0.25	0.30	96.0
			0.50	0.55	98.0
2	甲苯	2.21	0.50	2.70	98.0
			2.50	4.53	92.8
			5.00	7.19	99.6
3	乙苯	2.41	0.50	2.88	94.0
			2.50	4.87	98.4
			5.00	7.31	98.0
4	对二甲苯	3.21	1.00	4.16	95.0
			5.00	8.12	98.2
			10.00	12.95	97.4
5	间二甲苯	3.83	1.00	4.77	94.0
			5.00	8.59	95.2
			10.00	13.38	95.5
6	邻二甲苯	5.2	1.00	6.16	96.0
			5.00	10.08	97.6
			10.00	14.67	94.7
7	苯乙烯	4.21	1.00	5.17	96.0
			5.00	9.23	100.4
			10.00	14.03	98.2

（7）对比试验

为了考察方法的重现性，选取了 6 个烟用热熔胶样品为试验对象，选取了 6 家单位进行了对比试验。试验表明，方法在不同地域试验室的重现性良好，见表 2.36。

表 2.36　不同试验室之间的对比试验结果　　　　　　　　　　　　　单位：mg/kg

目标物	单位	试验室 1	试验室 2	试验室 3	试验室 4	试验室 5	试验室 6	平均值	RSD
苯	样品 1	ND	ND	ND	ND	ND	ND	ND	—
	样品 2	0.52	0.52	0.51	0.50	0.48	0.48	0.50	3.80%
	样品 3	1.03	1.04	1.04	1.00	0.92	1.02	1.01	4.52%
	样品 4	2.02	2.20	2.11	2.04	1.85	2.00	2.03	5.71%
	样品 5	4.98	5.05	5.07	4.93	4.59	4.89	4.92	3.53%
	样品 6	5.23	5.26	5.13	5.17	5.05	5.27	5.19	1.65%
甲苯	样品 1	ND	ND	ND	ND	ND	ND	ND	—
	样品 2	0.51	0.45	0.51	0.49	0.50	0.50	0.49	4.90%
	样品 3	1.02	0.91	1.02	1.00	1.02	1.01	1.00	4.36%
	样品 4	2.08	2.01	2.08	2.02	2.06	1.90	2.03	3.29%
	样品 5	4.96	4.42	4.96	4.85	5.08	4.79	4.84	4.79%
	样品 6	4.97	4.56	4.97	5.01	5.4	5.17	5.01	5.55%
乙苯	样品 1	ND	ND	ND	ND	ND	ND	ND	—
	样品 2	0.49	0.43	0.49	0.46	0.45	0.45	0.46	4.80%
	样品 3	0.97	0.89	0.97	0.93	0.85	0.97	0.93	5.65%
	样品 4	2.13	2.08	2.13	2.06	1.88	2.08	2.06	4.47%
	样品 5	4.65	4.32	4.65	4.49	4.24	4.56	4.49	3.85%
	样品 6	4.69	4.47	4.69	4.69	4.84	4.94	4.72	3.40%
对二甲苯	样品 1	ND	ND	ND	ND	ND	ND	ND	—
	样品 2	0.48	0.42	0.48	0.45	0.45	0.45	0.45	4.58%
	样品 3	0.95	0.86	0.95	0.92	0.84	0.96	0.91	5.61%
	样品 4	2.18	2.15	2.18	2.10	1.92	2.19	2.12	4.79%
	样品 5	4.55	4.22	4.55	4.41	4.19	4.55	4.41	3.81%
	样品 6	4.6	4.36	4.6	4.63	4.79	4.94	4.65	4.28%
间二甲苯	样品 1	ND	ND	ND	ND	ND	ND	ND	—
	样品 2	0.48	0.42	0.48	0.46	0.44	0.44	0.45	5.79%
	样品 3	0.96	0.85	0.96	0.91	0.83	0.96	0.91	6.38%
	样品 4	2.48	2.43	2.48	2.43	2.20	2.59	2.44	5.24%
	样品 5	4.59	4.12	4.59	4.62	4.15	4.51	4.43	5.23%
	样品 6	4.64	4.26	4.64	4.65	4.75	4.9	4.64	4.56%
邻二甲苯	样品 1	ND	ND	ND	ND	ND	ND	ND	—
	样品 2	0.49	0.42	0.49	0.46	0.44	0.44	0.45	5.99%
	样品 3	0.96	0.87	0.96	0.91	0.81	0.94	0.91	6.44%
	样品 4	2.40	2.38	2.40	2.36	2.13	2.45	2.35	4.87%
	样品 5	4.59	4.24	4.59	4.35	4.05	4.4	4.37	4.81%
	样品 6	4.66	4.39	4.66	4.64	4.68	4.78	4.63	2.83%

续表

目标物	单位	试验室1	试验室2	试验室3	试验室4	试验室5	试验室6	平均值	RSD
苯乙烯	样品1	ND	ND	ND	ND	ND	ND	ND	—
	样品2	0.60	0.50	0.60	0.55	0.54	0.54	0.56	6.61%
	样品3	1.02	0.90	1.02	0.96	0.85	1.00	0.96	7.12%
	样品4	2.08	1.95	2.08	1.96	1.76	1.96	1.97	6.04%
	样品5	4.88	4.42	4.88	4.59	4.24	4.69	4.62	5.52%
	样品6	4.97	4.6	4.97	4.9	4.88	5.09	4.90	3.37%

3.两种方法的比较

溶剂萃取法与顶空-气相色谱-质谱联用法相比较,结果见表2.37,可见两种方法定量限相当。此外,选取3个不同含量的代表性热熔胶样品,采用两种方法进行测定,每个样品进行3次平行测定,结果见表2.38,可见两种方法测定结果一致。其中溶剂萃取法不需要顶空进样仪,前处理简单;而顶空法则省去前处理步骤,操作简便。二者各有优势,可根据试验条件和需求选用。

表2.37 两种方法检出限比较　　　　　　　　　　　　　　　　　　　　　　　单位:mg/kg

目标物	溶剂萃取法	顶空法
苯	0.03	0.03
甲苯	0.06	0.05
乙苯	0.07	0.03
对二甲苯	0.06	0.06
间二甲苯	0.06	0.05
邻二甲苯	0.04	0.03

表2.38 两种方法测定结果比较($n=3$)

目标物	含量(平均值±标准偏差)/(mg/kg)					
	样品1		样品2		样品3	
	溶剂萃取法	顶空法	溶剂萃取法	顶空法	溶剂萃取法	顶空法
苯	/[①]	/	/	/	0.18±0.01	0.19±0.01
甲苯	1.12±0.06	1.17±0.07	3.01±0.13	3.11±0.14	3.65±0.04	3.74±0.23
乙苯	3.65±0.16	3.64±0.14	12.51±0.41	12.59±0.53	18.68±0.23	18.84±1.30
对二甲苯	5.41±0.22	5.49±0.20	15.31±0.56	15.64±0.71	25.46±1.25	25.39±1.27
间二甲苯	8.47±0.28	8.54±0.47	25.41±0.91	25.61±1.28	50.31±2.52	51.22±2.45
邻二甲苯	6.89±0.31	6.88±0.28	14.86±0.59	14.93±0.68	30.43±0.65	30.10±0.91

注:①"/"代表未检出。

(二)多环芳烃

多环芳烃(简称PAH)是指两个或两个以上苯环以稠环形式相连的一类化合物,通常存在于焦油、炼油、润滑油、防锈油、橡胶、塑料制品等石化产品中。多环芳烃脂溶性高,不易降解且易在生物体内积累,具有致癌、致畸和致突变的风险,迄今为止已发现致癌性的多环芳烃及其衍生物达400多种,尤以其中16种

为最甚,对人类健康和生态环境具有巨大的潜在危害[73]。早在 1979 年美国环保局(EPA)就颁布了 129 种优先监测污染物,其中有 16 种是多环芳烃;1989 年,我国政府在"水中优先控制污染物黑名单"中列出 7 种多环芳烃。

热熔胶是以热塑性树脂或热塑性弹性体为基料,添加增黏剂、增塑剂、抗氧化剂、阻燃剂及填料,经熔融混合而成的固体状黏合剂[74]。热熔胶广泛应用于各领域,但其主体原料乙烯-乙酸乙烯酯聚合物、石蜡等均为石化产品,存在着多环芳烃(PAHs)污染的可能性[9],增黏剂氢化石油树脂中也可能存在芳香单体残留[75]。

烟用热熔胶主要用于卷烟条、盒、烟箱,以及滤嘴成型纸的粘接,作为与食品、口腔间接接触的材料,由于卷烟使用的特殊性又不能完全按间接接触的材料对其中的多环芳烃含量提出要求。目前国内没有专门针对热熔胶粘剂的相关限量控制标准、法规,但国内外均对消费品中的多环芳烃有限量规定。2010 年欧盟 REACH 法规要求直接投放市场的添加油或用于制造轮胎的添加油中多环芳烃含量不得超过以下限量要求:苯并(a)芘(BaP)含量应低于 1 mg/kg,同时 8 种多环芳烃(BaP、BeP、BaA、CHR、BbF、BjF、BkF、DBA)总含量应低于 10 mg/kg。新西兰关于轮胎、刹车垫片和道路沥青中有机化合物的初步检测,限值小于 10 mg/kg。2013 年欧盟颁布 EU 1272/2013 号法规,修订了《化学品注册、评估、许可和限制》(EC 1907/2006,REACH 法规)对于多环芳烃(PAHs)含量的限制要求:对于直接与皮肤或口腔长时间或短期反复接触的物品,含量不得超过 1 mg/kg;对于直接与皮肤或口腔长时间或短期反复接触的玩具,含量不得超过 0.5 mg/kg。德国 ZEK01-08《GS 认证过程中 PAHs 的测试和验证》(2008)规定了消费品材料中 PAHs 的限量要求:与食品接触的材料,或可放入口中的材料和玩具中苯并(a)芘以及 16 种 PAH 的总量均不能检测到(各多环芳烃小于 0.2 mg/kg);与皮肤接触(长时间与皮肤接触)的材料苯并(a)芘限量为 1 mg/kg,16 种 PAH 的总量限量为 10 mg/kg,与皮肤短时间接触或不接触的材料苯并(a)芘限量为 20 mg/kg,16 种 PAH 的总量限量为 200 mg/kg。热熔胶相关原料也有多环芳烃的限量要求。欧盟 2002/72/EC 指令中规定了氢化石油树脂中残留芳香单体不超过 50 mg/kg。美国联邦法规 21 卷 178.3700、3710 部分采用 172.886 (B)的"紫外吸光度"限量方法控制稠环芳烃含量。《食品安全国家标准 食品添加剂 石蜡》(GB 1886.26—2016)、《食品级微晶蜡》(GB 22160—2008)、《食品级凡士林》(SHT 0767—2005)中均规定了采用"紫外吸光度"限量的方法控制稠环芳烃含量。

目前,我国尚未出台针对热熔胶中多环芳烃的相关标准,只对热熔胶主要组成成分如石蜡中的多环芳烃进行了研究[《石油蜡中稠环芳烃试验法》(GB/T 7363—2021)]。由于多环芳烃对人体健康和环境均会造成较大危害,其分析检测在国内外受到了高度关注;国内外学者都对多环芳烃的检测方法进行过大量研究工作,目前已经制定的消费品中多环芳烃测定相关的检测方法如下。

(1)食品类(包括卷烟烟气)

①《食品安全国家标准 食品中苯并(a)芘的测定》(GB/T 5009.27—2016)。

②《动植物油脂 多环芳烃的测定》(GB/T 24893—2010)。

③《植物油中多环芳烃的测定 气相色谱-质谱法》(GB/T 23213—2008)。

④《卷烟 烟气总粒相物中苯并(a)芘的测定》(GB/T 21130—2007)。

(2)其他消费品(包括原材料)

①《热塑性弹性体 多环芳烃的测定 气相色谱-质谱法》(GB/T 29616—2013)。

②《电子电气产品中多环芳烃的测定 第 1 部分:高效液相色谱法》(GB/T 29784.1—2013)。

③《电子电气产品中多环芳烃的测定 第 2 部分:气相色谱-质谱法》(GB/T 29784.2—2013)。

④《电子电气产品中多环芳烃的测定 第 3 部分:液相色谱-质谱法》(GB/T 29784.3—2013)。

⑤《电子电气产品中多环芳烃的测定 第 4 部分:气相色谱法》(GB/T 29784.4—2013)。

⑥《石油蜡中稠环芳烃试验法》(GB/T 7363—2021)。

⑦《硫化橡胶 多环芳烃含量的测定》(GB/T 29614—2021)。

⑧《涂料、油墨及其制品中多环芳烃的测定》(SN/T 1877.6—2017)。

⑨《食品接触材料　辅助材料　油墨中多环芳烃的测定　气相色谱-质谱联用法》(SN/T 2201—2008)。

⑩《脱模剂中多环芳烃的测定方法》(SN/T 1877.1—2007)。

⑪《橡胶及其制品中多环芳烃的测定方法》(SN/T 1877.4—2007)。

⑫《塑料原料及其制品中多环芳烃的测定方法》(SN/T 1877.2—2007)。

⑬《矿物油中多环芳烃的测定方法》(SN/T 1877.3—2007)。

⑭*Rubber-Determination of the aromaticity of oil in vulcanized rubber compounds*(《橡胶-硫化橡胶复合物中油芳香性的测定》,ISO 21461—2012)。

除了以上标准方法,目前国内外已大量报道过关于大气、水、土壤、沉积物、植物等环境样品,以及油品、塑料等原材料中多环芳烃的测定方法[76,77],热熔胶中多环芳烃的测定还未见报道。提取方法主要有索氏提取法、加热回流提取法、超声波辅助萃取法、微波辅助萃取法等[78,79]。净化方法主要有液液萃取法、中性氧化铝和中性硅胶柱层析法、固相萃取法等。检测方法主要有紫外分光光度法、核磁共振氢谱法、气相色谱(GC)法、高效液相色谱(HPLC)法、气相色谱-质谱联用(GC-MS)法和液相色谱-质谱联用(LC-MS)法等。

目前 GC-FID 法、GC-MS 法和 HPLC-UV/FL 法是检测 PAHs 最常用的方法。《石油蜡中稠环芳烃试验法》(GB/T 7363—2021)采用紫外吸光光度法测定石油蜡中 PAHs 的紫外吸光度,操作烦琐,且不能得到 PAHs 的含量。气相色谱具有高选择性、高分辨率和高灵敏度的特性,而且由于多环芳烃的热稳定性,采用质谱(如 EI 源)作为检测器时,能够得到大的分子离子峰和很少的碎片离子,所以用 GC-MS 法测定时能够得到很高的灵敏度,与 GC-FID 法相比,GC-MS 法在定性方面更准确。相对于气相色谱,液相色谱在测定低挥发性的多环芳烃方面有优势,并且能够有效分离多环芳烃的同分异构体,但缺少定性信息。在 PAHs 的标准检测方法中以 GC-MS 法为检测手段的主要有:针对大气的 EPA TO-13A,ISO 12884:2000 (E)、ASTMi D6209-98 (2004)等方法;针对饮用水的 EPA 525.2 Rev 2.0 方法;针对废水的 EPA 1625 方法;针对固体废弃物的 EPA 8270D 方法;针对土壤的 EPA 8275A 和 ISO 18287:2006 方法。

常用的 PAHs 提取方法有索氏提取法、微波萃取法、超声萃取法等,净化方法主要是固相萃取法和液液萃取法[80,81]。其中微波萃取法、超声萃取法快速、萃取效率高;固相萃取法集样品富集及净化于一体,但可能造成目标物的损失;液液萃取法简便,对性质差异较大的干扰物去除效果好。热熔胶样品基体复杂,干扰物多,难以直接测定,必须经过样品预处理后才可以进行分析。特别是热熔胶常温呈玻璃态,加热熔融后呈黏流态,冷却后固化,其性状的特殊性大大增加了提取分离 PAHs 的难度,需要根据其特殊性开发合适的提取方法。

1. 气相色谱-质谱联用法

经超声萃取、液液萃取净化、浓缩定容后,采用气相色谱-质谱联用法测定样品中的多环芳烃,以碎片离子的丰度比定性,选择离子检测模式扫描,内标法定量。

(1)仪器和试剂

Clarus 600 气相色谱-质谱联用仪,PerkinElmer 公司;高速离心机,德国 SIGMA 公司,转速不低于 4500 r/min;旋转蒸发仪,瑞士 Buchi 公司;超声波清洗器,配有温控功能,功率不小于 200 W,昆山市超声仪器有限公司;氮吹仪。

正己烷、环己烷(色谱纯,J. T. Baker 公司,美国);二甲基亚砜(色谱纯,Merk 公司,德国);氯化钠(分析纯,国药集团化学试剂有限公司);16 种多环芳烃混合标样,包括萘(NAP)、苊烯(ANY)、苊(ANA)、芴(FLU)、菲(PHE)、蒽(ANT)、荧蒽(FLT)、芘(PYR)、苯并(a)蒽(BaA)、䓛(CHR)、苯并(b)荧蒽(BbF)、苯并(k)荧蒽(BkF)、苯并(a)芘(BaP)、茚苯(1,2,3-cd)芘(IPY)、二苯并(a,h)蒽(DBA)、苯并(g,h,i)芘(BPE),浓度均为 1 mg/mL(o2si 公司,美国),见表 2.39;萘-d8(内标物 1)、蒽-d10(内标物 2)、芘-d12(内标物 3)(标准品,纯度不小于 99%,Dr. Ehrenstorfer 公司,德国);市售热熔胶样品,以及自制添加了 16 种多环芳烃的阳性样品。

表 2.39　16 种多环芳烃及内标物信息

序号	化合物名称	英文名称	英文名缩写	结构	化学文摘号（CAS NO.）	化学分子式
1	萘	naphthalene	NAP		91-20-3	$C_{10}H_8$
2	苊烯	acenaphthylene	ANY		208-96-8	$C_{12}H_8$
3	苊	acenaphthene	ANA		83-32-9	$C_{12}H_{10}$
4	芴	fluorene	FLU		86-73-7	$C_{13}H_{10}$
5	菲	phenanthrene	PHE		85-01-8	$C_{14}H_{10}$
6	蒽	anthracene	ANT		120-12-7	$C_{14}H_{10}$
7	荧蒽	fluoranthene	FLT		206-44-0	$C_{16}H_{10}$
8	芘	pyrene	PYR		129-00-0	$C_{16}H_{10}$
9	苯并(a)蒽	benzo(a)anthracene	BaA		56-55-3	$C_{18}H_{12}$
10	䓛	chrysene	CHR		218-01-9	$C_{18}H_{12}$
11	苯并(b)荧蒽	benzo(b)fluoranthene	BbF		205-99-2	$C_{20}H_{12}$

续表

序号	化合物名称	英文名称	英文名缩写	结构	化学文摘号（CAS NO.）	化学分子式
12	苯并(k)荧蒽	benzo(k)fluoranthene	BkF		207-08-9	$C_{20}H_{12}$
13	苯并(a)芘	benzo(a)pyrene	BaP		50-32-8	$C_{20}H_{12}$
14	茚苯(1,2,3-cd)芘	indeno(1,2,3-cd)pyrene	IPY		193-39-5	$C_{22}H_{12}$
15	二苯并(a,h)蒽	dibenzo(a,h)anthracene	DBA		53-70-3	$C_{22}H_{14}$
16	苯并(g,h,i)芘（二萘嵌苯）	benzo(g,h,i)perylene	BPE		191-24-2	$C_{12}H_{14}$
17	萘-d8（内标物 1）	naphthalene-d8	NAP-d8		1146-65-2	$C_{10}D_8$
18	蒽-d10（内标物 2）	anthracene-d10	ANT-d10		1719-06-8	$C_{14}D_{10}$
19	苝-d12（内标物 3）	perylene-d12	PER-d12		1520-96-3	$C_{20}D_{12}$

　　内标溶液:分别准确称取适量内标物标准品萘-d8(内标物 1)、蒽-d10(内标物 2)、苝-d12(内标物 3),精确至 0.001 g,用正己烷配制成内标物 1 浓度为 20 μg/mL、内标物 2 和内标物 3 浓度均为 40 μg/mL 的内标溶液。标准溶液:浓度为 0.02 μg/mL、0.1 μg/mL、0.5 μg/mL、1 μg/mL、2 μg/mL、5 μg/mL 的 16 种多环芳烃混合溶液。

（2）试验步骤

提取：将热熔胶样品切碎成最大粒径为 1 mm 的颗粒。准确称取切碎的样品 0.25 g 置于顶空瓶，加入 10 mL 正己烷，同时加入 50 μL 内标溶液，密闭，放入超声波水浴中，于恒温 60 ℃下萃取 20 min，至热熔胶样品分散或溶解。若热熔胶样品未全部分散或溶解，转移萃取液至离心管，剩余物再加入 10 mL 环己烷重复萃取一次。合并萃取液至离心管，放至冰箱中冷冻 10 min，经高速离心机离心 5 min。

净化：转移上清液至已加入 8 mL 二甲基亚砜的分液漏斗中，剧烈摇动约 1 min，离心或静置分层后，将下层二甲基亚砜转移至另一分液漏斗中。残液再用 8 mL 二甲基亚砜重复提取一次，合并萃取液，弃去正己烷层。向二甲基亚砜萃取液中加入 5 mL 正己烷和 80 mL 4％氯化钠溶液，剧烈摇动 2 min，静置分层。将下层水相放入另一分液漏斗中，再用 5 mL 正己烷重复提取一次，合并萃取液，弃去水相。将萃取液连续用 5 mL 4％氯化钠溶液洗涤 2 次，弃去水层。收集正己烷层，在温度不大于 35 ℃时，采用旋转蒸发仪将萃取物浓缩至近干或采用氮吹仪将萃取物吹拂至近干，加入 1 mL 正己烷复溶，供测试。注：二甲基亚砜熔点为 18 ℃，需在室温大于 20 ℃条件下操作。

色谱条件如下。美国 Agilent 公司 DB-5MS[30 m（长度）×0.25 mm（内径）×0.25 μm（膜厚）]毛细管色谱柱。载气：氦气（纯度不小于 99.999％）。恒流流量：1.5 mL/min。进样量为 1 μL，分流进样（分流比为 10∶1）。程序升温：初始温度 60 ℃，保持 1 min，然后以 6 ℃/min 的速率升温至 120 ℃，再以 5 ℃/min 的速率升温至 300 ℃，并保持 13 min。

质谱条件如下。传输线温度：280 ℃。电离方式：电子轰击离子源（EI）。电离能量：70 eV。离子源温度：230 ℃。测定方式：全扫描的总离子流图（TIC）定性，选择离子监测（SIM）定量。溶剂延迟时间：7 min。

（3）测定方法的建立和内标选择

由于热熔胶样品提取液经处理后仍有较多干扰物，宜采用较缓的升温程序，使干扰物与目标物分离，提高定性定量的准确性。在选定的色谱条件下，通过全扫描方式得到总离子流图，根据得到的质谱图中的碎片离子选择丰度相对较高、相对分子质量大、干扰小的碎片离子作为测定和确证的特性离子。同时根据 16 种多环芳烃的性质和相对分子质量选择相应的氘代物作为内标。16 种多环芳烃和内标物的定量、定性离子，以及内标的选择见表 2.40，标准溶液的选择离子色谱图见图 2.31。

表 2.40　16 种多环芳烃和内标物的保留时间、定量离子、定性离子以及内标的选择

序号	化学名称	特征碎片离子/amu		保留时间 /min	内标
		定性离子	定量离子		
1	萘-d8（内标物 1）	136,108,137	136	9.86	萘-d8
2	萘	128,129,127	128	9.96	
3	苊烯	152,153,151	152	16.03	
4	苊	153,154,152	153	16.79	
5	芴	166,165,167	166	19.05	
6	菲	178,176,152	178	23.28	
7	蒽-d10（内标物 2）	188,160,94	188	23.35	蒽-d10
8	蒽	178,176,177	178	23.50	
9	荧蒽	202,203,200	202	28.67	
10	芘	202,101,203	202	29.63	
11	苯并(a)蒽	228,226,113	228	35.24	
12	䓛	228,226,227	228	35.40	

续表

序号	化学名称	特征碎片离子/amu		保留时间/min	内标
		定性离子	定量离子		
13	苯并(b)荧蒽	252,126,253	252	39.89	
14	苯并(k)荧蒽	252,126,253	252	39.99	
15	苯并(a)芘	252,126,253	252	41.11	
16	芘-d12(内标物3)	264,265,260	264	41.35	芘-d12
17	茚苯(1,2,3-cd)芘	276,138,277	276	45.17	
18	二苯并(a,h)蒽	278,279,139	278	45.35	
19	苯并(g,h,i)芘(二萘嵌苯)	276,138,277	276	45.97	

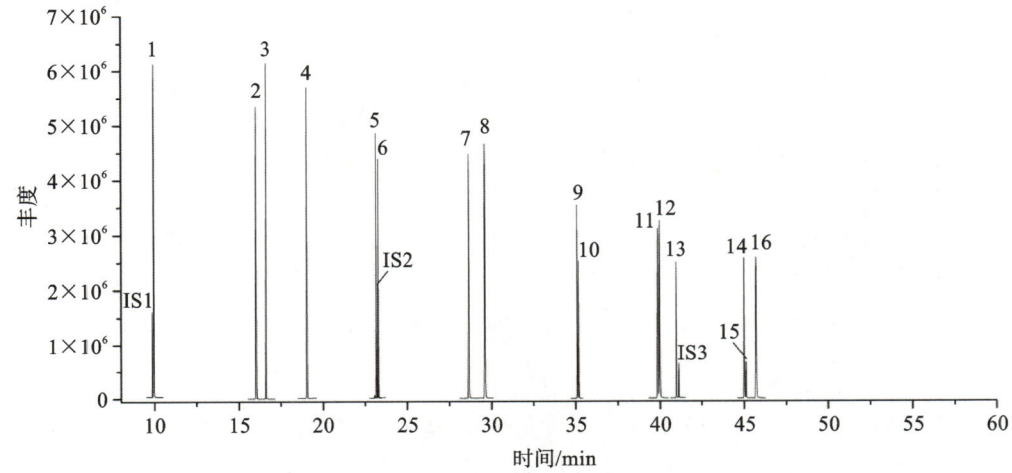

图 2.31 PAHs 标准物质和内标物质的 SIM 图

注:1—萘(NAP)、2—苊烯(ANY)、3—苊(ANA)、4—芴(FLU)、5—菲(PHE)、6—蒽(ANT)、7—荧蒽(FLT)、8—芘(PYR)、9—苯并(a)蒽(BaA)、10—䓛(CHR)、11—苯并(b)荧蒽(BbF)、12—苯并(k)荧蒽(BkF)、13—苯并(a)芘(BaP)、14—茚苯(1,2,3-cd)芘(IPY)、15—二苯并(a,h)蒽(DBA)、16—苯并(g,h,i)芘(BPE);IS1—萘-d8,IS2—蒽-d10,IS3—芘-d12。

(4)样品萃取方法的选择

样品的颗粒大小直接影响提取效率,一般制备成碎屑或粉末以提高萃取效率。尝试用液氮冷冻破碎的方法制备热熔胶粉末样品,结果表明,样品用液氮冷冻再用研磨仪粉碎时,研磨仪温度会快速升高,热熔胶会黏结成团,无法粉碎,此外研磨仪内温度过高,极易造成萘等低沸点 PAHs 的损失。因此在本测定方法中宜采用刀片将样品碎至粒径在 1 mm 以下的颗粒。

①溶剂的选择。多环芳烃在正己烷、二氯甲烷、丙酮、乙酸乙酯、DMSO 等有机溶剂中易溶解,文献和标准中通常选用对 PAHs 溶解能力较强的一种或几种有机溶剂作为提取溶剂。由于热熔胶性质特殊,难以实现选择性提取其中的多环芳烃,选取能溶解或分散热熔胶的溶剂有利于多环芳烃的溶出。根据相似相溶原理以及热熔胶的性质,选择正己烷、环己烷、二氯甲烷、乙酸乙酯、正己烷-丙酮(1∶1,体积比)进行试验。其中二氯甲烷会使热熔胶溶胀,萃取液呈透明黏稠状,不利于后续分析;乙酸乙酯、DMSO 对热熔胶的溶解能力一般,对多环芳烃的提取率不高;正己烷-丙酮(1∶1,体积比)主要用于微波辅助萃取,加入极性溶剂丙酮吸收微波,在非微波萃取方式下无显著效果;正己烷和环己烷对热熔胶的溶解能力好,两种溶剂均能获得较好的提取率,其中环己烷溶解性能佳,而正己烷在后续净化处理中效果更好,因而选择正己烷作为热熔胶的提取溶剂,对于正己烷提取效果不佳的样品选择环己烷重复提取一次。

②萃取方式选择。进一步比较了萃取方式(加热回流法、超声萃取法及微波萃取法)、萃取时间(10

min、20 min、40 min、60 min)和溶剂用量(5 mL、10 mL、20 mL 和 40 mL)对 PAHs 的萃取效果,以 PAHs 的平均萃取率作为评价指标,结果见图 2.32。由图 2.32(a)看出,超声萃取法和微波萃取法萃取率高,但微波萃取法较为剧烈,易造成萘等低沸点 PAHs 的损失,此外萃取液冷却后热熔胶析出附着在提取罐上,难以清洗去除。超声萃取法萃取率高,且简单、方便,适合批处理,因此选择萃取方式为超声萃取。萃取时间过长会导致相对分子质量小的 PAHs 有一定的损失,因此选取萃取时间为 20 min。萃取溶剂用量过小,不能使热熔胶分散或溶解;萃取溶剂用量过小,会增加后续处理工作量,浪费溶剂,且易造成 PAHs 的损失。经综合考虑,选取萃取溶剂体积为 10 mL。60 ℃下热熔胶样品能较好地溶解或分散,考虑到高温易造成低沸点 PAHs 的损失,选取萃取温度为 60 ℃。

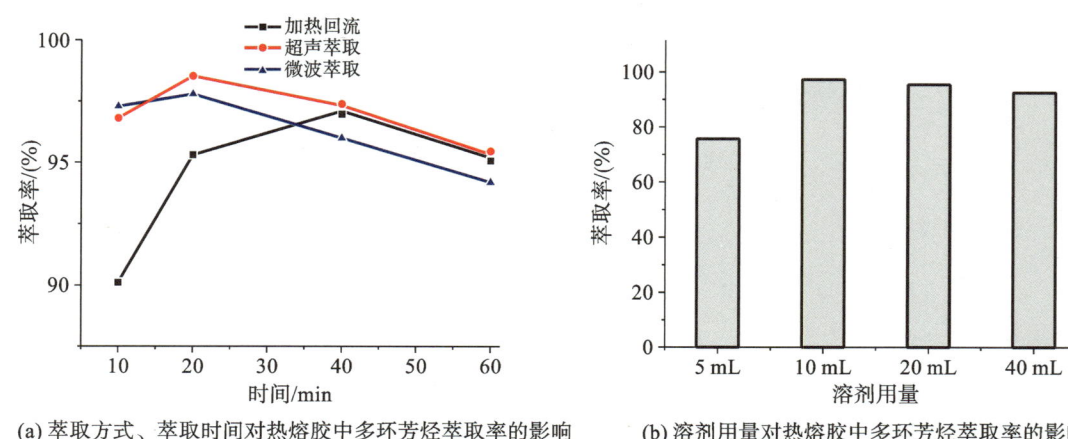

(a)萃取方式、萃取时间对热熔胶中多环芳烃萃取率的影响　　(b)溶剂用量对热熔胶中多环芳烃萃取率的影响

图 2.32　萃取方式、萃取时间和溶剂用量对热熔胶中多环芳烃萃取率的影响

(5)样品净化条件优化

萃取液中含有大量的热熔胶基体和干扰物,大量的高分子物质直接进入色谱-质谱仪中,会污染色谱柱。首先采用冷冻后离心的方法,将提取液放入冰箱中冷冻 10 min,促使大量基体快速析出,然后采用高速离心 5 min 的方法使析出的沉淀与提取液分离,通过离心实现基体与萃取液分离。经测定发现上清液中仍残留有大量来自石蜡的 C17~C36 烷烃混合物,其性质和 PAHs 接近,且其相对分子质量恰好覆盖了相对分子质量在 250~280 的 PAHs,给 PAHs 的定性、定量造成了干扰,因此进一步选择并考察了净化方法,对比了固相萃取[82]和液液萃取的净化效果。

①固相萃取法。将以上提取液定量浓缩(减压蒸发或氮吹)至 2 mL,过固相萃取柱(硅胶柱或弗罗里硅土柱)。转移样品至萃取柱,控制流速为 0.5 滴/s,收集得到过柱液;先用 2 mL 正己烷洗脱饱和烃类化合物,收集得到淋洗液;加入 5 mL 正己烷+二氯甲烷(体积比为 3:2)淋洗,收集淋洗液,在 30 ℃ 水浴中用旋转蒸发仪缓慢浓缩至近干,用正己烷定容至 1.0 mL,过 0.22 μm 滤膜后进样分析。通过固相萃取柱净化后,提取液明显变澄清,表明大部分热熔胶基体被去除。但从回收率看,大部分目标物的回收率较低。对收集得到的过柱液、淋洗液和洗脱液进行 GC-MS 分析,如图 2.33 所示。结果发现,部分相对分子质量小的 PAHs 和苯并(a)芘会随过柱液流出,大部分 PAHs 会随淋洗液流出,只有相对分子质量大的 PAHs 最终被保留而存在洗脱液中。经过优化过柱液体积、淋洗液种类和体积等,发现过柱液和淋洗液中均含有一定量的小分子 PAHs 和苯并(a)芘。此外,还比较了硅胶柱和弗罗里硅土柱的净化效果,二者效果相当,均不能获得较好的回收率。虽然经过淋洗能除去大部分饱和脂肪烃,但回收率损失较大,因而采用固相萃取法在本试验中不能兼得净化和保证回收率的效果。

②液液萃取法。根据正构烷烃与 PAHs 在二甲亚砜(DMSO)溶剂中的溶解度差异,考察了液液萃取的净化效果。首先采用对 PAHs 溶解能力更强的 DMSO 萃取上清液中的 PAHs,以空白基质加标的样品进行试验,考察了 DMSO 的用量(5 mL、8 mL、10 mL 和 15 mL)和萃取次数(1 次、2 次和 3 次)对萃取率的影响,如图 2.34(a)所示。可以看出,1 次萃取难以萃取完全,因此采用少量溶剂多次萃取的方式,以 8 mL

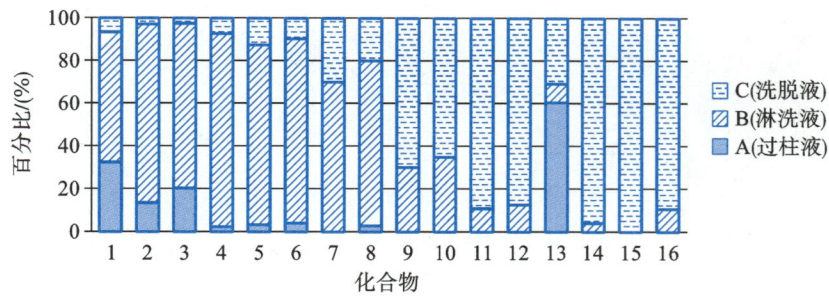

图 2.33　收集液中 PAHs 比较

DMSO 为萃取溶剂,重复萃取 2 次,多环芳烃的平均萃取率超过 99.2%,可视为基本萃取完全。采用足量氯化钠溶液去除 DMSO,并用正己烷反萃取多环芳烃,考察了正己烷的用量(5 mL、10 mL 和 15 mL)和萃取次数(1 次、2 次和 3 次)对萃取率的影响,如图 2.34(b)所示。结果表明,以 5 mL 正己烷为萃取溶剂,重复萃取 2 次,多环芳烃的平均萃取率超过 99.7%,基本萃取完全。正己烷萃取液经洗涤、浓缩、复溶,最终得到澄清的萃取液,经测定发现基质干扰显著降低。

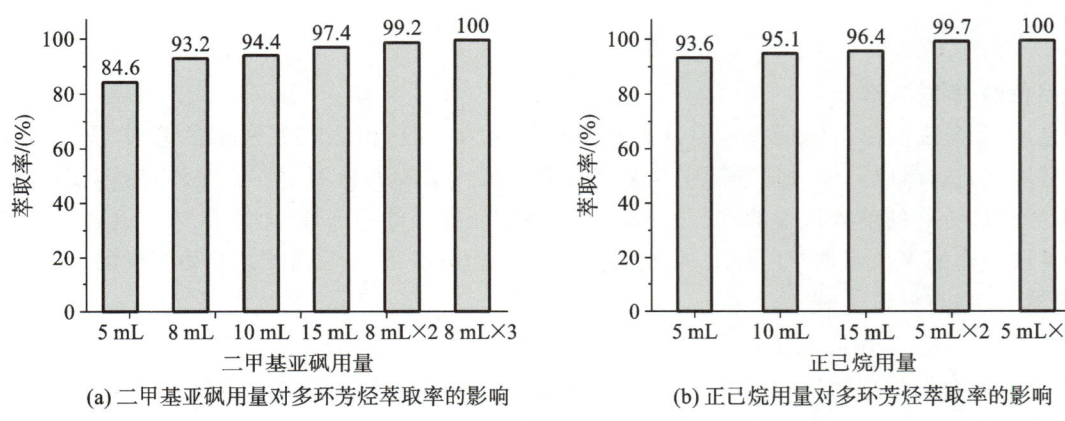

图 2.34　二甲基亚砜用量和正己烷用量对多环芳烃萃取率的影响

（6）定量方法建立和评价

不同浓度的多环芳烃标准溶液,经 GC-MS 分析后,以多环芳烃浓度与内标浓度的比值作为横坐标,其相应的色谱峰面积比为纵坐标,得到多环芳烃的标准工作曲线及其相应的线性方程,各多环芳烃的浓度范围为 0.02～5.0 $\mu g/mL$ 时,呈良好线性关系,适合定量。定量限的测定是将标准工作曲线最低浓度 0.02 $\mu g/mL$ 重复检测 7 次,以 10 倍标准偏差为定量检测限。精密度试验为将试验样品按照上述试验方法处理后,利用上述色谱质谱条件,重复检测 7 次,计算 RSD。称取 0.25 g 空白样品,分别在样品中加入 0.4 mg/kg、4.0 mg/kg、16.0 mg/kg 的各多环芳烃,根据加标量和测定量计算高、中、低浓度的加标回收率,见表2.41。

表 2.41　线性相关系数、方法的检出限、精密度和回收率

化合物	R^2	LOD /(mg/kg)	RSD($n=7$) /(%)	回收率($n=3$) /(%)	基质效应 /(%)
萘（NAP）	0.9986	0.079	2.7	85.0～108.4	109.1
苊烯（ANY）	0.9998	0.076	4.4	95.0～116.1	112.7
苊（ANA）	0.9998	0.067	5.1	85.2～96.3	101.8
芴（FLU）	0.9998	0.064	4.0	85.4～92.4	105.5
菲（PHE）	0.9998	0.094	3.2	91.9～106.1	109.1

续表

化合物	R^2	LOD /(mg/kg)	RSD($n=7$) /(%)	回收率($n=3$) /(%)	基质效应 /(%)
蒽（ANT）	0.9998	0.079	2.5	90.3～120.0	123.6
荧蒽（FLT）	0.9996	0.052	4.2	85.6～89.4	98.2
芘（PYR）	0.9996	0.058	5.3	85.2～98.2	105.5
苯并(a)蒽(BaA)	0.9998	0.029	7.0	91.7～116.2	120.6
䓛（CHR）	0.9988	0.039	5.0	86.2～108.4	109.1
苯并(b)荧蒽(BbF)	0.9992	0.028	4.3	98.3～110.3	96.5
苯并(k)荧蒽(BkF)	0.9986	0.024	5.2	85.9～97.2	94.9
苯并(a)芘(BaP)	0.9994	0.025	4.2	99.3～106.4	121.3
茚苯(1,2,3-cd)芘（IPY）	0.9992	0.023	4.0	80.5～93.4	95.3
二苯并(a,h)蒽(DBA)	0.9988	0.026	4.0	80.1～88.1	112.7
苯并(g,h,i)芘(BPE)	0.9992	0.027	4.0	92.8～95.2	112.7

2. 气相色谱-串联质谱法

气相色谱-质谱法快速、灵敏度高，但是抗基质干扰能力一般，相比之下气相色谱-串联质谱(GC-MS/MS)法灵敏度高、选择性好，十分适合用于复杂基质中痕量污染物的检测[83-85]。此外，热熔胶性状特别、基质复杂，需要经过特殊的前处理才能进行分析。针对热熔胶样品的特殊性，司晓喜等[86]开发了集成超声萃取和液液萃取净化的多次溶剂萃取前处理方法，并采用气相色谱-串联质谱测定热熔胶中的 16 种 PAHs。

（1）仪器、试剂与材料

Scion TQ 气相色谱-串联质谱仪，配 456 GC 气相色谱仪和自动进样器（布鲁克·道尔顿公司，美国）；超声波清洗器，配有温控功能，功率不小于 200 W（昆山市超声仪器有限公司）；BT224S 电子天平（感量：0.0001 g，赛多利斯科学仪器有限公司，德国）；3K15 高速台式离心机（SIGMA 公司，德国）；旋转蒸发仪（Buchi 公司，瑞士）；Milli-Q 超纯水器（Millipore 公司，美国）。

用水配制质量浓度为 4% 的氯化钠溶液。用正己烷配制浓度为 20 μg/mL 的氘代萘-D8、氘代蒽-D10、氘代芘-D12 混合内标溶液。用正己烷配制系列浓度为 0.01 mg/L、0.05 mg/L、0.2 mg/L、0.5 mg/L、1.0 mg/L、2.0 mg/L 的 16 种多环芳烃混合标准溶液，并加入内标使得内标浓度均为 1.0 mg/L。

（2）试验步骤

热熔胶样品前处理过程与气相色谱-质谱法类似，如图 2.35 所示。

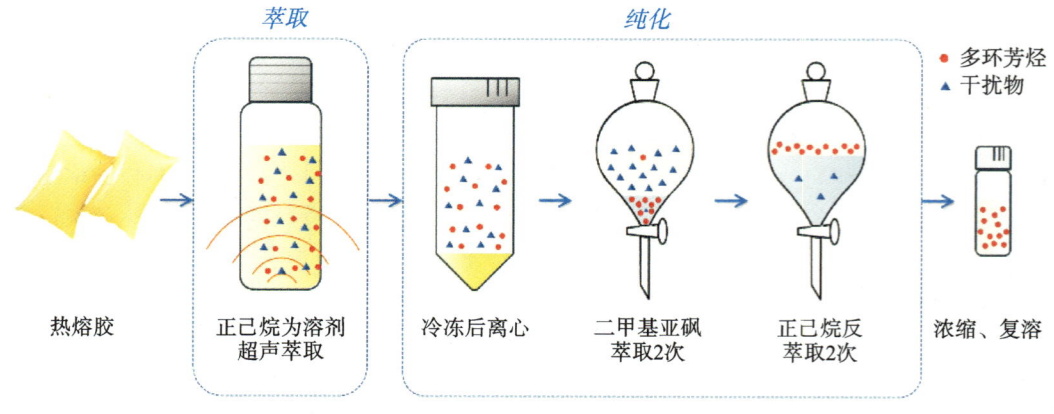

图 2.35　热熔胶中多环芳烃前处理过程示意图

气相色谱条件如下。DB-5MS 毛细管色谱柱(30 m×0.25 mm×0.25 μm,美国 Agilent 公司)。进样口温度:280 ℃。传输线温度:280 ℃。溶剂延迟时间:7.5 min。载气:氦气(纯度≥99.999%)。恒流流量:1.5 mL/min。进样量为 1 μL,分流进样(分流比为 10∶1)。程序升温:初始温度 60 ℃,保持 1 min,然后以 6 ℃/min 的速率升温至 120 ℃,再以 5 ℃/min 的速率升温至 300 ℃,并保持 13 min。

串联质谱条件如下。离子源温度:200 ℃。四极杆温度:40 ℃。电离模式:电子轰击离子源(EI)。电子能量:70 eV。灯丝发射电流:80 μA。碰撞气:高纯氩气(纯度不小于99.999%)。压力:23.8 Pa。检测方法:多反应监测模式(MRM),设定16 种 PAHs 的检测窗口,分别测定其离子强度。其他质谱参数见表 2.42。

表 2.42　16 种多环芳烃的串联质谱参数

序号	化合物	保留时间 /min	串联质谱 MS/MS			
			离子对 1* (m/z)	碰撞能 1 /eV	离子对 2 (m/z)	碰撞能 2 /eV
1	萘(NAP)	10.42	128/127	20	128/102	20
IS1	萘-d8 (NAP-d8)	10.35	136/108	20	136/134	20
2	苊烯 (ANY)	16.3	152/151	25	152/150	25
3	苊(ANA)	17	153/152	25	153/151	25
4	芴(FLU)	19.02	166/165	25	165/163	30
5	菲(PHE)	22.7	178/152	15	178/176	25
6	蒽(ANT)	22.9	178/176	25	178/152	15
7	荧蒽 (FLT)	27.34	202/200	30	202/152	30
8	芘 (PYR)	28.16	202/200	20	202/152	30
9	苯并(a)蒽(BaA)	32.93	228/226	30	228/202	20
10	䓛(CHR)	33.05	228/226	30	228/202	20
IS2	蒽-d10 (ANT-d10)	22.83	188/174	25	188/160	15
11	苯并(b)荧蒽(BbF)	36.86	252/250	30	252/226	20
12	苯并(k)荧蒽(BkF)	36.95	252/250	30	252/226	20
13	苯并(a)芘(BaP)	37.9	252/250	30	252/226	20
14	茚苯(1,2,3-cd)芘 (IPY)	41.32	276/274	45	276/272	50
15	二苯并(a,h)蒽 (DBA)	41.47	278/276	30	278/252	20
16	苯并(g,h,i)芘(BPE)	42.08	276/274	45	276/272	50
IS3	苝-d12 (PER-d12)	38.09	264/260	30	264/236	20

注:* 离子对 1 作为定量离子对。

(3)仪器测定方法的建立和评价

热熔胶样品提取液经处理后仍有少量干扰物,宜采用较缓的升温程序,使干扰物与目标物分离,增加定性定量的准确性。此外,进样口温度较高会降低小环 PAHs 的响应强度,而增加大环 PAHs 的响应强度,综合考虑选择进样口温度为 280 ℃。随着离子源温度的升高,大部分 PAHs 的响应值有一定的提高,最终选取离子源温度为 200 ℃。

以标准溶液进行母离子扫描,确定母离子,再进行子离子扫描,选取响应强度高、干扰小的两个子离子,以 MRM 对碰撞能量等质谱参数进行优化,确定的质谱参数列于表 2.42 中。在优化的条件下,标准溶液的 MRM 谱图见图 2.36。

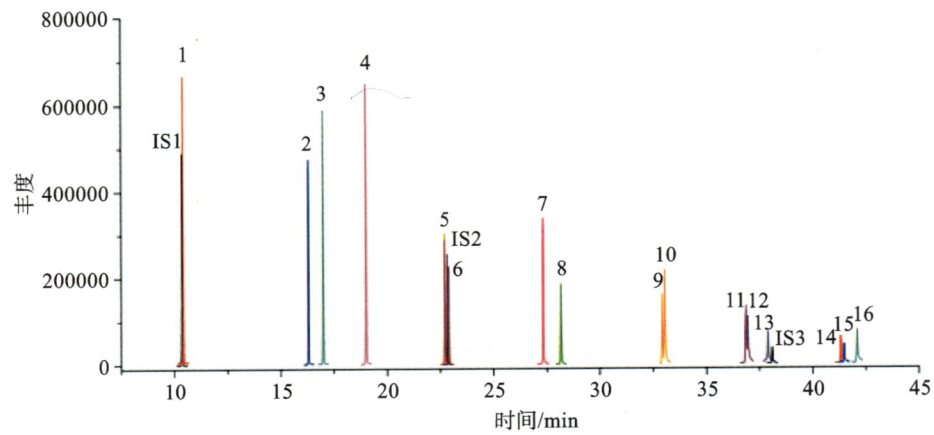

图 2.36 多反应监测模式下 16 种多环芳烃标准工作溶液的色谱图

注：化合物序号同表 2.42。

取系列混合标准溶液，按优化好的仪器条件进样分析。以各 PAHs 的定量离子峰面积与内标物定量离子峰面积的比值为纵坐标，各 PAHs 的浓度为横坐标，绘制标准工作曲线，采用内标法定量。将空白样品测定 20 次，以空白响应的 3 倍标准偏差作为检出限。将自制阳性样品按照上述试验方法处理后测定，以 7 次平行测定的峰面积计算相对标准偏差。取空白样品，添加含量为 0.8 mg/kg、4.0 mg/kg、16.0 mg/kg 3 个水平的各 PAHs 标准物质进行加标回收率试验，结果列于表 2.43 中。结果表明，在所考察浓度范围内，线性回归良好，相关系数（R^2）大于 0.9960。方法的检出限为 0.001～0.010 mg/kg，检测实际样品相对标准偏差小于 6.2%（$n=7$），加标回收率为 80.4%～117.6%。

表 2.43 线性相关系数、方法的检出限、精密度和回收率

化合物	相关系数 R^2	检出限 LOD /(mg/kg)	精密度 RSD ($n=7$)/(%)	回收率 ($n=3$)/(%)	基质效应 /(%)
萘（NAP）	0.9969	0.002	5.2	85.9～111.3	106.8
苊烯（ANY）	0.9993	0.001	4.1	86.3～112.9	108.6
苊（ANA）	0.9991	0.001	3.8	88.0～112.6	103.2
芴（FLU）	0.9994	0.001	5.2	89.3～116.2	103.5
菲（PHE）	0.9994	0.002	4.2	102.9～115.1	106.2
蒽（ANT）	0.9993	0.002	3.6	90.9～117.6	112.8
荧蒽（FLT）	0.9992	0.002	2.9	94.2～115.2	100.2
芘（PYR）	0.9989	0.001	2.9	91.2～114.7	102.8
苯并(a)蒽（BaA）	0.9988	0.001	5.3	85.0～114.2	113.0
䓛（CHR）	0.9977	0.001	3.8	98.3～116.4	107.9
苯并(b)荧蒽（BbF）	0.9997	0.003	2.9	89.2～98.5	101.3
苯并(k)荧蒽（BkF）	0.9974	0.009	4.7	86.3～94.2	101.8
苯并(a)芘（BaP）	0.9978	0.010	6.2	89.9～102.8	113.4
茚苯(1,2,3-cd)芘（IPY）	0.9960	0.001	4.9	81.2～92.3	102.1
二苯并(a,h)蒽（DBA）	0.9996	0.005	4.9	80.4～95.4	104.6
苯并(g,h,i)芘（BPE）	0.9995	0.001	5.8	82.1～91.5	105.8

采用 GC-MS/MS 法测定复杂样品时,基质成分可能对目标物响应值造成影响,且一般具有增强效应,影响分析的准确度和灵敏度[87]。可通过比较纯溶剂配制的标准溶液和空白基质配制的标准溶液中待测物的响应信号强度来评价基质效应。选取 1.0 μg/mL 浓度水平的混合标准溶液进行考察,纯溶剂配制的标准溶液待测物响应值记为 A1,空白基质配制的标准溶液待测物响应值记为 A2,则基质效应(ME)= A2/A1。测定结果见表 2.43,16 种分析物均表现出较弱的增强效应,基质效应为 100.2%～113.4%,效应作用不明显,可以忽略。这表明样品前处理过程中去除了大部分基质,减弱了基质效应[88]。

用所建立的检测方法,对 40 个市售热熔胶样品进行测定,所检测的样品中有少部分检出萘、菲和蒽,萘含量为 0.08～1.21 mg/kg,检出率为 21.1%,菲含量为 0.08～4.75 mg/kg,检出率为 23.7%,蒽含量为 0.17～4.77 mg/kg,检出率为 28.9%,检出的多环芳烃总量为 0.08～9.63 mg/kg。

3. 两种测定方法的比较

比较两种方法的线性相关系数、检出限、精密度和回收率,可以看出采用 GC-MS/MS 法测定的精密度和回收率与采用 GC-MS 法相当,但检出限低于 GC-MS 法,表明 GC-MS/MS 法的灵敏度明显优于 GC-MS法。此外,GC-MS/MS 法的选择性和抗基质干扰能力也优于 GC-MS 法。图2.37 为两种方法测定实际样品中蒽的离子流图,GC-MS/MS 法的信噪比高,两个离子对 178>176、178>152 的响应比值为 100：86.2,与推测值 100：86.8 十分接近,而 GC-MS 法中三个离子 178、176、177 测定得到的丰度比为 100：20：10,与推测值 100：14：8 差异较大,可能受干扰物的碎片离子共溢出影响或者基质效应的影响,容易造成定性错误或定量不准确。由表 2.41 中数据可以看出,GC-MS 法的基质效应为 94.9%～123.6%,表明 GC-MS 法的基质效应稍大于 GC-MS/MS 法。综上分析,可以看出 GC-MS/MS 法相对 GC-MS 法在定性、定量方面更有优势。

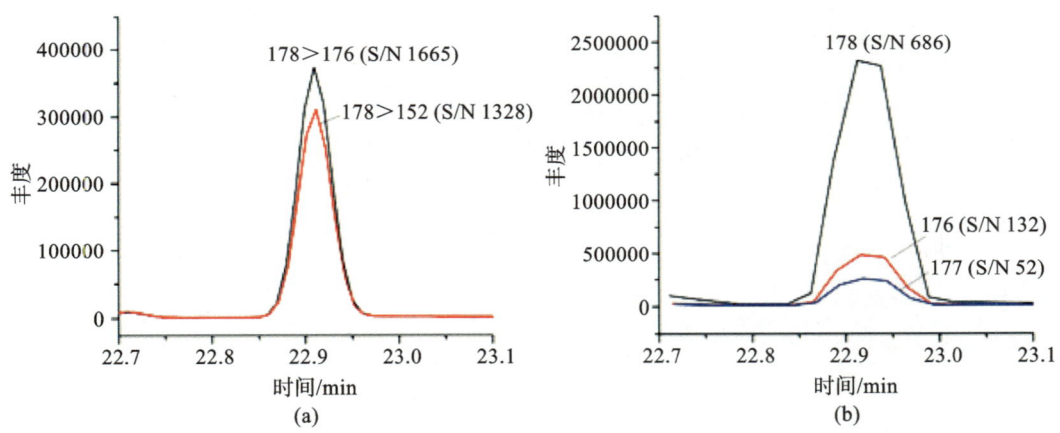

图 2.37　实际样品中蒽的 GC-MS/MS 法测定 MRM 离子流图和 GC-MS 法测定 SIM 离子流图

(三) 邻苯二甲酸酯

邻苯二甲酸酯(PAEs)以其优良的性能和低廉的价格,被普遍应用于玩具、食品包装材料、乙烯地板、壁纸、清洁剂、润滑油及个人护理用品等产品中。PAEs 是一类内分泌干扰激素,可导致细胞突变、癌变,在体外毒理学研究中被证实具有拟弱雌激素作用,可对男性生殖系统造成损害,导致血清睾酮浓度下降、精子生成数量减少、生殖器畸形等一系列雄性生殖毒性表现,并增加女性乳腺癌的发病率[89]。PAEs 吸附性和亲和性较强,且通常作为塑化剂的邻苯二甲酸酯一般以物理吸附而不是化学键合的方式存在于聚合物中,因此,在一定条件下,其易从载体中迁移出来而进入环境[90]。目前,许多国家开始关注 PAEs 从食品接触材料向食品中迁移带来的危害,并对食品接触材料中部分 PAEs 的特定迁移限量(specific migration limit,SML)加以限定[《食品安全国家标准　食品接触材料及制品用添加剂使用标准》(GB 9685—2016)]。PAEs 主要采用气相色谱-质谱联用法检测,目前我国尚无热熔胶中 PAEs 的卫生标准。张凤梅等[91]建立了一种热熔胶中邻苯二甲酸酯类化合物的分离检测方法,具体为称取热熔胶样品于正己烷萃取溶剂中经

超声萃取后得到萃取液,过微孔滤膜,滤液经气相色谱-质谱联用法进行分析,再以内标法定量,RSD 为 2.45%～5.01%,加标回收率为 93.4%～99.8%,该方法检出限低,精密度好,准确可靠;韩书磊等[92]建立了一种热熔胶中的邻苯二甲酸酯类化合物的测定方法,该检测方法有效消除了热熔胶中邻苯二甲酸酯检测的基质效应,具有操作简便、快速、灵敏度高、重复性及回收率好的优点。下面对以上方法进行介绍。

1. 气相色谱-质谱联用法

将热熔胶样品用剪刀剪成细小条状或粒状物,称取约 200 mg,精确至 0.1 mg,置于 50 mL 具塞三角瓶中,准确加入 20 mL 正己烷和 100 μL 内标溶液,以 100 Hz 的功率超声萃取 60 min,静置 30 min,待萃取液冷却至室温后,取约 2 mL 上层溶液于玻璃离心管中,以 8000 r/min 的转速离心 3 min,再取上清液加至含有 50 mg PSA 吸附剂的玻璃离心管中,在漩涡振荡仪上以 2000 r/min 的转速漩涡振荡 2 min,再以 8000 r/min 的转速离心 3 min,取上清液进行 GC-MS 分析。

色谱、质谱等仪器条件参考《烟用水基胶 邻苯二甲酸酯的测定 气相色谱-质谱联用法》(YC/T 333—2010)。8 种邻苯二甲酸酯及内标物定量和定性选择离子见表 2.44。

表 2.44　8 种邻苯二甲酸酯及内标物定量和定性选择离子

序号	化合物名称	保留时间/min	定性离子及其丰度比	定量离子	辅助定量离子
1	邻苯二甲酸二甲酯	5.64	163,77,135,194 (100:18:7:6)	163	77
2	邻苯二甲酸二乙酯	6.63	149,177,121,222 (100:28:6:3)	149	177
3	苯甲酸苄酯(内标)	8.04	105,91,212,194 (100:46:17:9)	105	212
4	邻苯二甲酸二异丁酯	8.80	149,223,205,167 (100:10:5:2)	149	223
5	邻苯二甲酸二丁酯	9.59	149,223,205,121 (100:5:4:2)	149	223
6	邻苯二甲酸丁基苄基酯	12.85	149,91,206,238 (100:72:23:4)	149	91
7	邻苯二甲酸二(2-乙基)己酯	14.31	149,167,279,113 (100:29:10:9)	149	167
8	邻苯二甲酸二正辛酯	15.72	149,279,167,261 (100:7:2:1)	149	279

2. 基质标准校正-气相色谱-质谱联用法

(1)仪器和试剂

仪器:气相色谱-质谱联用仪(美国 Agilent 7890A-5975C 型);超声波发生器(KQ-700DB 型数控超声波清洗器);德国 SIGMA3-30K-高速台式冷冻型离心机。

试剂:正己烷,色谱纯;12 种邻苯二甲酸酯标准品[邻苯二甲酸二(4-甲基-2-戊基)酯(BMPP)、邻苯二甲酸二(2-乙氧基)乙酯(DEEP)、邻苯二甲酸二戊酯(DPP)、邻苯二甲酸二己酯(DHXP)、邻苯二甲酸丁基苄基酯(BBP)、邻苯二甲酸二(2-丁氧基)乙酯(DBEP)、邻苯二甲酸二环己酯(DCHP)、邻苯二甲酸二(2-乙基)己酯(DEHP)、邻苯二甲酸二苯酯(BP)、邻苯二甲酸二正辛酯(DNOP)、邻苯二甲酸二壬酯(DNP)、邻苯二甲酸二异壬酯(DINP)];苯甲酸苄酯;N-丙基乙二胺吸附剂(PSA,Agilent);弗罗里硅土吸附剂

(Florisil,Agilent)。

用正己烷配制各邻苯二甲酸酯浓度为 20 μg/mL 的混合标准溶液;配制苯甲酸苄酯浓度约为 1 mg/mL 的正己烷溶液作为内标溶液。

气相色谱-质谱条件如下。色谱柱:毛细管色谱柱。固定相:5% 苯基/95% 甲基聚硅氧烷。规格:30 m × 0.25 mm × 0.25 μm。进样口温度:280 ℃。进样量为 1 μL,分流进样(分流比:10∶1)。载气:氦气(纯度不小于 99.999%),恒流模式。流量:1.0 mL/min。升温程序:初始温度 60 ℃,保持 1 min,以 20 ℃/min 的速率至 220 ℃,保持 1 min,再以 5 ℃/min 的速率至 280 ℃,保持 15 min。电离方式:电子轰击离子源(EI)。电离能量:70 eV。传输线温度:280 ℃。离子源温度:230 ℃。四极杆温度:150 ℃。测定方式:选择离子监测模式(SIM)扫描。溶剂延迟时间:6 min。

(2)试验方法

空白基质及基质校正标准工作溶液的配制:将 1 g 热熔胶样品剪碎,置于 50 mL 正己烷中,以 100 Hz 的频率超声提取 60 min,静置 30 min 后离心,取上清液置于 100 mL 锥形瓶中。准确移取 0.02 mL、0.05 mL、0.1 mL、0.25 mL、0.5 mL、1 mL、2 mL 的混合标准溶液,各自置于 10 mL 容量瓶中,再依次加入 5 mL 空白基质,然后准确加入 50 μL 内标溶液,以正己烷定容至刻度。取各梯度基质校正标准工作溶液 1.5 mL,置于含有 25 mg N-丙基乙二胺(PSA)和 25 mg 弗罗里硅土(Florisil)的分散固相萃取(d-SPE)离心管中,在漩涡混合仪上以 2000 r/min 的转速漩涡振荡 3 min,再以 10000 r/min 的转速离心 5 min,即得系列基质校正标准工作溶液,其浓度分别为 0.04 μg/mL、0.1 μg/mL、0.2 μg/mL、0.5 μg/mL、1 μg/mL、2 μg/mL、4 μg/mL。标准工作曲线的确定:对基质校正工作标准溶液进行 GC-MS 测定,计算每个标准溶液中 12 种邻苯二甲酸酯与内标的峰面积比,作出 12 种邻苯二甲酸酯浓度与峰面积比的标准曲线或计算得出回归方程。

热熔胶样品中邻苯二甲酸酯的提取和净化:将 0.2 g 热熔胶样品剪碎,置于 20 mL 正己烷中,以 100 Hz 的频率超声提取 60 min;提取液静置 30 min 后离心,取 1.5 mL 上清液于含有 25 mg N-丙基乙二胺(PSA)和 25 mg 弗罗里硅土(Florisil)的分散固相萃取(d-SPE)离心管中,在漩涡混合仪上以 2000 r/min 的转速漩涡振荡 3 min,再以 10000 r/min 的转速离心 5 min,取上清液进行 GC-MS 分析。

(四)残留单体(乙酸乙烯酯、苯乙烯、1,3-丁二烯)的测定

热熔胶可能含有残留单体(乙酸乙烯酯、苯乙烯、1,3-丁二烯),以及其在卷烟生产过程中的使用需经加热过程(130~160 ℃),产生挥发性物质,这些挥发性成分可能挥发,造成对环境和其他烟用材料以及卷烟成品的污染。乙酸乙烯酯为无色液体,具有甜的醚味,易燃,因而其蒸气与空气可形成爆炸性混合物,对眼睛、皮肤、黏膜和上呼吸道有刺激性,长时间接触有麻醉作用。国际癌症研究机构(简称 IARC)将乙酸乙烯酯归类为 2B(可能致癌物)。美国 FDA 176.170:2003 联邦法规《纸和纸板及接触食品的包装纸》对乙酸乙烯酯的限量要求为 750 ppm(750 mg/kg)。1,3-丁二烯是具有微弱芳香气味的无色气体,对皮肤和黏膜的刺激性较强,高浓度时有麻醉作用。苯乙烯为主要用作合成树脂、离子交换树脂及合成橡胶等的重要单体,2017 年世界卫生组织国际癌症研究机构公布的致癌物清单将苯乙烯列在 2B 类致癌物中。以上成分均有一定的挥发性,通常采用气相色谱、气相色谱-质谱联用仪分析[93-95]。下面介绍一种顶空-气相色谱-质谱联用仪同时分析乙酸乙烯酯、苯乙烯、1,3-丁二烯的方法。

前处理条件:称取 0.2 g 烟用热熔胶置于顶空瓶中,加入 1 mL 含基质校正剂的三乙酸甘油酯,迅速封闭后,经顶空-气相色谱-质谱联用仪分析,外标法定量。

顶空进样器条件如下:样品平衡温度为 140 ℃,样品环温度为 150 ℃,传输线温度为 160 ℃,样品平衡时间为 30.0 min,样品瓶加压压力为 130 kPa,加压时间为 0.2 min,充气时间为 0.2 min,样品环平衡时间为 0.05 min,进样时间为 0.1 min。

气相色谱条件如下:色谱柱为 VOC 专用毛细管柱,60 m(长度)×0.32 mm(内径)×1.8 μm(膜厚);载气为氦气(He);进样口温度为 180 ℃;恒流模式,柱流量 1.5 mL/min,分流比 15∶1;程序升温为 40 ℃,保

持 6 min,以 6 ℃/min 的速率升温至 220 ℃,保持 10 min。

质谱条件如下:辅助接口温度,220 ℃;电离方式,电子轰击离子源(EI);离子源温度,230 ℃;电离能量,70 eV;四极杆温度,150 ℃;选择离子监测模式扫描,离子参数见表 2.45。

表 2.45　离子参数

物质名称	定量离子	定性离子
1,3-丁二烯	54	53
乙酸乙烯酯	43	42
苯乙烯	104	78

(五)苯酚

苯酚属烟气 7 种有害成分之一,有毒,是生产某些树脂、杀菌剂、防腐剂以及药物的重要原料。由于热熔胶由树脂、石蜡等多种化工原料加工而成,样品中可能存在少量苯酚污染,同时由于苯酚价格比抗氧化剂低廉,不排除存在部分生产企业在热熔胶中添加苯酚用来替代 BHT 的可能性。因此,烟用热熔胶尤其是直接与口腔接触的滤棒成形用热熔胶中,苯酚也是可能需要关注的潜在风险物之一。司晓喜等[96]、张凤梅等[97]介绍了热熔胶中苯酚的测定方法,前文已介绍了一种苯酚和抗氧化剂 BHT 的同时分析方法,可作为参考方法,这里不再重复介绍。

(六)重金属

1. 目视比色法

《有机化工产品中重金属的测定　目视比色法》(GB/T 7532—2008)[98]规定了用目视比色法测定有机化工产品中重金属的试验方法,也适用于热熔胶样品中重金属的测定,适用于重金属含量(以 Pb 计)为 0.1～4.0 μg/mL 的样品。原理为在弱酸性溶液中,以硫化氢饱和水溶液将重金属铜、铅、汞等离子沉淀为相应的硫化物,所产生的颜色与标准色用目视法比较。

(1)仪器和试剂

《分析实验室用水规格和试验方法》(GB/T 6682—2008)规定的三级水;乙酸溶液:浓度为 30%;氨水溶液;盐酸溶液;饱和硫化氢水;铅标准溶液:0.01 mg/mL(准确吸取铅杂质测定用标准溶液(0.1 mg/mL)10 mL 于 100 mL 容量瓶中,稀释至刻度,摇匀,使用前新鲜配制);50 mL 比色管。

(2)测试方法

称取 1.5 g 样品,加入 0.2 mL 乙酸溶液;若处理后的试样为残渣,可先用 0.2 mL 乙酸溶液溶解,定量移入比色管中(应保证溶液 pH 值约为 4,必要时,可用氨水溶液或盐酸溶液调节)。加入 10 mL 饱和硫化氢水,用水稀释至刻度,摇匀,为试样溶液。标准比色溶液是根据产品标准的规格值取规定量的铅标准比色溶液与试样溶液同时同样处理。在无阳光直射的情况下,于 10 min 内轴向或侧向观察,与标准比色溶液进行比较。

(3)结果表述

若试样溶液所呈现的颜色不深于标准比色溶液,则该样品中重金属含量(以 Pb 计)合格。

2. 电感耦合等离子体质谱法

目前,通常采用微波消解-电感耦合等离子体质谱(ICP-MS)法测定热熔胶中的微量元素[如铬(Cr)、镍(Ni)、砷(As)、硒(Se)、镉(Cd)、汞(Hg)和铅(Pb)][99],所用的消解体系一般为硝酸-过氧化氢-盐酸-氢氟酸体系,其中氢氟酸具有很强的腐蚀性和毒性,频繁、大量地使用不仅存在健康隐患,还会对环境造成污染。秦子娴等[100]选用氟化铵-硝酸体系消解样品,结合 ICP-MS,建立一种安全环保、准确高效且能满足热熔胶中上述 7 种微量元素测定的检测方法。

（1）仪器和试剂

仪器：Agilent 7800 型电感耦合等离子体质谱仪；Multiwave Pro 型微波消解仪等。

试剂：10 mg·L^{-1} 的 Cr、Ni、As、Se、Cd、Hg、Pb 标准储备溶液；5 mg/L 的铟内标溶液。

（2）测试方法

称取热熔胶样品 0.003 g 置于消解内罐中，分别加入 60%（体积分数，下同）硝酸溶液 6 mL 和 12.66 mol/mL 氟化铵溶液 0.50 mL，摇匀，加盖，置于微波消解仪中，按升温程序消解（0～20 min 由室温升至 185 ℃后，保持 20 min；40～60 min 由 185 ℃降至 55 ℃）。消解完成后，开盖，将消解内罐置于平板控温加热器上，于 120 ℃加热赶酸 3 h。将消解液转移至预先称重的 50 mL 聚丙烯离心管中，用水洗涤消解内罐 3 次，洗涤液一并转入离心管中，用水定容至 50 mL，摇匀，在仪器工作条件下测定。同时做空白对照试验。

工作条件：射频功率 1550 W；雾化气流量 1.2 L/min，辅助气流量 1.0 L/min，等离子体气流量 15 L/min，氦气流量 4.3 L/min；采样深度 8.0 mm；雾化室温度 2 ℃；蠕动泵转速 6.0 r/min，蠕动泵提升转速 18 r/min；蠕动泵提升时间 40 s，蠕动泵稳定时间 40 s；重复采集次数 3 次；其他 ICP-MS 参数见表 2.46。7 种微量元素所用的内标元素均为 ^{115}In，5 mg/L 的铟内标溶液在线加入。

表 2.46　ICP-MS 参数

元素	测定同位素	积分时间/s	元素	测定同位素	积分时间/s
Cr	^{53}Cr	0.3	Cd	^{111}Cd	0.5
Ni	^{60}Ni	0.3	Hg	^{202}Hg	2.0
As	^{75}As	1.0	Pb	^{208}Pb	0.3
Se	^{82}Se	2.0			

（3）测试结果

《烟用材料中铬、镍、砷、硒、镉、汞和铅残留量的测定　电感耦合等离子体质谱法》（YC/T 316—2014）[99]采用的消解体系为硝酸-过氧化氢-盐酸-氢氟酸体系，其中氢氟酸具有很强的腐蚀性和毒性；硝酸会与过氧化氢剧烈反应，产生的气泡如果溢出会造成样品损失；盐酸中的 Cl$^-$ 会与 As 形成挥发性氯化物，造成 As 损失，还会对 Cr 的测定造成一定干扰。氟化铵腐蚀性和毒性相对较低，在密闭加热条件下可分解生成氨和氟化氢，与氢氟酸有类似的消解效果，且在 ICP-MS 分析中不会引入多原子离子干扰。因此，试验选择氟化铵-硝酸体系消解热熔胶样品。

试验选择氟化铵溶液用量为 0.5 mL 时，消解液呈澄清透明状态；用量过多或过少时消解液均呈悬浊态，说明热熔胶未消解完全，一旦进样测试，不仅会堵塞进样管，还会带来严重的基质效应，抑制仪器响应信号，影响测定值的准确度。这是由于过量的氟化铵会和硝酸反应，致使样品中的有机物消解不充分。此外，消解温度和保持时间会直接影响样品的消解效果。185～205 ℃消解温度下，样品中 7 种元素含量均无显著性差异。

Cr、Ni、As、Se、Cd、Pb 的线性范围为 0.5～100 μg/L，Hg 的线性范围为 0.5～10.0 μg/L，检出限（3SD）为 0.005～0.029 mg/kg；对实际样品进行 3 个浓度水平的加标回收试验，所得回收率为 86.3%～106%，测定值的相对标准偏差（n=5）为 1.8%～11%。方法用于 5 个实际样品的分析，在 5 个样品中均检出了铬和镍，3 个样品中检出了铅，3 种元素的检出量均低于《烟用热熔胶》（YC/T 187—2004）规定的限值；将该方法与《烟用材料中铬、镍、砷、硒、镉、汞和铅残留量的测定　电感耦合等离子体质谱法》（YC/T 316—2014）中的方法进行比对，在 95% 置信水平下，铬和镍的 t 值均小于临界值 $t_{0.05,4}$，铅的 t 值小于临界值 $t_{0.05,2}$，3 种元素的 p 值均大于 0.05，2 种方法无显著性差异。

（七）砷含量

《化工产品中砷含量测定的通用方法》（GB/T 7686—2016）[101]规定了测定化工产品中砷的通用方法，

可采用二乙基二硫代氨基甲酸银光度法或原子荧光光度法,可用于热熔胶中砷含量的检测。其中二乙基二硫代氨基甲酸银光度法适用于砷含量在 $1\sim20~\mu g$ 范围内的溶液测定,原子荧光光度法适用于砷含量在 $0.005\sim2.5~\mu g$ 范围内的溶液测定。

1.二乙基二硫代氨基甲酸银光度法

该方法的原理为在盐酸介质中,用锌还原砷,生成砷化氢,导入二乙基二硫代氨基甲酸银[Ag(DDTC)]吡啶或三氯甲烷溶液中,生成紫红色的可溶性胶态银,在最大吸收波长 540 nm 处,对其进行吸光度的测量。生成胶态银的反应式是:

$$AsH_3 + 6Ag(DDTC) = 6Ag + 3H(DDTC) + As(DDTC)_3$$

(1)材料和试剂

盐酸;锌粒,粒径为 0.5~1 mm;吸收液 A 为 5 g/L 二乙基二硫代氨基甲酸银吡啶溶液[简称 Ag(DDTC)吡啶溶液];吸收液 B 为 2.5 g/L 二乙基二硫代氨基甲酸银三氯甲烷溶液[简称 Ag(DDTC)三氯甲烷溶液];150 g/L 碘化钾溶液;400 g/L 氯化亚锡盐酸溶液;50 g/L 氢氧化钠溶液;100 μg/mL 砷标准溶液;2.50 μg/mL 砷标准溶液;乙酸铅脱脂棉,即溶解 50 g 乙酸铅[Pb(C$_2$H$_3$O$_2$)$_2$·3H$_2$O]于 250 mL 水中,用此溶液将脱脂棉浸透,取出在室温下晾干,保存在密闭容器中。

(2)仪器

分光光度计:具有 540 nm 波长。15 球定砷仪示意图如图 2.38 所示。

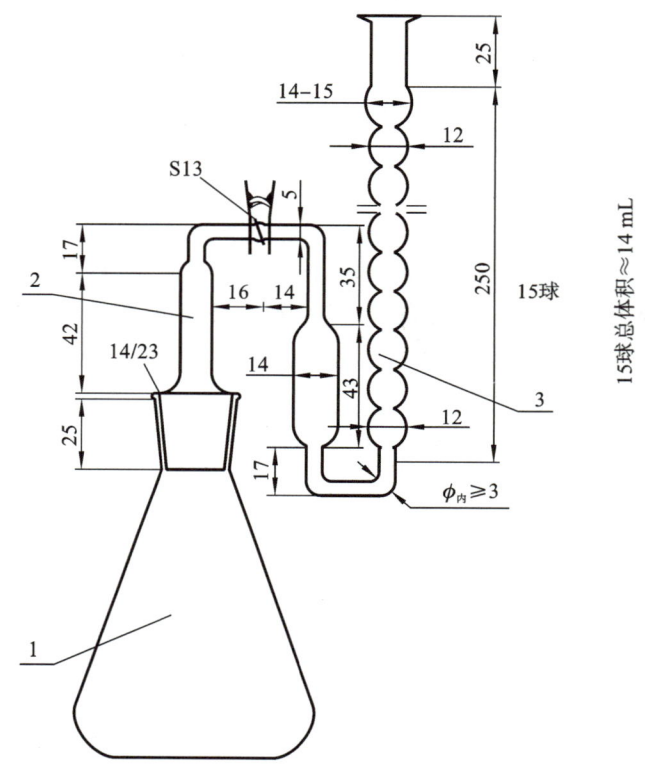

图 2.38 15 球定砷仪示意图[101]

注:1—100 mL 锥形瓶,用于发生砷化氢;2—连接管,用于捕集硫化氢,并将砷化氢导入吸收器;3—15 球吸收器,吸收砷化氢用。

(3)测试方法

试液的制备:称取 2.0 g 样品制备试液,取出适量试液,使其含砷量为 1~20 μg,加入 10 mL 盐酸和适量水,使其总体积为 40 mL。在添加碘化钾溶液之前,最终的酸度约为 3 mol/L。该试液应无硝酸根离子。此外,有些元素(钴、汞、银、铜、钼、钯等)会降低砷化氢的发生率,应加以注意和处理。当试液为硫酸介质时,40 mL 试液的酸度应为 1.9~2 mol/L(含 10 mL 约 7.5 mol/L 的硫酸溶液)。

吸收液的选择:可根据分析的需要来判断选择吸收液 A 或吸收液 B,但在测定过程中,标准溶液、试样及空白溶液都应用同一吸收液。

工作曲线的绘制:于 6 个 100 mL 锥形瓶中,分别加入砷标准溶液 0 mL、1.00 mL、2.0 mL、4.0 mL、6.0 mL、8.0 mL,相对应的砷质量分别为 0 μg、2.5 μg、5.0 μg、10.0 μg、15.0 μg、20.0 μg。对每一锥形瓶中的溶液作下述处理:加 10 mL 盐酸和适量的水,使溶液的体积为 40 mL,再加 2 mL 碘化钾溶液和 2 mL 氯化亚锡盐酸溶液,摇匀,放置 15 min。在每支连接管末端装入少量乙酸铅脱脂棉,用于捕集反应时逸出的硫化氢。在磨口玻璃接头处涂上不溶于吡啶的润滑脂,量取 5.0 mL 二乙基二硫代氨基甲酸银吡啶或三氯甲烷溶液置于吸收器中,将连接管接在吸收器上。放置 15 min 后,通过一漏斗往锥形瓶中加 5 g 锌粒,并迅速按图 2.38 连接好仪器,使反应进行约 45 min,拆下吸收器,摇动,使底部生成的紫红色沉淀溶解,并和溶液完全混合。当试液为硫酸介质时,应以 10 mL 约 7.5 mol/L 的硫酸溶液代替 10 mL 盐酸。在 540 nm 波长处,用 1 cm 吸收池,以不加砷标准溶液的空白溶液作对比,测出各标准显色溶液的吸光度。从每一标准显色溶液的吸光度值减去空白溶液的吸光度值,以所得的吸光度值差为纵坐标,相应的砷质量为横坐标绘制工作曲线。

(4)测定

显色:往盛有 40 mL 试液的锥形瓶中,加 2 mL 碘化钾溶液和 2 mL 氯化亚锡盐酸溶液,摇匀,放置 15 min。然后按照标准显色溶液同样的方法制备后测定吸光度。

(5)结果表述

从试液的吸光度值中减去空白试验的吸光度值,根据所得吸光度值差从工作曲线上查出相应的砷质量,或根据回归方程式计算出相应的砷质量。

2. 原子荧光光度法

在硫脲-抗坏血酸存在下,试液中的五价砷预还原为三价砷,在酸性介质中,硼氢化钾将砷还原生成砷化氢,由氩气作载气,将其导入原子化器中分解为原子态砷。以空心阴极灯作激发光源,基态砷原子被激发至高能态,在去活化回到基态时,发射出特征波长的荧光,其荧光强度在一定范围内与被测溶液中的砷浓度成正比,与标准系列比较可测出溶液中含砷量。

(1)仪器和试剂

水为电阻率值不小于 18 MΩ·cm 的超纯水,玻璃器皿均应用硝酸溶液(体积比为 1∶1)浸泡 12 h 以上或用硝酸溶液(体积比为 1∶3)浸泡 24 h 以上,使用前用自来水反复冲洗后,再用超纯水冲洗干净。盐酸溶液浓度为 5%,使用优级纯盐酸配制。15 g/L 硼氢化钾溶液:称取 0.5 g 氢氧化钾,加入约 50 mL 水使其完全溶解,向其中加入 1.5 g 硼氢化钾[$\omega(KBH_4)$ 不小于 95%],用水稀释至 100 mL,摇匀,避光保存,现用现配;50 g/L 硫脲-抗坏血酸溶液:称取 5 g 硫脲和抗坏血酸,用水微热溶解并稀释至 100 mL;0.1 mg/mL 砷(As)标准溶液。

原子荧光光度计,附有砷空心阴极灯,检出限不大于 0.1 μg/L;测量重复性不超过平均荧光强度的 5.0%;参考工作条件见表 2.47。

表 2.47　参考工作条件[103]

项目	仪器参数
光电倍增管负高压/V	260~300
灯电流/mA	40~60
载气流量/屏蔽气流量/(mL/min)	300~400 600~900
石英炉温度/℃	200
原子化炉高度/mm	8
读数时间/s	7.0~12.0
延迟时间/s	1.0~1.5

续表

项目	仪器参数
读数方式	峰面积
空白判别值(IF)	3～4

(2)测试方法

①工作曲线绘制。取 50 mL 容量瓶,分别加入砷标准溶液 0.5 mL、1.0 mL、1.5 mL、2.0 mL、2.5 mL,再依次加入 2.5 mL 盐酸、10 mL 硫脲-抗坏血酸溶液,用水稀释至刻度,摇匀,相对应的砷浓度分别为 10 pg/L、20 pg/L、30 pg/L、40 pg/L、50 pg/L。将原子荧光光度计调至最佳工作条件,用盐酸溶液作载流液,硼氢化钾溶液作还原剂,以载流溶液为空白溶液,测定溶液的荧光强度。以上述溶液中砷的浓度[单位为微克每升($\mu g/L$)]为横坐标,对应的荧光强度值为纵坐标,绘制工作曲线,计算出标准曲线回归方程。

②测定。称取 2.0 g 样品制备试液,取适量试液置于 50 mL 容量瓶中,使其含砷量为 0.005～2.5 pg,加入 2.5 mL 盐酸、10 mL 硫脲-抗坏血酸溶液,用水稀释至刻度,摇匀,放置 30 min 以上,用原子荧光光度计测定试液的荧光强度。

(3)结果表述

根据试液和空白试验溶液的荧光强度值,用标准曲线回归方程计算出砷的浓度。

五、使用过程中挥发成分残留量变化检测

在滤棒生产过程中,热熔胶需要加热熔化后方可使用,部分挥发、半挥发性成分在高温下会挥发。如苯系物(BTEX)沸点低、挥发性强,热熔胶中的 BTEX 容易挥发到环境中,特别是在使用时因受热而加快 BTEX 的挥发[102,103],具有严重的职业危害性[104],已有较多因胶粘剂中 BTEX 中毒的职业病案例报道[52,105]。较多发达国家已把大气中 BTEX 的浓度作为大气环境常规监测的内容之一,并规定了严格的室内外空气质量标准[106,107],我国 2002 年颁布的《室内空气质量标准》(GB/T 18883—2002)[108]就对苯、甲苯和二甲苯进行了规定。司晓喜等[109]通过模拟试验对热熔胶中 BTEX 在受热过程和粘接过程中的释放规律进行了研究。

(一)热熔胶加热后苯系物变化规律

为评估热熔胶中的苯系物是否会对滤棒终产品带来污染,模拟热熔胶在生产使用过程中的实际情况,对热熔胶中苯系物在加热过程中的挥发行为进行了研究。试验选取了苯系物含量较高的阳性样品,研究了不同加热时间下热熔胶样品中苯系物随加热时间的变化规律。

1. 热熔胶软化点的测定

测定了 70 个热熔胶样品的软化点,其软化点范围为 63.2～118.4 ℃,有 42 个样品软化点温度高于 90 ℃。热熔胶在熔融状态下进行涂布,冷却成固态即完成粘接,因此其使用温度需高于软化点,且经调研大部分热熔胶样品实际使用温度高于 140 ℃,因此选取模拟加热试验温度为 140 ℃,而具体使用过程中热熔胶样品受热时间不定,一般为零到十几个小时,因此研究了不同样品量时热熔胶中 BTEX 随加热时间的变化规律。

2. 少量样品时热熔胶中 BTEX 随加热时间的变化规律

选取了 2 个 BTEX 含量较高的典型热熔胶样品,样品量为 1.0 g,切碎的样品受热后立即熔化,在称量瓶底部形成约 0.05 mm 厚的胶体。将其置于 140 ℃恒温烘箱中(关闭鼓风),分别恒温加热 0 min、10 min、15 min、30 min、1 h、2 h、3 h 后,取出立即盖上称量瓶盖,室温下放至冷却。取出热熔胶样品,切碎混合均匀后,测定其中 BTEX 的含量。图 2.39 为 2 个热熔胶样品中 BTEX 随加热时间的变化规律。

由图 2.39 可知:热熔胶中 BTEX 在高温加热至熔化状态下,会随加热时间的延长而快速减少,特别是在加热前 30 min 减少速率最快。样品 1 在加热 1 h 后,其中 BTEX 总量由 76.8 mg/kg 降低至 3.0 mg/kg,降低了 96.1%;加热 2 h 后,BTEX 总量降低至 0.5 mg/kg,降低了 99.3%。样品 2 在加热 1 h 后,

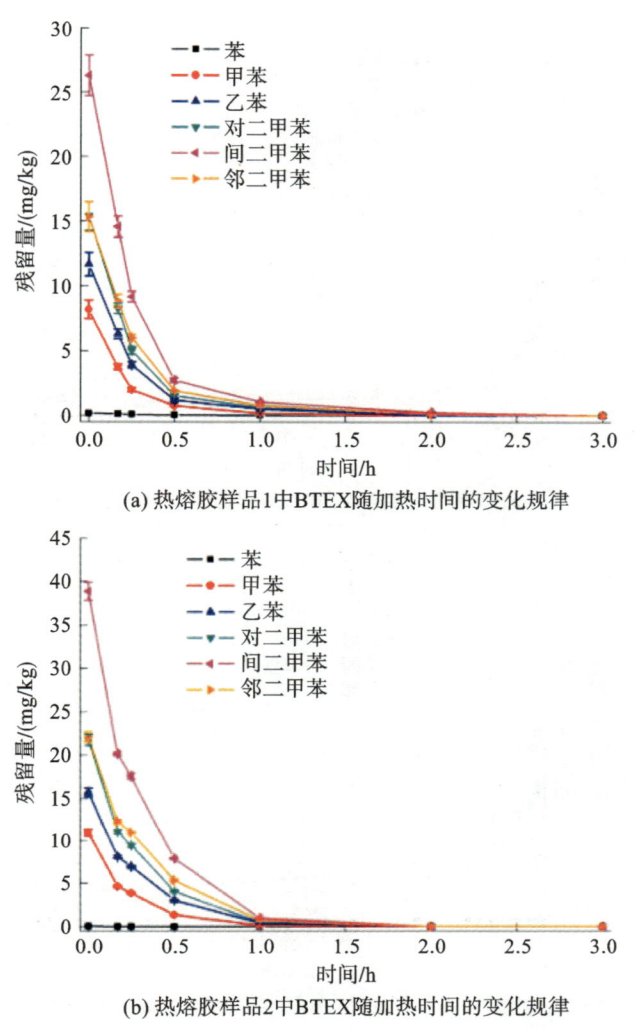

(a) 热熔胶样品1中BTEX随加热时间的变化规律

(b) 热熔胶样品2中BTEX随加热时间的变化规律

图 2.39　热熔胶样品 1 和样品 2 中 BTEX 随加热时间的变化规律

其中 BTEX 总量由 109.4 mg/kg 降低至 2.8 mg/kg,降低了 97.4%;加热 2 h 后,样品中 BTEX 均未能检出。

3. 模拟箱体中热熔胶加热后上、下层样品中 BTEX 的变化规律

实际使用中,热熔胶需在胶箱中加热熔化后使用,由于样品量较多,其中 BTEX 在受热过程中的变化与样品量较少时不同。同时根据连续化作业过程中热熔胶通常使用时间,研究了热熔胶加热后上、下层样品中 BTEX 在 0~20 h 内的变化。称取 20.0 g 热熔胶样品置于称量瓶中,将其置于 140 ℃的恒温烘箱中(关闭鼓风),分别恒温加热 0 min、10 min、15 min、30 min、1 h、2 h、3 h、5 h、7.5 h、12 h、20 h 后,取出立即盖上称量瓶盖,室温下放至冷却。将热熔胶取出并均匀切分为上、下 2 部分,分别将上部、下部热熔胶切碎混合均匀后,测定其中 BTEX 的含量。变化规律如图 2.40 所示。

由图可知:样品量为 20.0 g 时,加热约 15 min 后热熔胶样品才全部熔化,在称量瓶底部形成约 9 mm 厚的胶体。由于熔化时间长,因此前 15 min 热熔胶中 BTEX 降低量较少。此外,热熔胶加热后上层样品中 BTEX 的降低速率远高于下层样品中 BTEX 的降低速率。上层样品中 BTEX 在受热 15 min 到 1 h 过程中降低最快,下层样品中 BTEX 在受热 1 h 至 5 h 降低最快。加热 6 h 后,上层样品中 BTEX 总量由 146.1 mg/kg 降低至 20.6 mg/kg,降低 85.9%,下层样品中 BTEX 总量只降低至 56.9 mg/kg,降低 61.0%,加热 20 h 后,下层样品中 BTEX 才降低至 27.7 mg/kg,降低 81.0%。由于本模拟试验采用烘箱进行,与实际胶箱存在一定的差异,即烘箱空间体系大于胶箱空间体系,故模拟得到的 BTEX 释放速率可

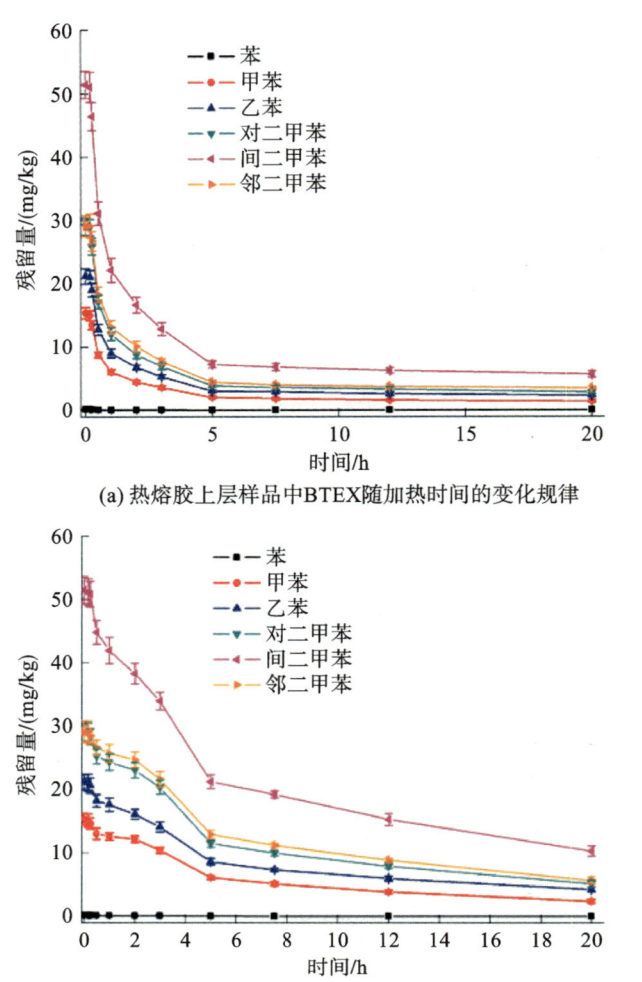

(a) 热熔胶上层样品中BTEX随加热时间的变化规律

(b) 热熔胶下层样品中BTEX随加热时间的变化规律

图 2.40   热熔胶上层样品和下层样品中 BTEX 随加热时间的变化规律

能高于实际情况,即实际胶箱中热熔胶中 BTEX 残留量应比模拟试验测定值高。由以上结果可知,热熔胶在实际使用过程中一般预热约 0.5 h 后即投入使用,起初使用的热熔胶中仍有大部分 BTEX 残留,特别是下层热熔胶样品中 BTEX 残留量在起初几小时内均不会明显降低,大部分 BTEX 仍残留于热熔胶中,但随着加热时间延长至 5 h 后,大部分 BTEX 会从热熔胶释放到环境中。

(二) 热熔胶粘合固化后苯系物的变化规律

选取了 2 个典型热熔胶样品,模拟热熔胶使用时的涂胶作业方式,研究其在受热熔化后、粘接固化后 BTEX 的变化规律。称取 20.0 g 热熔胶样品置于称量瓶中,在 140 ℃ 下加热至熔化,模拟热熔胶粘接过程,热熔胶熔化后将熔化的热熔胶立即均匀涂布在纸板上,厚度控制在约 0.5 mm,待冷却后,取涂布的热熔胶切碎混合均匀,测定其中 BTEX 的含量。

由图 2.41 可知:样品 1 中 BTEX 在受热熔化后甲苯降低了 13%,其他 BTEX 降低 5% 左右,在粘接固化后 BTEX 均降低了 7% 左右;样品 2 中 BTEX 在受热熔化后均降低 30% 左右,在粘接固化后 BTEX 均降低了 6% 左右。以上结果说明,热熔胶在黏合固化的过程中,BTEX 只出现了少量降低。

进一步检测该热熔胶对应所生产出的滤棒,裁剪掉滤棒搭口处的胶条,利用所建立热熔胶中苯系物的方法进行测试,并未检出苯系物的残留,这一数据也印证了上述熔化试验,热熔胶在 3 h 熔融状态下已得到了较大程度的挥发,少量残留并未给滤棒终产品带来质量安全风险。

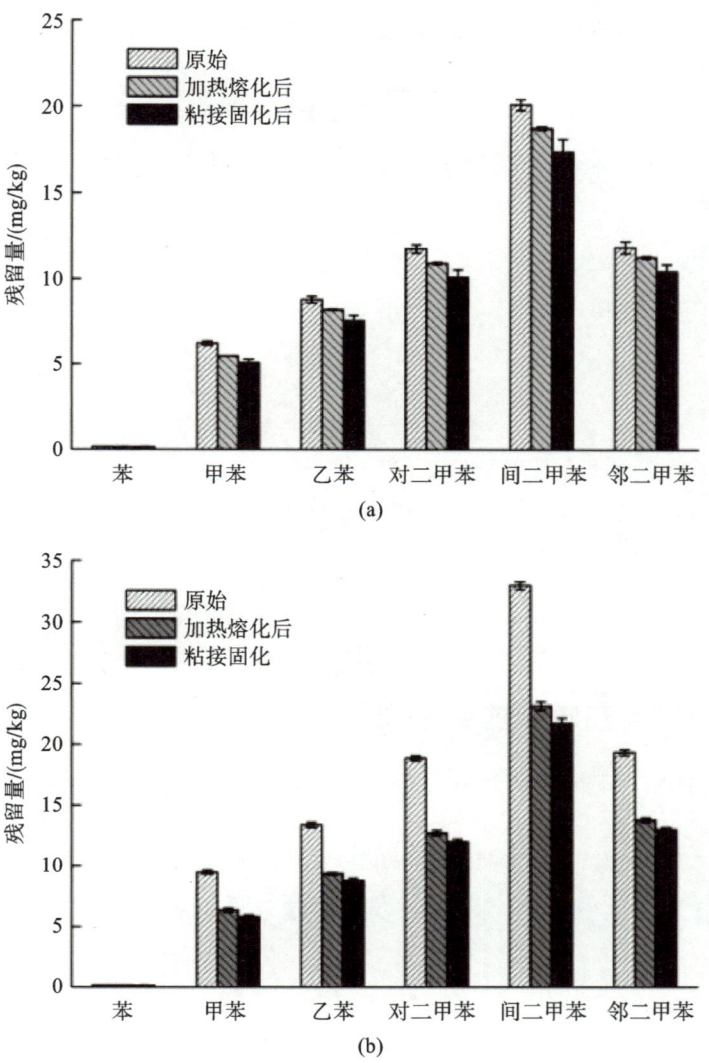

图 2.41　热熔胶样品 1 和样品 2 中苯系物在黏合固化后的变化

▷

第六节　烟用热熔胶分析技术应用

烟草行业对热熔胶产品的主要技术指标开展出厂检验和型式检验,通过型式检验评定产品质量是否全面达到标准和设计要求,通过出厂检验评定热熔胶产品在出厂时是否具有型式检验中确认的质量,是否达到良好的质量特性的要求。《烟用热熔胶》(YC/T 187—2004)[16] 中对热熔胶的抽样、检验规则和结果判定进行了规定。出厂检验包括固体含量、软化点、熔融黏度、热稳定性 4 个指标,型式检验则多了重金属和砷 2 个指标。

一、烟草行业对烟用热熔胶的抽样要求

(一)抽样规则

从生产线上取样要求从生产线每批产品中随机抽取一定数量的成品作为待测样品。从成品包装中取

样要求从每批成品中按规定随机抽取样品,抽取数量见表 2.48。从规定数量的包装容器中取出一定量的成品,混合均匀,作为待测样品。

表 2.48　逐批检查抽样表[16]

每批包装容器数	最少抽取数目	每批包装容器数	最少抽取数目
2～10	2	201～300	6
11～30	3	301～500	7
31～100	4	501～800	8
101～200	5	801 以上	9

(二) 取样量

取出的样品总量至少应为试验需用量的 2 倍,一般不少于 1 kg,并将其分为两份,一份送交试验,一份密封保存在清洁且干燥的广口样品瓶内。每份样品应注明生产单位、产品(或成品)名称、规格批号、生产日期和取样日期。

(三) 样品制备

样品放置在相对湿度为 45%～85% 的试验室内,以备试验。

二、烟草行业对烟用热熔胶的检验规则

产品的检验分出厂检验和型式检验,出厂检验和型式检验的项目见表 2.49。在下列任一情况下,应进行型式检验:

表 2.49　出厂检验和型式检验的项目[16]

检验项目	出厂检验	型式检验
固体含量	√	√
软化点	√	√
熔融黏度	√	√
热稳定性	√	√
重金属	—	√
砷	—	√

注:"—"表示该项目不检验;"√"表示该项目要检验。

——新产品批量投产前;

——产品的原料发生重大变化,可能影响产品性能时;

——正常生产,每满一年时;

——合同规定时;

——国家或行业质量监督管理机构提出型式检验要求时。

三、烟草行业对烟用热熔胶的结果判定

如果检验结果中有任何一项指标不符合本标准要求,应重新从两倍量包装中选取试样进行两次复验,两次复验结果中有一次仍不合格,则判定该批产品不合格。如两次复验结果均合格,则判定该批产品合格。

参考文献

[1]　朱万章.EVA 热熔胶的主要成分及其对性能的影响[J].粘接,1999,20(1):24-28.

[2]　郭智臣.中国将成全球热熔胶生产基地[J].化学推进剂与高分子材料,2019,17(3):79.

[3]　牟艺.全球热熔胶市场规模未来5年将增至94亿美元[N].中国新闻出版广电报,2022-11-09 (008).

[4]　冯波,左海波,马文石,等.热熔胶粘剂研究和应用的最新进展[J].化学与粘合,2002,24(1): 31-34.

[5]　LI W,BOUZIDI L,NARINE S S. Current research and development status and prospect of hot-melt adhesives:A review[J]. Industrial & Engineering Chemistry Research,2008,47(20):7524-7532.

[6]　向家贵.热熔胶技术在GDX1包装机上的应用[J].机械工程与自动化,2010(4):171-172,175.

[7]　翁国建.浅谈EVA热熔胶[J].中国胶粘剂,2010,19(7):66-67.

[8]　耿志忠,刁立翔,杨帆,等.烟用热熔胶及其粘接材料表面性能的研究[J].粘接,2022,49(01): 46-50.

[9]　郭静,相恒学,王倩倩,等.热熔胶研究进展[J].中国胶粘剂,2010,19(7):54-58.

[10]　高升平,郑桂富.EVA热熔胶性能影响因素的研究[J].化学工程师,2008,22(5):4-5.

[11]　尹俊林,丝定荣,温光和,等.卷烟搭口胶现状和发展[J].中国胶粘剂,2005,14(10):43-46.

[12]　董桂芳,官仕龙,程锐,等.卷烟胶的合成及影响因素[J].武汉工程大学学报,2011,33(9): 26-29.

[13]　韩云辉.烟用材料生产技术与应用[M].北京:中国质检出版社,2012.

[14]　中华人民共和国国家经济贸易委员会.EVA热熔胶粘剂:HG/T 3698—2002[S].北京:化学工业出版社,2003.

[15]　中华人民共和国工业和信息化部.纺织品用热熔胶粘剂:HG/T 3697—2016[S].北京:化学工业出版社,2016.

[16]　国家烟草专卖局.烟用热熔胶:YC/T 187—2004[S].北京:中国标准出版社,2004.

[17]　国家技术监督局.热熔胶粘剂软化点的测定　环球法:GB/T 15332—1994[S].北京:中国标准出版社,1995.

[18]　国家石油和化学工业局.热熔胶粘剂熔融粘度的测定:HG/T 3660—1999[S/OL].[2024-06-03].https://www.doc88.com/p-9428282231739.html.

[19]　国家技术监督局.热熔胶粘剂热稳定性测定:GB/T 16998—1997[S].北京:中国标准出版社,1998.

[20]　NERIN C, CANELLAS E, AZNAR M,et al. Analytical methods for the screening of potential volatile migrants from acrylic-base adhesives used in food-contact materials[J]. Food Additives and Contaminants,2009,26(12):1592-1601.

[21]　VERA P, CANELLAS E, NERÍN C. Identification of non-volatile compounds and their migration from hot melt adhesives used in food packaging materials characterized by ultra-performance liquid chromatography coupled to quadrupole time-of-flight mass spectrometry [J]. Analytical and bioanalytical chemistry,2013,405:4747-4754.

[22]　VERA P, CANELLAS E, NERÍN C. Migration of odorous compounds from adhesives used in market samples of food packaging materials by chromatography olfactometry and mass spectrometry (GC-O-MS)[J]. Food chemistry,2014,145:237-244.

[23]　ISELLA F, CANELLAS E, BOSETTI O, et al. Migration of non intentionally added substances from adhesives by UPLC-Q-TOF/MS and the role of EVOH to avoid migration in multilayer packaging materials[J]. Journal of Mass Spectrometry,2013,48(4):430-437.

[24]　MCLLROY J W, JONES A D, MCGUFFIN V L. Gas chromatographic retention index as a

basis for predicting evaporation rates of complex mixtures[J]. Analytica Chimica Acta,2014,852:257-266.

[25] 单利君,李慧贞,林勤保,等.气相色谱-质谱联用结合保留指数分析复合包装用热熔胶中的化学成分[J].分析试验室,2016,35(2):184-188.

[26] 游金清,陆成飞,倪建彬,等.HS-GC/MS法同时测定胶粘剂中的乙酸乙酯和残余单体[J].烟草科技,2014(7):56-59.

[27] 肖卫强,李海锋,曹得坡,等.卷烟胶热裂解产物的对比分析[J].中国胶粘剂,2015,24(2):10-14.

[28] 李国政,宋金勇,邱建华,等.烟用水基胶的热裂解-气相色谱/质谱法分析[J].安徽农业科学,2012,40(9):5361-5362.

[29] 丁丽婷,王笛,张瑞,等.低引燃倾向(LIP)卷烟纸热失重和热裂解产物的研究[J].应用化工,2010,39(12):1857-1859.

[30] 杨柳,缪明明,吴亿勤,等.TGA和Py-GC/MS研究琥珀酸单薄荷酯的热失重和热裂解行为[J].中国烟草学报,2008,14(4):1-7.

[31] 陈翠玲,周海云,孔浩辉,等.TGA和Py-GC/MS研究不同氛围下烟草的热失重和热裂解行为[J].化学研究与应用,2011,23(2):152-158.

[32] 汤晓东,蒋佳磊,张博,等.烟用热熔胶热失重分析和裂解产物研究[J].中国胶粘剂,2017,26(5):10-13.

[33] 田建军,姜恒,苏婷婷,等.基于TGA-FTIR联用技术的EVA热解研究[J].分析测试学报,2003,22(5):100-102.

[34] 耿志忠,董彦林,张弘胤,等.滤棒用热熔胶及其制备方法和应用:2021106390896[P].2021-08-31.

[35] The European Parliament and the Council of the European Union. Regulation(EC)No 1935/2004 of the European parliament and of the Council of 27 October 2004 on materials and articles intended to come into contact with food and repealing Directives 80/590/EEC and 89/109/EEC[EB/OL]. (2004-11-13)[24-06-03]. http://data.europa.eu/eli/reg/2004/1935/oj.

[36] 中华人民共和国国家卫生和计划生育委员会.食品安全国家标准 食品接触材料及制品用添加剂使用标准:GB 9685—2016[S].北京:中国标准出版社,2017.

[37] 中华人民共和国国家卫生和计划生育委员会.食品安全国家标准 食品添加剂使用标准:GB 2760—2014[S].北京:中国标准出版社,2015.

[38] 孟繁磊,蔡玉红,张国辉,等.UPLC测定食用油中10种抗氧化剂[J].中国油脂,2018,43(2):134-137.

[39] 王国军,叶海云,洪瑜隆,等.HPLC测定聚丙烯餐具中12种抗氧化剂迁移量[J].包装工程,2017,38(23):55-59.

[40] 李小林,刘敏,别玮,等.凝胶渗透色谱-高效液相色谱法测定食品中的8种抗氧化剂[J].现代仪器,2011,36:31-35.

[41] 李秀勇,牟峻,刘惠涛,等.超高效液相色谱-质谱法测定油脂中的10种抗氧化剂[J].分析化学,2008,36:369-372.

[42] 中华人民共和国国家质量监督检验检疫总局.食品容器、包装用塑料原料 第4部分:高密度聚乙烯中酚类抗氧化剂的测定 液相色谱法:SN/T 1504.4—2005[S].北京:中国标准出版社,2005.

[43] 中华人民共和国国家质量监督检验检疫总局.出口食品接触材料 纸、再生纤维材料 抗氧化剂的测定 气相色谱法:SN/T 3043—2011[S].北京:中国标准出版社,2012.

[44] 蔡立鹏,吕晓飞,张蓓,等.气相色谱-质谱法同时测定果蔬清洗剂中 12 种防腐剂和抗氧化剂 [J].色谱,2019,37(1):111-115.

[45] 王晓曦,王彦,李静,等.加压毛细管电色谱法同时测定植物油中 4 种抗氧化剂[J].食品工业科 技,2015,36(9):273-277.

[46] 中华人民共和国国家质量监督检验检疫总局.出口食品接触材料 纸、再生纤维材料 食品模拟 物中抗氧化剂的测定 气相色谱-质谱法:SN/T 3050—2011[S].北京:中国标准出版社,2012.

[47] 董睿,杨敏,彭黔荣,等.饮料酒中挥发性酚类物质分析方法研究进展[J].中国酿造,2011,30 (3):9-13.

[48] DING M Z, ZOU J K. Rapid micropreparation procedure for the gas chromatographic-mass spectrometric determination of BHT, BHA and TBHQ in edible oils[J]. Food chemistry, 2012,131(3):1051-1055.

[49] 牛佳佳,张艳芳,李栋,等.烟用热熔胶中酚类抗氧化剂的测定[J].烟草科技,2020,53(5):57-62 ＋98.

[50] 蔡婷,艾照全,鲁艳,等.环保型热熔胶研究进展[J].粘接,2012,33(8):73-76.

[51] 张敏,李涛,何凤生,等.我国胶粘剂职业危害及其控制对策[J].工业卫生与职业病,2002,28 (5):308-312.

[52] VERMEULEN R, LI G L, LAN Q, et al. Detailed exposure assessment for a molecular epidemiology study of benzene in two shoe factories in China[J]. Annals of Occupational Hygiene,2004,48(2):105-116.

[53] 中华人民共和国国家质量监督检验检疫总局,中国国家标准化管理委员会.室内装饰装修材料 胶粘剂中有害物质限量:GB 18583—2008[S].北京:中国标准出版社,2009.

[54] 中华人民共和国国家质量监督检验检疫总局,中国国家标准化管理委员会.建筑胶粘剂有害物 质限量:GB 30982—2014[S].北京:中国标准出版社,2015.

[55] 姬厚伟,杨敬国,王芳,等.静态顶空-气相色谱法在烟草行业中的应用进展[J].理化检验(化学 分册),2014,50(9):1188-1192.

[56] 王玉军,邢志贤,张秀芳,等.便携式气相色谱-质谱联用仪现场测定畜禽粪便堆肥中挥发性有机 物[J].分析化学,2012,40(6):899-903.

[57] ARISSETO A P, VICENTE E, FURLANI R P Z, et al. Development of a headspace-solid phase microextraction-gas chromatography/mass spectrometry (HS-SPME-GC/MS) method for the determination of benzene in soft drinks[J]. Food Analytical Methods,2013,6(5):1379-1387.

[58] 朱婧,李妍,雍莉,等.同位素稀释超高效液相色谱串联质谱测定尿液中苯系物和三氯乙烯代谢 产物[J].分析化学,2016,43(1):81-87.

[59] 臧志鹏,吕长平,王文婷,等.GC/MS 法测定水基胶中苯及苯系物的不确定度[J].烟草科技, 2014,47(7):45-49.

[60] 赖莺.气相色谱质谱法同时测定建筑用胶中苯系物和邻苯二甲酸酯类增塑剂[J].分析试验室, 2010,29(3):58-62.

[61] 司晓喜,刘志华,朱瑞芝,等.溶剂萃取/气相色谱-质谱法测定热熔胶中苯系物[J].包装工程, 2017,38(7):92-96.

[62] 张凤梅,司晓喜,朱瑞芝,等.顶空-气相色谱质谱联用法测定热熔胶中的苯及苯系物[J].烟草科 技,2016,49(4):61-66.

[63] SERRANO A, GALLEGO M. Sorption study of 25 volatile organic compounds in several Mediterranean soils using headspace-gas chromatography-mass spectrometry. Journal of

Chromatography A,2006,1118(2):261-70.

[64] ALKALDE T K, PERALBA M C R, ZINI C A, et al. Quantitative analysis of benzene, toluene,and xylenes in urine by means of headspace solid-phase microextraction[J]. Journal of Chromatography A,2004,1027(1):37-40.

[65] EPA method 5021: volatile organic compounds in soils and other solid matrices using equilibrium headspace analysis [EB/OL]. [2024-06-04]. https://www. docin. com/p-266074012. html.

[66] 王庆华,范多青,者为,等. 测定热熔胶中苯及苯系物含量的方法:201110167694.4[P]. 2011-06-21.

[67] 国家能源局. 石蜡中苯及甲苯含量的测定 顶空进样气相色谱法:NB/SH/T 0707—2016[S/OL].[2024-06-04]. https://www. doc88.com/p-4931794262441. html.

[68] 曹靖丽,王露,苏钟璧,等. HS/GC-MS 方法测定烟用搭口胶中的 16 种挥发性有机化合物[J]. 云南大学学报:自然科学版,2010,32(s1):102-106.

[69] 李中皓,李雪,王庆华,等. 顶空-气质联用内标法检测印刷油墨中的苯及苯系物[J]. 现代食品科技,2011,27(5):587-590.

[70] 李中皓,唐纲岭,陈再根,等. 顶空-气质联用法测定卷烟包装材料中苯不确定度评定[J]. 质谱学报,2009,30(6):359-363.

[71] 姬厚伟,满杰,刘剑,等. 静态顶空 GC/MS 测定卷烟滤嘴截留烟气中的苯系物[J]. 中国烟草学报,2015,21(2):23-28.

[72] 国家烟草专卖局. 烟用纸张中溶剂残留的测定 顶空-气相色谱/质谱联用法:YC/T 207—2014[S]. 北京:中国标准出版社,2015.

[73] HAFNER W D, CARLSON D L, HITES R A. Influence of local human population on atmospheric polycyclic aromatic hydrocarbon concentrations[J]. Environmental Science & Technology,2005,39(19):7374-7379.

[74] 陈海燕. EVA 热熔胶的固化研究[J]. 中国胶粘剂,2010,19(5):61.

[75] 杜新胜,杨成洁,张霖,等. 石油树脂在热熔胶中的应用[J]. 上海涂料,2013,51(6):37-40.

[76] 肖海清,王星,王超,等. 气相色谱-质谱法测定塑料制品中多环芳烃[J]. 理化检验(化学分册),2009,45(2):187-189.

[77] 杨左军,王成云,佟常飞,等. 气相色谱-串联质谱法同时测定纸质食品接触材料中多环芳烃[J]. 中国造纸,2014,32(4):22-28.

[78] DONG C D,CHEN C F,CHEN C W. Determination of polycyclic aromatic hydrocarbons in industrial harbor sediments by GC-MS[J]. International Journal of Environmental Research and Public Health,2012,9(6):2175-2188.

[79] 王成云,杨左军,徐嵘. 纸质食品接触材料的多环芳烃气相色谱/质谱-选择离子监测法测定[J]. 中华纸业,2014(4):15-20.

[80] 章汝平,何立芳. 食品中多环芳烃的提取、纯化、以及检测方法的研究进展[J]. 食品科技,2007,32(1):20-25.

[81] 樊虎,盛良全,刘少民,等. 卷烟主流烟气中多环芳烃的提取、纯化及检测方法综述[J]. 烟草科技,2003(4):25-28.

[82] MARCÉ R M, BORRULL F. Solid-phase extraction of polycyclic aromatic compounds[J]. Journal of Chromatography A,2000,885(1):273-290.

[83] BALLESTEROS E, SÁNCHEZ A G, MARTOS N R. Simultaneous multidetermination of residues of pesticides and polycyclic aromatic hydrocarbons in olive and olive-pomace oils by

gas chromatography/tandem mass spectrometry[J]. Journal of Chromatography A,2006,1111 (1):89-96.

[84] STRÖHER G L, RE N, RAPOSO J L, et al. Determination of polycyclic aromatic hydrocarbons by gas chromatography-ion trap tandem mass spectrometry and source identifications by methods of diagnostic ratio in the ambient air of Campo Grande, Brazil[J]. Microchemical Journal,2007,86(1):112-118.

[85] 刘斐,段凤魁,李海蓉,等.固相微萃取-气相色谱串联质谱法检测北京大气细颗粒物中的多环芳烃[J].分析化学,2015,43(4):540-546.

[86] 司晓喜,朱瑞芝,张凤梅,等.多次溶剂萃取-气相色谱/串联质谱法测定热熔胶中的多环芳烃[J].分析化学,2016,44(3):430-436.

[87] 宋莹,张耀海,黄霞,等.气相色谱-串联质谱法快速检测水果中的多效唑残留[J].分析化学, 2011,39(8):1270-1273.

[88] FRENICH A G, VIDAL J L M, MORENO J L F,et al. Compensation for matrix effects in gas chromatography-tandem mass spectrometry using a single point standard addition[J]. Journal of Chromatography A,2009,1216(23):4798-4808.

[89] LOVEKAMP-SWAN T, DAVIS B J. Mechanisms of phthalate ester toxicity in the female reproductive system[J]. Environmental Health Perspectives,2003,111(2):139-145.

[90] KIM W, CHOI J, JUNG Y,et al. Phthalate Levels in Nursery Schools and Related Factors [J]. Environmental Science and Technology,2013,47(21):12459-12468.

[91] 张凤梅,张蓉,刘志华,等.一种热熔胶中邻苯二甲酸酯类化合物的分离检测方法: 201410585790.4[P].2014-10-28.

[92] 韩书磊,杨飞,陈欢,等.一种热熔胶中12种邻苯二甲酸酯的基质标准校正-气相色谱-质谱联用测定方法:201410189321.0[P].2014-05-06.

[93] 张凤梅,刘志华,朱瑞芝,等.一种热熔胶中苯乙烯的检测方法:201410533700.7[P].2014-10-11.

[94] 张凤梅,刘志华,司晓喜,等.一种热熔胶中乙酸乙烯酯的检测方法 201410440232.9[P].2016-04-13.

[95] 张凤梅,朱瑞芝,司晓喜,等.一种热熔胶中1,3-丁二烯的检测方法:201410362525.X[P].2014-07-28.

[96] 司晓喜,牛佳佳,刘志华,等.一种同时测定热熔胶中苯酚和BHT的方法:201610916174.1[P].2016-10-21.

[97] 张凤梅,刘志华,司晓喜,等.一种热熔胶中苯酚的检测方法:201410365929.4[P].2014-07-29.

[98] 中华人民共和国国家质量监督检验检疫总局,中国国家标准化管理委员会.有机化工产品中重金属的测定 目视比色法:GB/T 7532—2008[S].北京:中国标准出版社,2008.

[99] 国家烟草专卖局.烟用材料中铬、镍、砷、硒、镉、汞和铅残留量的测定电感耦合等离子体质谱法:YC/T 316—2014[S].北京:中国标准出版社,2015.

[100] 秦子娴,周浩,陈云璨,等.氟化铵辅助消解-电感耦合等离子体质谱法测定热熔胶中7种微量元素[J].理化检验(化学分册),2021,57(7):648-653.

[101] 中华人民共和国国家质量监督检验检疫总局,中国国家标准化管理委员会.化工产品中砷含量测定的通用方法:GB/T 7686—2016[S].北京:中国标准出版社,2016.

[102] SUZUKI M, TSUGE S, TAKEUCHI T. Gas chromatographic estimation of occluded solvents in adhesive tape by periodic introduction method[J]. Analytical Chemistry,1970,42 (14):1705-1708.

[103] GUO H, MURRAY F, WILKINSON S. Evaluation of total volatile organic compound emissions from adhesives based on chamber tests [J]. Journal of the Air and Waste Management Association,2000,50(2):199-206.

[104] 陈金茹,钟海盛,赵转地.长期低浓度苯系物接触的早期职业健康损害[J].职业与健康,2010,26(1):24-26.

[105] RAPPAPORT S M, KIM S, LAN Q, et al. Human benzene metabolism following occupational and environmental exposures[J]. Chemico-biological interactions,2010,184(1):189-195.

[106] 孙毓国.室内污染物苯系物危害现状及防治对策[J].环境与发展,2012,27(5):234-236.

[107] GONZALEZ-FLESCA N, BATES MS, DELMAS V, et al, Benzene exposure assessment at indoor, outdoor and personal levels. The french contribution to the life MACBETH programme[J]. Environmental Monitoring & Assessment,2000,65(1):59-67.

[108] 国家市场监督管理总局,国家标准化管理委员会.室内空气质量标准:GB/T 18883—2022[S].北京:中国标准出版社,2022.

[109] 司晓喜,张凤梅,朱瑞芝,等.热熔胶中苯系物残留量受热过程中的变化行为研究[J].中国胶粘剂,2018,27(1):7-10.

第三章
烟用水基胶分析技术及应用

▷

第一节　烟用水基胶简介

一、定义

水基型卷烟胶(简称水基胶)是由能分散或能溶解于水中的成膜材料制成的胶粘剂,又被称为水溶性胶粘剂。水基胶由于具有环保的使用特点,成为胶粘剂用户的首选。再加上水基胶主料品种多,复合配方内涵丰富,其胶种与系列远超其他类型胶粘剂。水基胶的产量之高、用量之大、应用范围之广是其他类型胶粘剂不可比拟的,而且发展迅速。

水基胶以水代替有机溶剂,对节省原料、减少环境污染和降低对人体及动物的危害或潜在的危害等方面,起着十分重要的作用。随着烟草行业对烟用胶粘剂的性能要求不断提高,人们对卷烟用胶的安全性也有了更高的要求,在卷烟抽吸时,搭口胶参与燃烧,所产生的气体随着烟气一起进入口腔、鼻腔、喉部、肺、血液循环系统,甚至进入消化系统。所以卷烟胶的安全涉及皮肤、口腔、呼吸道甚至神经系统。绿色无害配方的研究工作还远远没有结束,除溶剂之外,还有必要仔细剖析主料和添加料的毒副作用。

二、烟用水基胶的分类和性能要求

烟用水基胶根据其用途不同,可以分为搭口胶、接嘴胶、包装胶、滤棒中线胶、再造烟叶胶等。其中卷烟搭口胶[1]是在烟支加工过程中用于黏合卷烟纸的胶粘剂;卷烟接嘴胶是在滤嘴接装过程中用于黏合接装纸的胶粘剂;滤棒搭口胶是在滤棒加工过程中用于黏合滤棒成型纸的胶粘剂;包装胶是卷烟等烟草制品包装过程中所使用的胶粘剂,主要用于粘接卷烟小盒、条盒纸、框架纸、封签纸、内衬纸、烟用纸箱等包装材料;滤棒中线胶是在滤棒加工过程中用于粘接丝束与滤棒成型纸,防止丝束移位的胶粘剂;再造烟叶胶是指在再造烟叶加工过程中所使用的胶粘剂。也可以将卷烟用胶分为参与燃烧和非参与燃烧两大类,非参与燃烧又可分为口触、非口触两类。

烟用水基胶的性能与卷烟机的生产效率、消耗和卷烟质量密切相关。通常对于水基胶性能有如下要求:

①初粘性强,快速固化,成膜性好,膜较易剥离但不能有拉丝现象;

②粘接强度较高,接嘴胶、搭口胶和金卡包装胶需要较好的流动性能;

③较易喷涂均匀,胶槽和施胶机构易清洗,搅动不易产生气泡,使用方便;

④粘接平滑无毛刺,有较好的浸润性,粘接面柔软;

⑤无害、无污染、无异味、无易挥发性有毒物质、不易腐蚀;

⑥可燃但不易燃烧,固化后无颜色;

⑦稳定性(包括冷热稳定性、理性稳定性)好。

三、烟用水基胶应用现状和发展趋势

2013 年有关研究进行了烟草行业各类型卷烟胶的使用量调研,具体见表3.1。从表3.1可以看出,目前行业所使用的烟用胶粘剂主要集中在搭口、接嘴、中线、条与盒包装、滤棒成型等,所使用的胶粘剂类型也较为固定,搭口、接嘴、中线、条与盒包装一般使用水基胶,而滤棒成型一般使用热熔胶。对于淀粉胶,虽然行业内外一直致力于开发适合卷烟包装的产品,但工业企业普遍尚未使用。值得一提的是,少量软包硬化产品以及 H1000 包装机也会存在条或盒生产中使用热熔胶代替水基胶的情况。

表 3.1 烟用胶粘剂行业使用情况

分类		名称	类型	2013 年行业使用量/吨
参与燃烧		卷烟搭口胶	水基胶	6839
			淀粉胶	0
非参与燃烧	口触	卷烟接嘴胶	水基胶	21607
			淀粉胶	0
		滤棒中线胶	水基胶	1177
		滤棒成型胶	热熔胶	1487
	非口触	条与盒包装胶	水基胶	6721
			热熔胶	85

对于聚丙烯丝束滤棒成型胶(polypropylene filter rod adhesive,简称丙纤胶)方面,由于醋纤量不断增多,丙纤量逐年下降,卷烟行业 2013 年丙纤胶使用量只有 800 多吨。

我国是卷烟生产和消费大国,卷烟胶耗用量居世界第一。卷烟工业上所用胶粘剂是随着卷烟机生产速度的发展而发展的,卷烟机生产速度从以前的每分钟一两千支,提高到现在的每分钟两万支,卷烟胶也随之经历了淀粉胶、糊精胶、羧甲基纤维素(CMC)、以乙酸乙烯酯均聚乳液调配的水基胶到现在普遍使用的以乙酸乙烯酯-乙烯(VAE)共聚乳液调配的胶粘剂的过程。

近年来,随着国内开始引进安装 HAUNI 公司的 PROTOS M5、PROTOS M8 卷接机组,设备运行速度得到大幅提升,达到 16000 支/分和 20000 支/分。而且 PROTOS M5 和 PROTOS M8 卷接机组在接嘴胶涂胶方式上进行了革新,不同于常规的辊涂上胶方式,将设备改为喷涂上胶方式,此种上胶方式对接嘴胶的流变性能、初粘性和材料适用性等性能提出了更高的要求。与此同时,与 PROTOS M5 和 PROTOS M8 配套的包装设备,其涂胶方式也发生了变化,设备同时具备了辊涂和喷涂两种上胶模式。

卷烟胶在卷烟辅料中所占比例很小,以烟支 84 mm、滤嘴长度为 24 mm 的硬盒卷烟为例,每万支卷烟使用的胶粘剂约为 170 g,故以往不被卷烟工业企业重视。近年来随着烟用材料的使用日渐规范,卷烟胶的生产也从原来的粗放式管理转变为如今的规范性管理。

（一）卷烟搭口胶

卷烟搭口胶是在聚乙酸乙烯酯（PVAc）乳液基础上发展起来的[2]，目前，国内已研制出的卷烟搭口胶主要为乳液胶，除了 PVAc 乳液，还有乙酸乙烯酯-乙烯（VAE）共聚乳液、乙酸乙烯酯-丙烯酸丁酯（VAB）共聚乳液[3]。

（1）PVAc 卷烟搭口胶

聚乙酸乙烯酯（PVAc）乳液是以乙酸乙烯酯为主要单体，以聚乙烯醇（PVA）为保护胶体，以水作为分散介质，经乳液聚合而成的，合成方法简单易实现。它的优点是没有味道，使用方便等，但缺陷也比较明显，耐水、耐寒性差，凝胶温度高，初粘度较低，使用后会导致卷烟口感变差，随着高速卷烟机的兴起，逐渐被其他类型胶粘剂代替。

（2）VAE 卷烟搭口胶

VAE 乳液是目前烟草行业最主要、最通用的卷烟用搭口胶，与 PVAc 乳液相比，它具有更好的粘接强度，固化速度更快，还具有更好的耐碱性、耐久性。近年来，由于超高速卷烟机的速度不断提高，对搭口胶的性能要求也越来越高，VAE 虽然性能良好，但也存在耐溶剂性、耐酸性较差等不足，对其进一步改进也是今后研究的重要方向。

（3）VAB 卷烟搭口胶

VAB 乳液一般有 2 类，第 1 类是将丙烯酸丁酯、乙酸乙烯酯、甲基丙烯酸甲酯以及 N-羟甲基丙烯酰胺 4 种单体共聚后获得，具有耐寒性、流动性和稳定性好等优点。第 2 类是将丙烯酸丁酯、乙酸乙烯酯、不饱和羧酸等单体共聚后获得，这种搭口胶具有低黏度、无毒无味、成膜温度低和固化快等优点，但也有耐油性和耐溶剂性差的缺点。

国内常用在高速卷烟机上的搭口胶一般都是 VAE、VAB 两种乳液胶，其主体材料都是乙酸乙烯酯和软单体的共聚物。前者是乙酸乙烯酯和乙烯单体的共聚物，共聚比例多为 84:16；后者是乙酸乙烯酯和丙烯酸丁酯的共聚物，共聚比例一般为 60:40。在 PVAc 中加入软单体使分子链柔顺进而有利于其摆动，使胶粒分子链与卷烟纸更容易建立粘接强度，同时软单体自有的内增塑性使得胶液的最低凝固温度降低，室温下就可以使粘接层具有优良的塑性，从而使卷烟具有良好的口感。

目前，搭口胶的关注重点还在如何适应高速卷烟机，国内的大多数卷烟搭口胶生产企业仍然做不到根据不同卷烟企业生产的香烟的口感来生产相配套的搭口胶。而随着卷烟行业对低焦油、高香气和抽吸舒适性的重视，进而也愈发关注主流烟气对卷烟香气的影响。由于卷烟搭口胶参与燃烧，达到一定温度时，挥发物、热裂解产物会与主流烟气一起吸入人体，搭口胶对卷烟抽吸感受的影响不可忽视，搭口胶成分向烟气迁移的问题也引起了烟草企业的关注。

（二）卷烟接嘴胶

接嘴胶的质量和施胶量直接决定烟支卷制的美观程度、原材料的消耗和设备作业效率。由于卷烟滤棒直接与口腔接触，接嘴胶属于口触类用胶，对卷烟安全性有一定影响。接嘴胶和搭口胶的成分基本一致，通常接嘴胶黏度和固体含量都略低于搭口胶，有时两种胶可以通用。

卷烟接嘴胶从最初的淀粉、糊精类天然胶粘剂发展为如今的聚乙酸乙烯酯（PVAc）乳液、乙酸乙烯酯-乙烯（VAE）共聚乳液，目前应用最广泛的是可满足接装机高速运行的 VAE 乳液。

（三）卷烟包装胶

随着卷烟工业的高速发展，卷烟企业大规模引进了 GDX1、GDX2、BE、SASIB 和 FOCKE 等型号的包装机，包装胶的生产速率从 150 包/分提升到了 300～500 包/分，而且生产性能还在不断提升，由于传统烟用包装胶（包括淀粉胶、糊精胶和白乳胶）存在初粘度低、干燥速度慢、储存期短、固化胶膜脆性大及对复杂印刷的包装材料粘接力欠佳等不足，已经不能适应高速卷接机组的要求，取而代之的是乙酸乙烯酯-乙烯（VAE）共聚乳液包装胶。

第二节 烟用水基胶原料组成

一、烟用水基胶的主要生产原料

烟用水基胶的主要生产原料在胶粘剂的配方比例中占 70％以上,包括以下三种类型。

(一)乙酸乙烯酯-乙烯共聚乳液

乙酸乙烯酯-乙烯共聚乳液简称 VAE 乳液(vinyl acetate-ethylene copolymer emulsion),乙烯与乙酸乙烯酯共聚物是乙烯共聚物中最重要的产品,国外一般统称为 VAE(图 3.1)。但在国内,根据其中乙酸乙烯酯含量的不同,将乙酸乙烯酯与乙烯共聚物分为 VAE 树脂、VAE 橡胶和 VAE 乳液。乙酸乙烯酯含量小于 40％的产品称为 VAE 树脂;乙酸乙烯酯含量为 40％～70％的产品称为 VAE 橡胶,这类产品柔韧性好、富有弹性;乙酸乙烯酯含量为 70％～95％的产品称为 VAE 乳液。

VAE 乳液是 20 世纪 70 年代开始生产的,其生产工艺为,在水介质和一定的 pH 值下,以聚乙醇作为保护体,将乙酸乙烯酯单体和乙烯单体在约 80 个大气压下进行乳液聚合,其中乙烯含量为 14％～18％。VAE 乳液的生产工艺、所用的乳化剂、保护胶用量和品质、pH 值等因素对乳液的性质如粒度、黏度等指标影响较大,国外能独立掌握其生产技术的厂家少之又少,国内企业生产也是以引进国外生产线为主。

VAE 乳液具有永久的柔韧性。由于它在聚乙酸乙烯酯分子引入了乙烯分子链,使乙酰基产生不连续性,增加了高分子链的旋转自由度,空间阻碍小,高分子主链变得柔软,并且不会发生增塑剂迁移,保证了产品永久性柔软。同时 VAE 乳液还具有较好的耐酸碱性、耐紫外老化、良好的混溶性。由于 VAE 乳液具有良好的机械性能,在实际应用中十分广泛,尤其适合高速卷烟胶的生产。

(二)聚乙酸乙烯酯乳液

聚乙酸乙烯酯(polyvinyl acetate,PVAc)乳液是以乙酸乙烯酯(vinyl acetate,VAc)作为反应单体在分散介质中经乳液聚合而制得的,也称聚酯酸乙烯酯乳液,俗称白乳胶或白胶(图 3.2)。其生产工艺为,在水介质和一定的 pH 值下,以聚乙醇作为保护体,将乙酸乙烯酯单体在常压下反应进行乳液聚合。生产过程中的生产工艺、所用的乳化剂、保护胶体用量和品质、pH 值等因素对乳液的性质如粒度、黏度等指标影响比较大。由于聚乙酸乙烯酯乳液的生产技术和生产工艺较为简单,目前国内掌握其生产技术的厂家较多,聚乙酸乙烯酯乳液的年生产总量已超过 65 万吨。

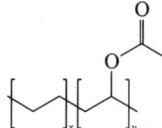

图 3.1 聚乙酸乙烯酯-乙烯结构式

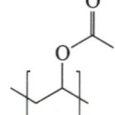

图 3.2 聚乙酸乙烯酯结构式

聚乙酸乙烯酯乳液胶粘剂具有许多优点:对多孔材料有很强的粘接力;能够室温固化,干燥速度快;胶层无色透明,不污染被粘物;对环境无污染,较为安全;单组分,使用方便,清洗容易;贮存期长,可达 1 年以上。但它的耐水性和耐湿性差,容易吸收空气中的水分,同时,其耐热性有待提高。

(三)聚乙烯醇

聚乙烯醇(polyvinyl alcohol,PVA 或 PVOH)最早由德国化学家赫尔曼(W. O. Hermann)和海涅尔

(W. Hachnel)于 1924 年发明。我国在 20 世纪 60 年代引进生产。

聚乙烯醇是通过乙酸乙烯酯聚合制得聚乙酸乙烯酯(PVAc),然后采用醇解或者水解得到的,结构式见图 3.3。由于羟基基团的存在,PVA 有很高的吸水性,是一种性能优良、用途广泛的水溶性聚合物,在黏合剂、纺织、冶金、化工等行业都得到了广泛的应用。

图 3.3　聚乙烯醇结构式

聚乙烯醇一般为白色或微黄色,为絮状、颗粒状、粉末状固体,无毒无味,性能介于塑料和橡胶之间。PVA 溶液遇碘液变深蓝色,这种变色现象在受热后消失,冷却后又出现。由于分子链上含有大量的侧羟基,PVA 具有很好的水溶性,同时还具有良好的成膜性、黏结力和乳化性,有突出的耐油脂和耐溶剂性能。聚乙烯醇根据乙酸乙烯酯聚合度、水解程度和生产工艺的不同,产品性能也有差异。

二、烟用水基胶添加剂

(一)消泡剂

消泡剂也叫消沫剂,是指在水基胶加工过程中降低表面张力,抑制泡沫产生或消除已产生泡沫的一类添加剂。烟用水基胶加入消泡剂有如下两个目的:一是在生产过程中,由于搅拌作用,会在乳液中产生大量的气泡,根据乳液的性质,其混入的气泡不能自行消除,如果没有消泡剂,乳液中的气泡除了会影响生产的继续进行,同时也会对过程控制中黏度的检测产生影响;二是卷烟生产使用过程中会对水基胶产生一定的搅拌作用,尤其是滚轮涂胶方式对水基胶的搅动作用更明显,这也会使大量的气泡进入水基胶,气泡的存在会严重影响水基胶的涂布性能和粘接性能,导致卷烟生产无法继续。

烟用水基胶中的消泡剂用量不大,一般为 0.05%～0.3%。常用的消泡剂为乳化硅油、高碳醇脂肪酸酯复合物、聚氧丙烯聚氧乙烯甘油醚和聚二甲基硅氧烷等。

(二)防腐剂

防腐剂是指能抑制微生物活动,防止物品腐败变质的一类添加剂。由于水基胶为高水分的有机化合物产品,在贮存过程中很容易受到细菌的侵蚀而发生霉变,一般在出厂时已经含有一定量的防腐剂。因此,防腐剂在水基胶中不是必需的配方成分,如果水基胶的贮存周期不长,乳液类胶粘剂可以不用或少用。通常情况下防腐剂在胶粘剂中的含量为胶粘剂质量的 0.1% 左右。如果添加的是异噻唑啉酮类高效防腐剂,用量很低,通常在水基胶中的含量为 100 mg/kg 左右。

(三)其他添加剂

由于各水基胶生产厂家配方不同,在生产过程中可能还会用到其他类型的添加剂,如分散剂、湿润剂、乳化剂、渗透剂和黏度调节剂等。水基胶生产企业根据施胶目的、纸基类型不同进行选择和组合,以满足适应性要求。

第三节　烟用水基胶制备工艺

水基胶的生产工艺相对简单,通常为配方性产品,一般由不同成分材料混合调制而成。生产过程基本上是物理混合过程,也有部分生产厂家为了达到某些性能会在生产过程中进行一些化学反应,通常这些反应是在相对简单的供应条件下进行的。部分国外品牌水基胶生产企业(如汉高)对生产环境的要求很严格,有清洁性和防蚊虫的相关要求。烟用水基胶生产流程简图如图 3.4 所示。

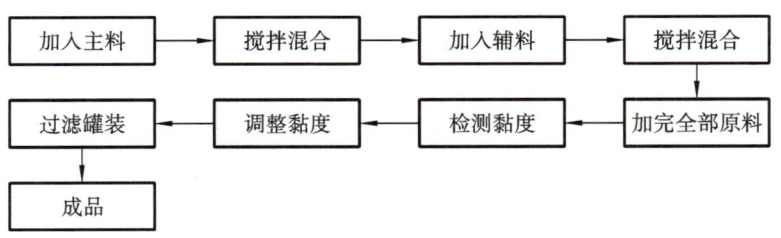

第四节　烟用水基胶主要技术指标和检测方法

一、烟用水基胶主要理化指标

（一）黏度

烟用水基胶最重要的指标是黏度。黏度反映了其在受到外部剪切应力时产生流动并在液体内部反抗这种流动的内摩擦阻力。黏度与胶粘剂的最终黏结力没有必然的关系，但它是影响胶粘剂在机器上周向性能的重要指标。

黏度受温度的影响较大，其与温度是对数关系，通常当温度升高时，液体分子间距增大，进而使得分子间吸引力减小，于是内摩擦力减小，结果就导致液体的黏度降低，所以胶粘剂存储时都有一定的温度要求，每一款产品都会设定黏度值。

（二）固体含量

固体含量是指烟用水基胶在一定的温度条件下，蒸发掉其发挥性成分后的残余重量与原来重量的比率，一般用百分比表示。固体含量的高低反映烟用水基胶中有效成分的多少。对于同类烟用水基胶，固体含量越高，其黏结速度越快。

（三）pH 值

pH 值表示烟用水基胶的酸度和碱度。酸碱值可预测胶粘剂对黏结材料的适合程度或避免对机器零件的腐蚀作用。烟用水基胶的 pH 值一般控制为 4.0～6.5。

（四）残留单体

残留单体是指烟用水基胶中未发生反应的聚合物单体。聚合物单体一般都有刺激性气味。烟用水基胶中残留单体含量较高时，水基胶会有很浓的气味，会对卷烟的吸味产生影响，同时，残留单体会对人体呼吸系统产生刺激作用。

（五）外观

外观是检查胶粘剂外观状态的一个目测指标。水基胶的外观通常为乳白色液体，色泽均匀，无明显颗粒和异物。

二、烟用水基胶理化指标要求及检测方法

（一）黏度检测

由美国开创的旋转黏度测量法，利用转子与流体之间产生的剪切和阻力关系而得出全新的黏度值，开

创了动力黏度的测量先河。从刚开始的表盘式黏度计开始,旋转黏度计经过了 70 多年的升级改造,之后逐渐出现数显黏度计 DV-Ⅰ、DV-Ⅱ、DV-Ⅲ。目前,烟草行业所用的黏度计如图 3.5 所示。

水基胶黏度的测量方法是将试验温度控制在(25±0.5)℃以内,其余按照《胶黏剂黏度的测定》(GB/T 2794—2022)[4]的要求用黏度计检测。在温度控制在(25±0.5)℃的基础上,转子的选择对黏度结果的影响也是比较大的,不同转子的测量范围是不同的,有些水基胶产品黏度会出现两个转子都能进行测量的情况。为了实现试验室之间结果的一致性,在进行测量时,应采用同一编号的转子。

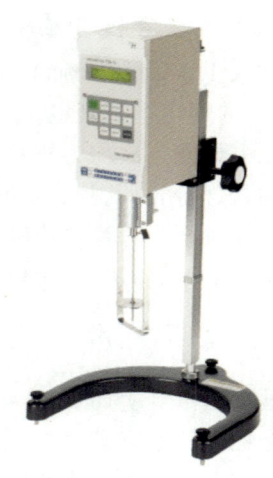

图 3.5　黏度计

(二) 固体含量检测

用称量瓶称取 1 g 左右的试样,精确到 0.001 g 并使之流平,将其置于温度在(107.5±2.5)℃的干燥箱内搁板中部,放置称量瓶的搁板应位于箱内近顶部 2/3 处,样品间隔应大于 30 mm,经干燥(180±5)min 后取出,放入干燥器中冷却至室温后称量。利用差减法计算固体含量。

(三) pH 值检测

水基胶 pH 值按照《胶粘剂的 pH 值测定》(GB/T 14518—1993)[5]的规定进行测定,测定使用 pH 计或选用适当范围的精度分级为 0.2 的精密 pH 试纸。

(四) 残留单体检测

准确称取 10.0 g 试样,小心放在有 20 mL 蒸馏水的锥形瓶中,随后放入 20 mL 盐酸,密塞摇动 0.5 min,使试样分散均匀,用 20 mL 蒸馏水清洗瓶壁,摇动后用溴酸盐滴定(每次试验时,需重新标定溶液)。临近终点时加一滴甲基橙继续滴定至棕色刚刚退却,出现乳白色为止。记录消耗的溴酸盐的体积,以此方法平行测定两次。

(五) 外观检测

用玻璃棒将试样混匀后,薄薄地涂敷于玻璃板上,随即目测有无粗颗粒物和杂质。

(六) 粒度检测

称取一定量试样,加适量蒸馏水稀释后,使其蒸发剩余物为 1%,用玻璃棒搅匀。检验时,蘸一滴制备好的试样置于载物片上,将其表面覆以盖玻片,尽量排除气泡,放在投影载物台上。在显微镜下观察,目测并记录 50 个以上的粒子直径,计算其平均值。

(七) 稀释稳定性检测

称取 6.5 g 试样于称量瓶中,加水稀释到 100 mL,盖塞,充分摇动均匀后立即倒入两个试管中各 30 mL,放置 72 h 之后,测定上层澄清溶液容积以及试管底部沉积物的溶剂。

稀释稳定性以上层澄清液容积比计,数值以%表示。

(八) 最低成膜温度检测

所需设备见《高速卷烟胶》(YC/T 188—2004)[6]。可根据试样最低成膜温度的范围,利用设备的冷、热源使梯度板形成适当的温度梯度。

利用涂抹器将试样涂布在梯度板上,通过干燥空气加快成膜温度。当形成连续透明薄膜和白垩化部分明显时,测量出的分界温度即为最低成膜温度。

用最低成膜温度表示试验结果,结果取整数。

(九) 砷含量检测

称取 2.0 g 样品,按照《化工产品中砷含量测定的通用方法》(GB/T 7686—2016)[7]进行测定。

（十）重金属含量检测

称取 1.5 g 样品，加 40 mL 水搅拌，按照《有机化工产品中重金属的测定 目视比色法》(GB/T 7532—2008)[8]的规定进行测定。

以上检测方法均为技术标准中所配套的检测方法，但从目前烟草行业实际情况来看，残留单体的检测采用的是《烟用白乳胶中乙酸乙烯酯的测定 顶空-气相色谱法》(YC/T 267—2008)[9]配套的检测方法。而砷含量和重金属含量的检测采用的是《烟用材料中铬、镍、砷、硒、镉、汞和铅残留量的测定 电感耦合等离子色谱法》(YC/T 316—2014)[10]配套的检测方法。对于粒度，目前也可以采用激光粒度仪进行检测。

三、产品标准

国家烟草专卖局 2004 年发布了第一个卷烟胶行业标准《高速卷烟胶》(YC/T 188—2004)，对卷烟胶的常规指标进行了限量，同时也对残留单体乙酸乙烯酯(VA)、重金属和砷进行了限量。该标准适用于聚乙酸乙烯酯共聚物类高速卷烟机用搭口胶、接嘴胶、包装胶。具体指标见表 3.2。

表 3.2 《高速卷烟胶》(YC/T 188—2004)的技术要求

项目	单位	指标要求
固体含量	%	标称值±2.0
黏度	mPa·s	标称值(1±0.2)
粒度	μm	≤2
pH 值	—	4.0～6.5
残留单体	%	≤0.5
稀释稳定性	%	≤5
重金属(以 Pb 计)	mg/kg	≤10.0
砷(As 计)	mg/kg	≤3
大肠杆菌	—	不得检出
外观		白色均匀乳液，无结块，无杂质，无肉眼可见颗粒，无严重起皮，无异常起泡，无妨碍卷烟香味的异味或气味

第五节　烟用水基胶分析技术

一、单体残留物分析研究

由于烟用水基胶的原料主要用的是聚乙酸乙烯酯(PVAc)和乙酸乙烯酯-乙烯(VAE)，通常占配方比例 70% 以上。在实际生产过程中，由于反应不充分，水基胶乳液中会有乙酸乙酯、乙酸乙烯酯、乙酸甲酯等单体残留，不仅会影响乳液的稳定性，也会产生刺激性不良气味。

传统的检测方法如碘量法、滴定法由于前处理烦琐，精密度和准确度较差，基本已经被仪器分析方法所替代。目前使用比较多的是顶空进样方式，再联合气相色谱(GC)法、气质联用(GC-MS)法。

（一）顶空气相色谱法

刘丹等[11]建立了顶空-气相色谱同时测定胶粘剂中甲基丙烯酸甲酯、甲基丙烯酸乙酯、甲基丙烯酸丁酯、丙烯酸甲酯、丙烯酸乙酯、丙烯酸丁酯和乙酸乙烯酯 7 种残余单体的方法。以 N,N-二甲基甲酰胺为基质校正剂,采用 DB-WAX 石英毛细管柱(60 m×0.32 mm×1.8 μm)。升温程序:初始温度 60 ℃,保持 2 min,以 15 ℃/min 的速率升至 200 ℃,保持 10 min;进样口温度为 200 ℃;分流比为 10∶1;载气为氮气,流量为 3.0 mL/min;氢火焰离子化检测器温度为 220 ℃;顶空平衡温度为 120 ℃;平衡时间为 20 min。在此条件下,7 种单体能够在 18 min 内完全分离,其线性良好,线性相关系数为 0.9992~0.99985,检测限为 0.003~0.0039 mg/mL,RSD 小于 1.92%。该方法简便、快速、高效、准确、灵敏度高、实用性强,可用于同时检测胶粘剂中的甲基丙烯酸甲酯、甲基丙烯酸乙酯、甲基丙烯酸丁酯、丙烯酸甲酯、丙烯酸乙酯、丙烯酸丁酯和乙酸乙烯酯 7 种残余单体。

焦芃然等[12]采用顶空-气相色谱法测定烟用水基胶中乙酸乙烯酯的残留量。该方法以 N,N-二甲基甲酰胺为基质校正剂,以正丙醇为内标,通过顶空进样后,采用 HP-VOC 色谱柱分离,氢火焰离子化检测器(FID)检测,采用比较保留时间和标样加入法定性,内标工作曲线法定量。顶空条件:以 25 次/min 的速率振荡 25 min;平衡温度 70 ℃;样品平衡时间 25 min;样品环 3.0 mL;进样时间 1 min;样品环温度 90 ℃;传输线温度 110 ℃。色谱条件:HP-VOC 色谱柱(60 m×0.32 mm×1.8 μm);载气为氮气,载气流量为 2.5 mL/min;进样口温度为 150 ℃;分流比为 5∶1;FID 温度为 200 ℃;氢气流量为 30 mL/min;空气流量为 300 mL/min。升温程序:初始温度为 100 ℃,保持 5 min;然后以 20 ℃/min 的速率升温至 180 ℃,保持 5 min。乙酸乙烯酯的质量浓度在 0.51~50 mg/L 时呈线性,方法的检出限(3S/N)为 0.82 μg/g。该方法用于不同烟用水基胶中乙酸乙烯酯残留量的测定,加标回收率为 96.2%~101%,测定值的相对标准偏差(n =6)小于 3%。

张优茂等[13]采用顶空-气相色谱法测定烟用胶粘剂中挥发性有机物甲醇、丙酮、乙酸甲酯、叔丁醇、乙酸乙烯酯、乙酸乙酯。顶空条件:顶空瓶加热温度为 100 ℃,进样环温度为 120 ℃,传输线温度为 140 ℃;样品平衡时间为 30 min。色谱条件:色谱柱为 DB-624(60 m×0.32 mm×1.8 μm);载气为高纯度氮气;氢气流量为 25 mL/min;空气流量为 300 mL/min;柱压为 0.05 mPa;进样口温度为 260 ℃;FID 温度为 270 ℃;分流比为 10∶1。升温程序:初温为 50 ℃,保持 2 min,以 1 ℃/min 的速率升温至 60 ℃,保持 5 min,再以 3 ℃/min 的速率升温至 120 ℃,保持 5 min。该方法免除了复杂样品的前处理步骤,且干扰少,谱图简单,结果准确可靠。采用顶空-气相色谱法制作工作曲线。此方法的检出限为 0.79~1.65 μg/g,相对标准偏差为 0.6%~2.7%,回收率为 90.8%~104.2%。

(二)顶空气质联用法

夏巧玲等[21]建立了以水为破乳剂,正己烷机械振荡萃取,丁酸乙酯作内标,采用 GC 同时测定烟用白乳胶中乙酸乙烯酯和乙酸乙酯含量的方法。样品的前处理条件:称取 3 g 样品,加入 10 mL 蒸馏水摇匀后,加入 0.04 mg/mL 内标物丁酸乙酯的正己烷溶液。顶空条件:顶空瓶加热温度为 100 ℃,进样环温度为 120 ℃,传输线温度为 270 ℃;样品平衡时间为 30 min。色谱条件:色谱柱为 DB-INOWAX(30 m×0.25 mm×1.8 μm);载气为高纯度氮气;载气流量为 1.5 mL/min;恒流模式;进样口温度为 260 ℃;氢气流量为 40 mL/min;空气流量为 450 mL/min。升温程序:初温为 40 ℃,保持 2 min,以 5 ℃/min 的速率升温至 50 ℃,再以 12 ℃/min 的速率升温至 220 ℃,保持 20 min;进样量 1 μL,分流比为 10∶1。质谱条件:传输线温度为 270 ℃;离子源温度为 230 ℃;四极杆温度为 150 ℃;溶剂延迟时间为 2.0 min;电离方式为 EI;电离能量为 70 eV;扫描范围为 20~300 amu。该方法的检测限低于 0.9 μg/g,回收率为 77%~82%,RSD<3%。

芦楠等[22]以正己烷为萃取溶剂,2-己酮为内标,机械振荡萃取,滤液离心过滤膜后进行 GC-MS 分析,建立了烟用水基胶中乙酸乙烯酯的气相色谱-质谱联用法。前处理条件为称取 0.3 g 水基胶样品置于 25 mL 锥形瓶中,加入 2 mL 水,混合均匀,然后加入 10.0 mg/L 2-己酮内标溶液 10.0 mL,室温下机械振荡 30 min,静置分层后,分出正己烷相,于离心管中离心,取上清液过 PTFE 滤膜,滤液进行 GC-MS 分析。气相色谱条件:DB-WAX 弹性毛细管柱(30 m×0.25 mm×0.25 μm);载气为氮气,载气流量为 1 mL/min(恒流模式);进样口温度 240 ℃。升温程序:初始温度 35 ℃,保持 2 min;以 10 ℃/min 的速率升温至 200

℃,保持 8 min。进样量 1 μL;分流比 25∶1。质谱条件:电子轰击离子源(EI);传输线温度 240 ℃;电离能量 70 eV;离子源温度 230 ℃;四极杆温度 150 ℃;溶剂延迟时间 2 min;采用全扫描的总离子流图定性,选择离子监测模式定量;扫描离子质荷比:2-己酮(m/z)为 58∶100,乙酸乙烯酯(m/z)为 86∶43。该方法线性范围为 0.1～30.0 mg/L,检出限为 0.54 mg/kg,回收率大于 90%。并将该方法与烟草行业标准《烟用白乳胶中乙酸乙烯酯的测定顶空-气相色谱法》(YC/267—2008)[9]进行了配对样本 t 检验,结果表明:烟草行业标准的测定结果与此方法的测定结果差异不显著,此方法可用于批量烟用水基胶样品中乙酸乙烯酯的日常检测。

李春[23]建立了烟用水基胶中乙酸乙烯酯的顶空气相色谱-质谱(HS-GC-MS)测定方法。样品前处理条件:称取 0.1 g 胶样(精确至 0.1 mg)于 20 mL 顶空瓶中,加入 1 mL N,N-二甲基甲酰胺,迅速密封,在 80 ℃平衡 30 min,取顶空成分进行 GC-MS 分析。顶空条件:样品平衡温度为 80 ℃;样品平衡时间为 30 min;进样针的温度为 100 ℃;传输线的温度为 120 ℃;加压时间为 5 min;进样时间为 0.03 min;拔针时间为 0.5 min;高压进样模式,样品平衡过程带震荡。色谱柱:VOC 毛细管柱(60 m×0.32 mm×1.8 μm);载气为氦气;载气流量为 2.0 mL/min;进样口温度为 180 ℃,分流比为 20∶1。升温程序:初始温度 100 ℃,保持 5 min;以 15 ℃/min 的速率升温至 180 ℃,保持 10 min;传输线温度 220 ℃。质谱条件:电离方式为 EI;电离能量为 70 eV;离子源温度为 200 ℃;溶剂延迟时间为 2.0 min;扫描范围为 35～200 amu;采用全扫描模式定性,SIM 模式定量;乙酸乙烯酯质荷比(m/z)为 86∶43;定量离子为 86。结果表明:测定乙酸乙烯酯的检测限、加标回收率和 RSD 分别为 1.48 μg/mL、97%～110% 和 3.3%,该方法具有简单快速、准确灵敏等特点,适用于烟用水基胶中残余乙酸乙烯酯的定量分析。

(三)顶空-固相微萃取-气质联用法

笔者建立了烟用水基胶中挥发性半挥发性成分的顶空-固相微萃取-气质联用分析方法。前处理条件:取样品 0.5 g,加入 20 μL 萘(内标)的二氯甲烷溶液进行萃取,进顶空-固相微萃取-气相色谱-质谱仪直接进样测定。顶空-固相微萃取条件:萃取温度为 80 ℃,萃取时间为 20 min,解吸附时间为 3 min,萃取头转速为 250 rpm。气相色谱条件:色谱柱为 DB-5MS 毛细管色谱柱(60 m×0.25 mm×0.25 μm);进样口温度为 250 ℃。升温程序:初始温度 40 ℃,保持 1 min,以 2 ℃/min 的速率升至 250 ℃,保持 10 min。载气为高纯度氦气,恒流模式,柱流量为 2 mL/min;进样方式为分流进样,分流比为 20∶1。质谱条件:电离方式为 EI;电离能量为 70 eV;离子源温度为 200 ℃;传输线温度为 260 ℃;检测模式为全扫描(full scan)监测模式,质量扫描范围为 30～500 amu;溶剂延迟时间为 1 min。

二、挥发性有机化合物分析

在生产过程中,原料或溶剂的使用导致烟用水基胶产品中含有一定的挥发性有机物,目前烟用水基胶中 VOCs 采用的检测方法主要有顶空分析法、液液萃取法。其中,顶空分析法的前处理条件简单,适用于液体或固体样品中痕量低沸点化合物的分析。

《室内装修材料 胶粘剂中有害物质限量》(GB 18583—2008)规定了聚乙酸乙烯酯胶粘剂中总挥发性有机物含量应不大于 110 g/L,测定方法为:将适量的胶粘剂置于恒定温度的鼓风干燥箱中,在规定的时间内测定胶粘剂总挥发物含量。用卡尔·费休法或气相色谱法测定其中水分的含量。用胶粘剂总挥发物含量扣除其中水分的量,即计算得胶粘剂中总挥发性有机物的含量。

刘珊珊等[24]为了研究烟用水基胶中挥发性有机物的通用检测方法,采用 10 mL 水作为基质校正剂,静态顶空法进样,GC-MS 法分析,内标法定量,建立了测定烟用水基胶中丙酮、丁酮、叔丁醇、乙酸甲酯、乙酸乙酯、乙酸乙烯酯、二氯甲烷、氯仿、四氯化碳、1,1-二氯乙烷、1,2-二氯乙烷、1,1,1-三氯乙烷、1,1,2-三氯乙烷、1,1,2-三氯乙烷、苯、甲苯、乙苯、邻二甲苯和间/对二甲苯 19 种挥发性有机物的顶空-气相色谱/质谱联用(HS-GC/MS)法。样品前处理:称取(0.20±0.01)g 水基胶样品于 20 mL 顶空瓶中,加入 10 mL 水和 100 μL 内标溶液,加盖密封。将顶空瓶放置在振荡器上振荡 15 min,使样品均匀分散后,进行 HS-

GC/MS 分析。顶空条件如下：顶空瓶：20 mL；样品环：3.0 mL；样品平衡温度：80 ℃；样品环温度：160 ℃；传输线温度：180 ℃；样品平衡时间：60 min；样品瓶加压压力：138 kPa；加压时间：0.20 min；充气时间：0.20 min；样品环平衡时间：0.05 min；进样时间：1.0 min；色谱柱：VOC 专用毛细管柱；进样口温度为 180 ℃；载气为氦气(99.999%)；恒流模式；柱流量为 2.0 mL/min；分流比为 20∶1。升温程序：初始温度 40 ℃，保持 2 min；以 4 ℃/min 的速率升温至 150 ℃。质谱条件：传输线温度为 220 ℃；电离模式为 EI；电离能量为 70 eV；离子源温度为 230 ℃；四极杆温度为 150 ℃；辅助接口温度为 220 ℃；溶剂延迟时间为 5 min；扫描方式为全扫描监测模式和选择离子监测模式；质量扫描范围：29～350 amu。结果表明：18 种挥发性有机物可在 26 min 内有效分离，且线性关系良好($R^2>0.999$)，检出限(LOD)为 0.004～6.932 mg/kg，加标回收率为 80.4%～127.8%，相对标准偏差(RSD)≤7.9%。

龚淑果等[25]建立了一种同时检测烟用水基胶中 23 种酯类化合物的液液萃取-气相色谱-质谱联用方法。23 种酯类化合物包括乙酸酯类、丙烯酸酯类、甲基丙烯酸酯类、邻苯二甲酸酯类化合物。水基胶样品经水分散后，用含内标物丙酸苯乙酯的正己烷溶液振荡萃取，萃取液离心后过 0.45 μm 有机相滤膜，用 DB-WAXETR 气相色谱柱(60 m×0.25 mm×0.25 μm) 分离，质谱采用选择离子监测模式定性，内标法定量。结果表明，23 种酯类化合物在 0.4～50.0 mg/L 范围内线性关系良好，线性相关系数大于 0.998，样品加标回收率为 81.8%～109.1%，相对标准偏差(RSD,$n=5$)小于 4%，检出限为 0.02～0.76 mg/kg，定量限为 0.04～2.52 mg/kg。这 23 种酯类为乙酸异丙酯(IA)、乙酸丙酯(PA)、乙酸丁酯 (NBA)、丙烯酸甲酯(MA)、丙烯酸乙酯(EA)、丙烯酸丁酯(BA)、甲基丙烯酸甲酯(MMA)、甲基丙烯酸乙酯(EMA)、甲基丙烯酸丁酯(BMA)、邻苯二甲酸二甲酯(DMP)、邻苯二甲酸二乙酯(DEP)、邻苯二甲酸二烯丙酯 (DAP)、邻苯二甲酸二丁酯(DBP)、邻苯二甲酸二异丁酯(DIBP)、邻苯二甲酸二(4-甲基-2-戊基)酯(BMPP)、邻苯二甲酸二(2-乙氧基)乙酯(DEEP)、邻苯二甲酸二戊酯(DPP)、邻苯二甲酸二己酯(DHXP)、邻苯二甲酸二(2-丁氧基)乙酯(DBEP)、邻苯二甲酸二环己酯(DCHP)、邻苯二甲酸丁基苄基酯(BBP)、邻苯二甲酸二(2-乙基)己酯(DEHP)、邻苯二甲酸二正辛酯(DNOP)。样品前处理：准确称取 0.5 g 水基胶样品，放入 50 mL 具塞三角瓶中，加入 2 mL 超纯水，待水基胶分散后，准确加入 10 mL 萃取溶液，振荡萃取 60 min，振动转速为 120 r/min；第一次溶剂萃取完成后，取 5 mL 萃取液离心 10 min，离心转速为 12000 r/min，然后取上层清液，过 0.45 μm 有机相针头式滤器，滤液待 GC-MS 检测。气相色谱条件：分析柱为 DB-WAXETR 石英毛细管柱(60 m×0.25 mm×0.25 μm，固定相为聚乙二醇，最高耐受温度 280 ℃)；载气为氦气，纯度≥99.999%，恒流模式，流量为 1.2 mL/min；进样口温度为 250 ℃；分流比为 20∶1，进样量为 1 μL。柱温采取程序升温方式：初始温度 50 ℃，保持 2 min；以 25 ℃/min 的速率升温至 260 ℃，保持 18 min；再以 5 ℃/min 的速率升温至 270 ℃，保持 8 min。平衡时间为 1 min。质谱条件：传输线温度为 270 ℃；电离方式为 EI；全扫描模式定性，选择离子监测模式定量；电离能量为 70 eV；离子源温度为 230 ℃；四极杆温度为 150 ℃；溶剂延迟时间为 4.5 min。

三、重金属分析

《高速卷烟胶》(YC/T 188—2004)对重金属有明确的限量和要求，通过建立烟用水基胶中重金属铅(Pb)和砷(As)的测定方法，从而有效控制卷烟中重金属含量水平以及降低抽烟者的重金属摄取风险。砷化合物在自然环境中广泛存在，砷化合物的毒性大小顺序为：无机砷＞有机砷＞砷化氢。最普通的两种含砷化合物为 AS_2O_3(砒霜)、AS_2O_5，一般三价砷的毒性大于五价砷。砷化合物可以通过皮肤、呼吸道和消化道被人体吸收，从而对人的呼吸、神经、生殖、造血、免疫系统造成不同程度的损害，损害程度取决于人体摄入砷的数量和途径。铅是一种对人体有害的微量元素，在体内累积到一定程度后会危害人体健康，不仅损害神经系统、造血系统、消化系统和肾脏，还损害人体的免疫系统，使机体抵抗力下降。婴幼儿和学龄前儿童是易感人群。

目前，《高速卷烟胶》(YC/T 188—2004)中 Pb 和 As 的检测方法分别为《有机化工产品中重金属的测定　目视比色法》(GB/T 7532—2008)和《化工产品中砷含量测定的通用方法》(GB/T 7686—2016)。前者

采用目测比色法,不能准确定量,而后者操作复杂,存在安全风险,在行业中的应用并不广泛,目前行业中使用比较广泛的是微波消解-石墨炉原子吸收(AAS)法和微波消解-电感耦合等离子体质谱(ICP-MS)法,其中 AAS 法根据原子光谱中单色光照射,一次只能对一个元素进行定量;而 ICP-MS 法是原子发射光谱,可以多通道测定多种元素含量,相比 AAS 法,其检出限更低,但对检测人员的操作要求较高。

熊文等[26]采用电感耦合等离子体质谱建立了烟用水基胶中的砷、铅、镉、铬、镍、汞测定方法,该方法测定的各组分的工作曲线相关系数均大于 0.999,定量检出限为 0.004~0.046 $\mu g/g$,平均回收率为 97.0%~101.6%,相对标准偏差均小于 1.96%。样品前处理:准确称取 0.2 g 水基胶样品,置于微波消解罐中,向微波消解罐中依次加入硝酸 5 mL、氢氟酸 1 mL、盐酸 1 mL、过氧化氢 1 mL,密封后装入微波消解仪,按室温 $\xrightarrow{5\ min}$ 120 ℃(5 min) $\xrightarrow{5\ min}$ 160 ℃(5 min) $\xrightarrow{5\ min}$ 200 ℃(25 min)消解程序进行消解。消解完毕,待微波消解仪温度降至 40 ℃以下后取出消解罐,放入控温电加热器,在 130 ℃条件下,赶酸 2~3 h 至近干。赶酸完毕,将试样溶液转移至 50 mL 塑料容量瓶中,用 1%硝酸冲洗消解罐 3~4 次,将清洗液转移至 50 mL 容量瓶中,然后用 1%硝酸定容,摇匀后待测。仪器工作条件见表 3.3。

表 3.3　电感耦合等离子体质谱仪测定条件

仪器参数	参数值
射频功率	1300 W
等离子体气流量	15.0 L/min
辅助气流量	1.00 L/min
载气流量	1.20 L/min
S/C 温度	1 ℃
蠕动泵	0.08 r/s
雾化器	Barbington
采样锥类型和直径	镍锥,0.8 mm
截取类型和直径	镍锥,0.4 mm
采集模式	Spectrum,全定量
重复次数	3
样品提升速度	0.50 r/s

曹美等[27]建立了测定烟用水基胶中铅(Pb)和砷(As)的微波消解-石墨炉原子吸收光谱方法,并采用该方法测定了烟用水基胶中 Pb 和 As 的含量。结果表明:在优化条件下,Pb 和 As 含量分别在 0~50 $\mu g/L$和 0~20 $\mu g/L$ 范围内,工作曲线的线性相关系数、方法的检出限、相对标准偏差及回收率依次分别为0.9992 和 0.9995,0.075 mg/kg 和 0.037 mg/kg,6.77% 和 9.86%,87.97%~92.35% 和 93.37%~108.92%。其中,样品前处理条件:称取 0.5~1.0 g 试样,置于微波消解罐中,向微波消解罐中依次加入6.0 mL 65% HNO_3、2.0 mL 30%H_2O_2,旋紧密封,置于微波消解仪中。按表 3.4 的微波消解程序进行消解,至消解完全,溶液透明。消解完毕,待温度降至室温后取出消解罐。置于控温电加热器中,在 130 ℃条件下,加热赶酸至约 0.5 mL。将试样溶液转移至 50 mL 塑料容量瓶中,用超纯水冲洗消解罐 3~4 次,清洗液一并转移至容量瓶中,然后用超纯水定容至 25 mL,摇匀后得试样液。按照表 3.5 的仪器工作条件,采用纵向塞曼自动背景扣除,标准曲线法定量。

表 3.4　微波消解升温程序

起始温度/℃	升温时间/min	终点温度/℃	保持时间/min
室温	5	100	5

续表

起始温度/℃	升温时间/min	终点温度/℃	保持时间/min
100	5	130	5
130	5	160	5
160	10	180	20

表 3.5 石墨炉原子吸收光谱仪测定 Pb 和 As 的操作条件

操作条件	Pb	As
波长/nm	283.3	193.7
光谱通带/nm	0.7	0.7
灯电流/mA	10	380
测定方式	AA-BG	
干燥[①]	110/5/30	110/5/30
干燥[①]	130/15/30	130/15/30
灰化[①]	750/10/20	1000/10/20
原子化[①]	1600/0/5	200/0/5
净化[①]	2450/1/3	2450/1/3
氩气流量/（mL/min）	250	
原子化方式	停气原子化	
注入体积/μL	20	
基体改进剂/μL	5 μL $NH_4H_2PO_4$ 溶液 (10 g/L)+3 μL $Mg(NO_3)_2$ 溶液(1 g/L)	5 μL $Pd(NO_3)_2$ 溶液 (1 g/L)+3 μL $Mg(NO_3)_2$ 溶液(1 g/L)

注：[①]各阶段的温度（℃）/斜坡(s)/保持(s)。

夏向伟等[28]对烟用香精香料、水基胶、三乙酸甘油酯样品采用加硝酸后预消解,之后上微波消解,建立了 ICP-MS 快速检测其样品中的 Cr、Mn、Ni、Cu、As、Se、Cd、Pb 等元素。结果表明:这些元素的定量限分别为 0.086 μg/L、0.072 μg/L、0.089 μg/L、0.063 μg/L、0.084 μg/L、0.096 μg/L、0.074 μg/L 和 0.082 μg/L,回收率范围分别为 96.7%～112.3%、94.0%～108.1%、100.3%～115.3%、93.1%～102.7%、102.7%～110.0%、103.3%～112.0%、90.5%～104.5% 和 94.8%～106.6%,RSD 分别为 2.63%、1.36%、1.81%、2.58%、5.34%、8.18%、9.64% 和 8.11%,线性范围均为 1～50 μg/L。前处理和仪器参数条件:准确称取 0.5 g 样品,加浓硝酸预消解过夜,再加入一定量过氧化氢,采用如表 3.6 所示的微波消解程序进行微波消解,仪器试验参数如表 3.7 所示,试验测定方法如表 3.8 所示。

表 3.6 微波消解程序

起始温度/℃	升温时间/min	终点温度/℃	保持时间/min
室温	5	80	5
80	5	110	5
110	5	140	5

续表

起始温度/℃	升温时间/min	终点温度/℃	保持时间/min
140	10	170	40

表 3.7　ICP-MS 主要工作参数

仪器参数	设置
射频功率	1250 W
等离子气流量	15 L/min
雾化气流量	0.70 L/min
模拟电压	−1950 V
脉冲电压	975 V
DRC 模式雾化气流量	0.70 L/min
辅助气流量	1.2 L/min
透镜电压	6.75 V
扫描圈数	20
重复次数	3

表 3.8　试验测定方法

测定元素	内标元素	测定模式	矫正方程	积分时间/ms
^{52}Cr	^{72}Ge	DRC 模式	无	1000
^{55}Mn	^{72}Ge	标准模式	无	1000
^{60}Ni	^{72}Ge	标准模式	无	1000
^{63}Cu	^{72}Ge	标准模式	无	1000
^{75}As	^{72}Ge	标准模式	$-^{77}Se\times3.127+^{82}Se\times2.5485$	1000
^{80}Se	^{72}Ge	DRC 模式	无	1000
^{111}Cd	^{115}In	标准模式	无	1000
^{208}Pb	^{209}Bi	标准模式	$+^{206}Pb+^{207}Pb$	1000

四、羰基化合物分析

烟用水基胶在生产过程中由于受原料、生产工艺等条件的影响,会有少量的羰基化合物残留。目前羰基化合物的分析方法主要有分光光度法、现场光谱分析法和衍生化色谱法。分光光度法虽然简单,但测定的组分少且干扰严重、灵敏度低。现场光谱法一般用于污染源的在线监测。目前烟草行业多采用 2,4-二硝基苯肼(DNPH)对烟用水基胶样品衍生化处理后,用 HPLC 法测定低分子醛酮化合物。

陈益才等[29]建立了用高效液相色谱法同时测定卷烟胶中的甲醛、乙醛、丙酮、巴豆醛和 2-丁酮 5 种羰基化合物的一种分析方法。用去离子水萃取样品中的羰基化合物,通过 2,4-二硝基苯肼衍生形成腙后,用高效液相色谱仪测定。该方法的标准曲线在相关浓度范围内呈良好线性关系($R^2 > 0.9995$),回收率为 87.9%~99.5%,精密度在 6% 以内。样品前处理:称取 0.5 g 烟用水基胶样品于 50 mL 具塞锥形瓶中,精确至 0.1 mg,加入 25.0 mL 去离子水,振荡 5 min,准确移取 5 mL 至离心管中,于 20 ℃下以 12000 r/min 的转速高速离心 20 min。取上层清液 1.0 mL 到 10 mL 容量瓶中,加入 4 mL 的衍生剂,乙腈定容,放置 20 min,用 0.45 μm 有机相滤膜过滤后,进液相色谱仪分析。色谱条件如下。流动相:A 为乙腈,B 为水。梯度洗脱程序:0~20 min 时,流动相 A 保持 50% 不变;20~25 min 时,流动相 A 由 50% 线性变化至 60%;25~30 min 时,流动相 A 保持 60% 不变;30~35 min 时,流动相 A 由 60% 线性变化至 80%;35~40 min 时,流动相 A 由 80% 线性变化至 90%;40~41 min 时,流动相 A 由 90% 线性变化至 50%;41~45 min 时,流动相 A 保持 50% 不变。进样量:10 μL;柱温:30 ℃;流量:1 mL/min;检测波长:365 nm。

贺春霞等[30]建立了用高效液相色谱法同时测定卷烟胶中甲醛、乙醛的分析方法。卷烟胶用去离子水提取,在酸性条件下,经 2,4-二硝基苯肼衍生后,衍生物直接用 HPLC 法检测。结果表明:该方法的标准曲线在相关浓度范围内呈良好线性关系,甲醛、乙醛的检出限分别为 3.6 μg/L、6.2 μg/L,甲醛、乙醛的样品回收率分别为 98.38%~103.11%、89.37%~90.12%,相对标准偏差均小于 6%。样品前处理:称取 0.5000 g 卷烟胶试样于 100 mL 具塞锥形瓶中,加入 50.0 mL 水。具塞后,振荡萃取 20 min,移取 5.0 mL 于 10 mL 离心管中,以 12000 r/min 的转速离心 20 min,上清液备用。吸取 1.00 mL 上清液于 10 mL 容量瓶中,加 1.00 mL 2,4-二硝基苯肼衍生化试剂,摇匀,用乙腈定容。室温下静置 25 min,过有机相滤膜(0.45 μm)后测定。色谱条件如下。流动相:乙腈:水=65:35(体积比);甲醛检测波长为 352 nm;乙醛检测波长为 360 nm;柱温为 30 ℃;流速为 0.50 mL/min;进样量为 10.0 mL。

游金清等[31]为准确测定烟用水基胶中甲醛、乙醛和丙酮的残留量,通过对顶空进样条件和气相色谱参数进行优化,建立了一种测定烟用水基胶中甲醛、乙醛和丙酮的衍生-顶空气相色谱(HS-GC)方法。水基胶样品加水后,室温下振荡萃取;离心后移取上清液到顶空瓶,加入 PFBHA 溶液并立即密封,涡旋混匀;样品溶液经 70 ℃、50 min 顶空加热后,用 HP-5 色谱柱分离、氢火焰离子化检测器检测和外标法定量。甲醛、乙醛和丙酮的检出限和定量限分别为 0.013~0.023 mg/kg 和 0.042~0.075 mg/kg,回收率为 95.3%~106.0%,相对标准偏差(RSD)≤6.1%。样品前处理:称取水基胶 1.0 g(精确至 0.1 mg)于 50 mL 锥形瓶中,加入 20 mL 去离子水,恒温振荡仪上振荡 30 min。移取 10 mL 乳液以 12000 r/min 的转速离心 10 min。取 5.0 mL 上清液于 20 mL 顶空瓶中,加入 0.5 mL 衍生试剂,立即压盖密封,涡旋混匀,进样分析。HS-GC 分析条件如下。顶空平衡温度为 70 ℃;样品环温度为 130 ℃;传输线温度为 150 ℃;平衡时间为 50 min;加压平衡时间为 0.5 min;进样时间为 0.5 min;载气为氦气(≥99.999%);柱流量为 1.5 mL/min;色谱柱为 HP-5 色谱柱(30 m×0.32 mm×0.25 μm);进样方式为分流进样,分流比 5:1;进样口温度为 250 ℃。升温程序:50 ℃(3 min) $\xrightarrow{7\ ℃/min}$ 120 ℃(1 min) $\xrightarrow{40\ ℃/min}$ 280 ℃(6 min);FID 温度为 250 ℃;氢气流量为 30 mL/min;空气流量为 400 mL/min;尾吹气(氦气),流量为 30 mL/min。

殷延齐等[32]为了控制烟用水基胶中甲醛的含量,利用甲醛与间苯三酚在碱溶液中反应生成不稳定橙色化合物的最大吸收峰位于 474 nm 的原理,建立了连续流动分光光度法快速测定烟用水基胶中甲醛含量的方法。该方法的相对标准偏差和回收率分别为 1.30% 和 92.75%~102.54%。样品前处理:称取 0.5 g 烟用水基胶试样于 50 mL 具塞三角瓶中,加入 25.0 mL 水,置于振荡器上振荡萃取 15 min。准确移取 5.0 mL 萃取液于离心管中,于 20 ℃下离心 20 min,转速为 12000 r/min。静置 10 min,取上层清液用连续流动分析仪进行测定,检测波长为 474 nm,进样时间为 30 s。甲醛测定的流程图如图 3.6 所示,借鉴连续流动法测氯的模块,测定流程与测氯含量一致。检测在室温(20~30 ℃)下进行,无须加热。

五、邻苯二甲酸酯类分析

邻苯二甲酸酯,是由邻苯二甲酸形成的酯的统称。邻苯二甲酸酯是一类能起到软化作用的化学品,被

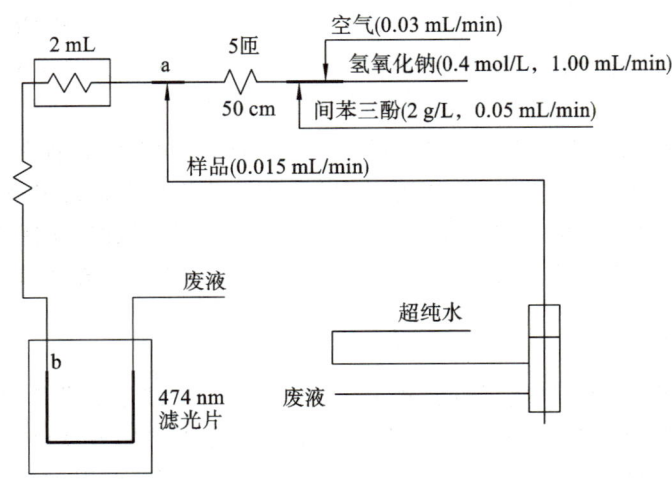

图 3.6　甲醛测定流程图

广泛用于食品包装、玩具、洗发水等数百种产品中。邻苯二甲酸酯类物质如果作为增塑剂添加到烟用水基胶中,可提高水基胶的玻璃化温度,增加胶的脆性。近年来由于烟草行业管控严格,水基胶生产厂家均不会人为添加邻苯二甲酸酯类物质。在早期,邻苯二甲酸酯类检测方法多采用比色法、滴定法和分光光度法。而随着分析技术的快速发展,如今的检测方法较多,如 GC 法、GC-MS 法、GC-MS-MS 法、HPLC 法等。

张艳宏等[33]用丙酮萃取烟用胶中邻苯二甲酸酯类物质,所得萃取液用气相色谱测定了 3 种邻苯二甲酸酯类物质,测得邻苯二甲酸二丁酯、邻苯二甲酸二丁基苄酯、邻苯二甲酸二辛酯的最小检出限为 0.5 μg/g、0.5 μg/g、1 μg/g,回收率为 94.3%～105.5%,RSD 为 0.7%～3.2%。样品前处理:称取 0.500 g(准确到 0.1 mg)样品至锥形瓶中,加入 5 mL 丙酮,超声 20 min,静置,取上层清液,用微孔滤膜(有机相滤膜 0.45 μm)过滤,滤液供测定用。色谱条件:DB-5 色谱柱(30 m×0.53 mm×1.50 μm,二苯基-95%二甲基硅氧烷共聚物,非极性)。载气为氮气(纯度大于 99.99%),流量为 20 mL/min,空气流量为 400 mL/min,氢气流量为 40 mL/min。分流比为 5∶1;柱温为初温 80 ℃保持 2 min,以 8 ℃/min 的速率升到 300 ℃,保持 30 min。进样口温度为 200 ℃,FID 温度为 275 ℃。

张艳芳等[34]采用高效液相色谱法测定卷烟用白乳胶中 7 种邻苯二甲酸类化合物(PAEs),即邻苯二甲酸二甲酯(DMP)、邻苯二甲酸二乙酯(DEP)、邻苯二甲酸二丁酯(DBP)、邻苯二甲酸二异丁酯(DIBP)、邻苯二甲酸丁基苄基酯(BBP)、邻苯二甲酸二(2-乙基己基)酯(DEHP)和邻苯二甲酸二正辛酯(DNOP)。检出限(3S/N)为 2.7～4.4 mg/kg。加入 3 个浓度水平的混合标准溶液做回收试验,测得其回收率为 77.9%～114%,测定值的相对标准偏差(n=5)为 1.6%～8.1%。前处理方法:称取烟用白乳胶试样 0.3000 g 于 50 mL 锥形瓶中,加乙腈 10 mL 超声提取 30 min,静置 5 min 后,移取上层清液约 2 mL,过 0.45 μm 有机相滤膜。色谱分析条件:ZORBAX Eclipse XDB-C18 色谱柱(250 mm×4.6 mm×5 μm),柱温 35 ℃,进样量 10 μL,流量 1.0 mL/min;检测波长 254 nm;流动相 A 为水,流动相 B 为乙腈。梯度洗脱程序:0～10 min,流动相 A 为 45%;10～25 min,流动相 A 由 45%降至 30%;25～28 min,流动相 A 由 30%降至 0;28～32 min,流动相 A 由 0 升至 45%,保持 13 min。保留时间结合紫外光谱法定性,采用外标法定量。

李红等[35]采用气相色谱-串联质谱法同时测定烟用水基胶中 15 种邻苯二甲酸酯类化合物的含量。烟用水基胶样品 0.300 g 经 2 mL 水分散,用 10 mL 正己烷萃取 5 min。在气相色谱分离中用 DB-35MS 色谱柱为固定相,在质谱分析中采用多反应监测模式。15 种邻苯二甲酸酯类化合物的质量浓度均为 0.05～5.0 mg/L,与其对应的峰面积呈线性关系,方法的检出限(3S/N)为 0.006～0.027 μg/g。在 4 μg/g、20 μg/g、100 μg/g 3 个浓度水平下进行加标回收试验,回收率为 87.8%～104%,测定值的相对标准偏差(n=6)为 1.3%～6.1%。前处理方法:称取混合均匀的烟用水基胶样品 0.300 g,置于 25 mL 具塞锥形瓶中,加入水 2 mL,混合均匀后加入正己烷 10 mL,涡旋混合 5 min,静置后取上清液于离心试管中,在 3500 r/min 的转速下离心 10 min,取上清液,按仪器工作条件进行测定。色谱条件:DB-35MS 色谱柱(30 m×0.25 mm ×0.25 μm);进样口温度 300 ℃;不分流进样,进样量 1.0 μL;载气为氦气,恒流模式,流量 1.0 mL/min。程序升温:初始温度 100 ℃,保持 1 min;以 30 ℃/min 的速率升温至 160 ℃;再以 10 ℃/min 的速率升温至 300 ℃。质谱条件:电子轰击离子源(EI),电子能量 70 eV,离子源温度 230 ℃,双四极杆温度 150 ℃,传输线温度 325 ℃;碰撞气为氩气,流量 2.5 mL/min,氮气流量 2.0 mL/min,多反应监测(MRM)。其余质谱条件见表 3.9。

表 3.9　质谱条件

峰号	化合物	保留时间 /min	质荷比 m/z		碰撞电压/V
			定性离子对	定量离子对	
1	邻苯二甲酸二甲酯(DMP)	6.598	163/135	163/77	20,10
2	邻苯二甲酸二乙酯(DEP)	7.701	177/149	149/93	15,5
3	邻苯二甲酸二异丁酯(DIBP)	9.953	149/121	149/93	15,15
4	邻苯二甲酸二丁酯(DBP)	10.980	149/121	149/93	15,15
5	邻苯二甲酸二(2-乙基己基)酯(DEHP)	11.557	149/121	149/93	20,15
6	邻苯二甲酸双(2-甲氧基乙基)酯(DMEP)	11.991	149/121	149/93	15,15
7	邻苯二甲酸二戊酯(DPP)	12.635	149/121	149/93	15,15
8	邻苯二甲酸双(2-乙氧基乙基)酯(DEEP)	12.804	193/149	149/93	15,15
9	邻苯二甲酸二己酯(DHP)	14.205	149/121	149/93	15,15
10	邻苯二甲酸丁基苄基酯(BBP)	15.135	206/149	149/93	15,5
11	邻苯二甲酸双(4-甲基-2-戊基)酯(BMPP)	15.493	167/149	149/93	15,5
12	邻苯二甲酸双(2-正丁氧基乙基)酯(DBEP)	15.601	193/149	149/93	15,15
13	邻苯二甲酸二环己酯(DCHP)	16.461	167/149	149/93	15,5
14	邻苯二甲酸二正辛酯(DNOP)	17.108	149/121	149/93	10,15
15	邻苯二甲酸二壬酯(DINP)	18.699	293/149	149/93	15,5

　　阎瑾等[36]建立了一种测定烟用水基胶中 17 种邻苯二甲酸酯类(PAEs)化合物的超高效液相色谱-串联质谱(UPLC-MS/MS)法。结果表明:在 0～5 μg/mL 范围内,该方法的线性关系良好,相关系数均大于 0.994,定量下限为 0.010～0.479 μg/g。该方法的回收率为 87.6%～106.0%,相对标准偏差(RSD,n=6) 为 0.8%～6.2%。将该方法与 YC/T 333—2010 中的方法进行对比,结果显示两种方法的检测数据不存在显著性差异。前处理方法:准确称取 0.30 g(精确至 0.01 g)混合均匀的水基胶样品于 10 mL 容量瓶中,立即加入 2 mL 水分散样品,用甲醇定容至刻度后,全部转移至 10 mL 离心管中。涡旋振荡 10 min,在 10000 r/min 的转速下离心 5 min,取上层清液过 0.45 μm 有机相滤膜后进行 UPLC-MS/MS 分析。 UPLC-MS/MS 条件如下。色谱柱:ZORBAX SB - C18 (3.0 mm×100 mm×1.8 μm,Agilent)。延时柱: ZORBAX Eclipse Plus C18 (2.1 mm×50 mm×1.8 μm,Agilent)。流动相:A 为 0.1% 甲酸水溶液,B 为 0.1% 甲酸甲醇溶液。柱温:50 ℃。进样量:2 μL。流量:0.4 mL/min。梯度洗脱程序:0.0～1.0 min, 45% 流动相 B;1.0～4.0 min,45%～65% 流动相 B;4.0～8.0 min,65% 流动相 B;8.0～15.0 min,65%～ 80% 流动相 B;15.0～16.0 min,80%～90% 流动相 B;16.0～20.0 min,90%～100% 流动相 B;20.0～25.0 min,100% 流动相 B;25.0～25.1 min,100%～45% 流动相 B;25.1～30.0 min,45% 流动相 B。扫描模式: 电喷雾正离子扫描 ESI(+);毛细管电压为 4 000 V;干燥气为氮气,载气流量为 10 L/min;温度为 350 ℃; 雾化器压力为 15 psi;碰撞气为高纯度氮气;监测方式为多反应监测(MRM)。

六、苯系物分析

（1）苯系物简介

苯系物即包括全部芳香族化合物（monoaromatic hydrocarbons，MACHs），为苯及其衍生物的总称。狭义上特指苯（benzene）、甲苯（toluene）、乙苯（ethylbenzene）和二甲苯（xylene）四类代表物质，简称为 BTEX，容易挥发且可溶于水。BTEX 可以通过炼油或蒸馏煤焦油提取，作为有机溶剂和化工原料大规模使用，用于生产和加工大量重要的化学品、聚合物和消费品（例如油漆、橡胶产品、黏合剂、化妆品和医药产品）等。BTEX 的基本理化性质见表 3.10。

表 3.10 BTEX 的基本理化性质

名称	CAS 号	分子结构	摩尔质量/(g/mol)	密度/(g/mL)	溶解度/(mg/L)	沸点/℃	亨利系数/(atm·m³/mol)
苯	71-43-2		78.11	0.877	1800	78.3	5.24×10^{-3}
甲苯	108-88-3		92.14	0.867	540	110.6	5.75×10^{-3}
乙苯	100-41-4		106.17	0.867	160	136	7.88×10^{-3}
邻二甲苯	95-47-6		106.17	0.87	178	144.4	5.20×10^{-3}
间二甲苯	108-38-3		106.17	0.868	162	139.3	7.34×10^{-3}
对二甲苯	106-42-3		106.17	0.861	198	138.3	7.66×10^{-3}

苯（C_6H_6）是组成结构最为简单的芳香烃，常温常压下为无色透明液体，带有芳香气味。大量临床研究和试验数据表明，长期接触过量的苯会引起淋巴血栓、骨髓异常和再生障碍性贫血等疾病，尤其会增加白血病、淋巴瘤的发病概率。甲苯（$C_6H_5CH_3$）具有与苯类似的理化性质，常替代毒性较强的苯作为有机溶剂使用。与苯的氧化反应不同，甲苯的氧化反应多发生于甲基，极少出现具有强致癌性的环氧化物。但甲苯对皮肤和黏膜具有刺激性，短时接触会导致头晕、恶心等症状，长期接触会对中枢神经系统产生严重影响。乙苯（$C_6H_5CH_2CH_3$）是通过用乙烯对苯进行烷基化产生的，主要作为生产苯乙烯的中间体被大量使用。乙苯常温常压下为无色液体，有汽油味，极易燃。经 IARC 公布，乙苯为 2B 类致癌物，具有潜在致癌性。乙苯同样对皮肤和黏膜有刺激性，短期暴露于高浓度乙苯中会刺激眼睛、鼻子和喉咙，长期暴露则会导致肾脏受损。二甲苯[$C_6H_4(CH_3)_2$]由苯和甲苯甲基化反应生成，以三种异构体形式存在：邻二甲苯、间二甲苯和对二甲苯。二甲苯为无色液体，有刺激性气味，经 IARC 公布为三类致癌物。与其他苯系物相似，吸入、摄入或皮肤接触二甲苯后会对皮肤及黏膜产生刺激，长期接触会抑制中枢神经系统，出现头痛、恶心、抑郁等症状。

（2）国内外禁限用情况

BTEX 被美国环保署（United Stated Environmental Protection Agency，US EPA）列为环境优先污染物，在《环境综合应对、赔偿和责任法案中》所提到的 275 种潜在威胁人类生命健康的污染物中，BTEX 排名第 78 位。我国于 2010 年发布出入境检验检疫行业标准《食品接触材料检验规程 辅助材料类》（SN/T 2549—2010），该标准适用于食品接触辅助材料，主要是指在食品接触材料生产中用到的涂料、胶粘剂、油墨和食品级蜡，规定在胶粘剂生产过程中不得添加苯、甲苯、二甲苯、乙苯和卤代烃等有毒有机溶剂，具体安全指标见表 3.11。

表 3.11　包装用水性胶粘剂的有害物质限量要求

项目	限量/（mg/kg）
苯	≤100
苯＋甲苯＋二甲苯	≤1000
卤代烃	≤1000

（3）苯系物检测技术

目前苯系物的前处理手段主要有顶空进样、吹扫捕集、顶空液相萃取、顶空固相微萃取等，检测方法多采用 GC 法、GC-MS 法。而对苯系物分析检测方法的研究焦点主要集中在准确分离与定量二甲苯的 3 种同分异构体（邻二甲苯、间二甲苯、对二甲苯），通过对前处理方法进行优化，选择合适的萃取剂。

王劲等[37]建立适用于同时测定常用溶剂型胶粘剂中苯、甲苯、二甲苯含量的气相色谱分析方法。该方法用 N,N-二甲基甲酰胺（DMF）将水基胶稀释，直接采用 GC 法对苯、甲苯、二甲苯进行检测。胶粘剂中苯、甲苯、二甲苯的含量在 7.33～146.50 mg/L、7.23～144.50 mg/L、7.21～144.20 mg/L 范围内，该方法线性相关系数均为 0.999。苯、甲苯、二甲苯的方法检出限分别为 0.22 mg/L、0.24 mg/L、0.24 mg/L。样品加标回收率分别为 96.45%～100.09%、98.45%～100.76%、97.81%～100.14%。RSD 为 1.60%～2.85%。

高明奇等[38]建立了一种中空纤维膜-液相微萃取（HF-LPME）检测水基型胶粘剂中苯系物含量的方法。中空纤维膜-液相微萃取（HF-LPME）技术是将萃取溶液放入多孔的疏水性中空纤维管中，再将其插入样品溶液中，试验装置示意图如图 3.7 所示。采用离子液体（1-甲基-3-丁基咪唑六氟磷酸盐［C4 mim］［PF6]）作为萃取溶剂，萃取液采用 GC 法分析。方法的线性范围为 0～1.5 mg/L，相关系数为 0.9967～0.9993，在甲醇中的检出限为 7.06～13.12 μg/L，RSD 为 5.4%～8.6%。

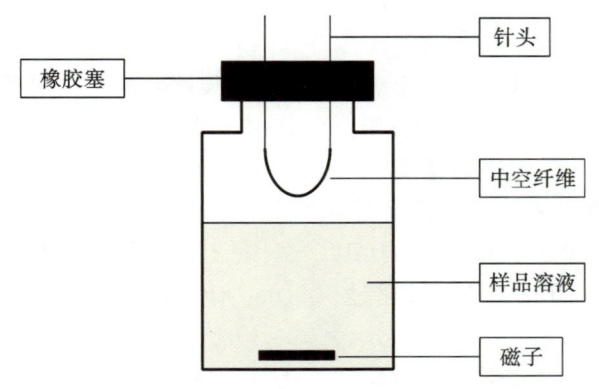

图 3.7　顶空-中空纤维液相微萃取的试验装置示意图

周景喜等[39]建立了烟用水基型乳胶中苯及苯系物的顶空-气相色谱-质谱（HS-GC-MS）分析方法。样品采用 N,N-二甲基甲酰胺溶解，静态顶空进样，气相色谱-质谱-选择离子监测（SIM）法测定 5 种烟用水基型乳胶的苯、甲苯、对二甲苯、间二甲苯、邻二甲苯及苯乙烯。结果表明：所有组分在 0.05～2.0 mg/L 范围内线性关系良好，相关系数为 0.9980～0.9994，检出限为 0.01～0.03 mg/kg；6 种待测化合物在 0.2 μg 和

1.0 μg 两个添加水平的平均回收率可达 93.7%～102%,相对标准偏差为 4.21%～7.82%。姬厚伟等[40]为选择性测定烟用白乳胶中 7 种苯系物,建立了静态顶空-气相色谱-质谱-选择离子定量的测定方法。样品经 140 ℃、30 min 静态顶空后,以 2-己酮为内标,采用 HP-INNOWAX 柱,气相色谱-质谱-选择离子模式检测,内标法定量。方法对 7 种苯系物的定量检测限为 0.008～0.01 mg/kg,加标回收率为 88.9%～104.5%,RSD<5%。

李国智等[41]选择二甲亚砜作为溶解乳胶的溶解,采用气相色谱-质谱-选择离子监测法测定了 13 种烟用水基型白乳胶中的苯、甲苯、乙苯、对二甲苯、间二甲苯、邻二甲苯、苯乙烯。方法的回收率为 96%～103%,RSD 为 4.65%～7.27%,定量限为 0.06～0.09 μg/g。

七、异噻唑啉酮分析

(1)异噻唑啉酮的简介

异噻唑啉酮类化合物是由美国罗门哈斯公司于 20 世纪 70 年代初研究开发的,早期期望用于杀灭农业有害微生物,但由于当时所选品种水溶性太好,使用范围和方式又欠佳,药剂易于随水流失,农业方面的应用随即被放弃,转而作为工业杀菌防腐剂广泛应用于工业生产中。近年来随着工业生产的规模化和自动化,以及人们对卫生的要求越来越高,工业产品的生产、储存、运输和使用过程中防治微生物的侵害显得越发重要,异噻唑啉酮类化合物由此得到了越来越广泛的应用。相关研究证明,由于某些杂环化合物具有活性中心,其在杀灭或抑制微生物方面表现出比较高的活性。异噻唑啉酮类化合物就属于这一类含氮原子和硫原子的五元杂环化合物,其对细菌、真菌、酵母、藻类都有良好的活性。异噻唑啉酮可缩写为 IT,其结构通式如图 3.8 所示,其中 R 为甲基、辛基、环己基,R_1、R_2 分别为氢或氯。

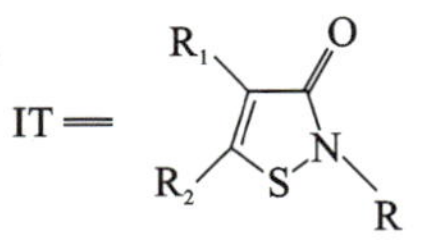

图 3.8　异噻唑啉酮结构通式

异噻唑啉酮类化合物作为工业杀菌防腐剂,与各种菌类的作用关系已被广泛研究和确认。普遍认为,异噻唑啉酮类化合物的杀菌机理主要是其中的 N—S 键易被微生物蛋白中的氨基打开,且与之结合,从而阻断微生物的新陈代谢。异噻唑啉酮类化合物是具有高效、低毒和环境友好等优点的一类新型抗菌防腐剂。该类化合物是国内外广泛使用的杀菌剂,具有极高的性价比,主要应用于食品、化妆品、涂料、水处理剂以及各类化工领域,具有广阔的开发前景。

(2)国内外禁限用情况

研究发现,暴露在环境中的异噻唑啉酮类化合物存在健康隐患,如甲基异噻唑啉酮具有一定的细胞毒性和神经毒性,与皮肤接触有过敏性反应等。为此,国内外对异噻唑啉酮类化合物进行了限用。

①2016 年,欧盟向 WTO 通报修订玩具安全指令(2009/48/EC)中的化学要求,针对 36 个月以下儿童玩耍的玩具以及其他可以放入口中的玩具,进一步严格了异噻唑啉酮类防腐剂的要求,其中甲基氯异噻唑啉酮(CMI)要求低于 0.75 mg/kg,甲基异噻唑啉酮(MI)要求低于 0.25 mg/kg,CMI 与 MI 的 3∶1 比例混合物要求低于 1 mg/kg,苯并异噻唑啉酮(BIT)要求低于 5 mg/kg。

②英美烟草公司烟用包装材料内部管理文件对胶粘剂的要求如下:若胶粘剂中必须添加异噻唑啉酮类防腐剂,则只允许使用 1,2-苯并异噻唑-3-酮(BIT)、5-氯-2-甲基-4-异噻唑啉-3-酮(CIT)、2-甲基-4-异噻唑啉-3-酮(MIT)中的一种,且 BIT 含量不得超过 500 mg/kg,MIT、CIT 含量单项及总和均不得超过 15 mg/kg。

③《卫生部关于批准 9.69% 甲基异噻唑啉酮作为化妆品原料使用的通知》(卫监督发〔2007〕172 号)规定甲基异噻唑啉酮在化妆品中的最大允许浓度为 0.01%,仅可作为防腐剂使用。

(3)异噻唑啉酮检测技术

异噻唑啉酮类化合物的测定方法主要有紫外分光光度法、高效液相色谱法气相色谱法、气相色谱-质谱法、液相色谱-串联质谱法等。水基胶中异噻唑啉酮类化合物的测定方法有高效液相色谱法和液相色谱-串联质谱法。

张建枚等[42]采用紫外分光光度法测定了异噻唑啉酮衍生物活性物含量及其氯比,结果表明:在 273.0

nm 波长下检测,线性范围为 0～30.00 mg/L,方法检出限为 0.012 mg/L,实际样品的加标回收率为 98.9%～101.3%,RSD 为 0.50%～2.36%;氯比为 2.6～3.4 时,其半定量的最大吸收波长 λ_{max} 为 272.4～273.6 nm。

谢堂堂等[43]建立了高效液相色谱分析方法,对纺织品中 5 种异噻唑啉酮类抗菌剂含量进行了同时测定。样品经甲醇超声萃取,提取液经浓缩定容后,直接进行高效液相色谱法测定,外标法定量。该方法的检出限为 0.25～1.00 mg/kg,加标平均回收率为 88.82%～97.92%,试验室内精密度(RSD)为 0.62%～1.96%,试验室间精密度(RSD)为 1.09%～2.31%。姬厚伟等[44]超声提取-超高效液相色谱法同时测定烟用水基胶中 3 种异噻唑啉酮类化合物的含量,样品经甲醇溶液(体积比为 1∶1)超声提取 30 min 后,提取液在 Waters ACQUITY UPLC HSS T3 色谱柱上分离,以水-乙腈混合液为流动相,进行梯度洗脱,采用二极管阵列检测器进行检测,检测波长为 275 nm 和 318 nm。3 种异噻唑啉酮类化合物的质量浓度在一定范围内与其峰面积呈线性关系,检出限(3 S/N)为 0.005～0.01 mg/L,测定下限(10 S/N)为 0.015～0.03 mg/L。加标回收率为 92.2%～100%,测定值的相对标准偏差($n=6$)为 1.2%～6.0%。周晓等[45]建立了一种高效液相色谱法快速测定水基胶粘剂中 3 种异噻唑啉酮类杀菌剂[2-甲基-4-异噻唑啉-3-酮(MIT)、5-氯-2-甲基-4-异噻唑啉-3-酮(CIT)和 1,2-苯并异噻唑啉-3-酮(BIT)]的分析方法。样品经甲醇-水(体积比为 1∶1)溶液振荡提取、离心、过滤后,采用高效液相色谱-二极管阵列检测器检测,C18 色谱柱分离,流动相为甲醇-水,梯度洗脱。在优化试验条件下,样品中的异噻唑啉酮在 0.25～10.0 mg/L 范围内呈良好的线性关系($R^2 \geq 0.9992$),加标回收率为 92%～103%,相对标准偏差不高于 4%,检出限为 0.43～1.14 mg/kg,定量限为 1.44～3.81 mg/kg。

刘奋等[46]建立气相色谱法测定化妆品中的防腐剂凯松。方法:用甲醇提取化妆品中的凯松,用气相色谱法、FPD(S 滤光片,393 mm)检测。方法检出限为 0.32 ng;MIT 为 0.84～420 μg/mL,CIT 在 0.32～160 μg/mL 范围内,峰面积与样品溶度呈指数对应关系,相关系数 MIT 为 0.9969,CIT 为 0.9999;回收率为 95.07%～105.16%。RSD:MIT 为 1.79%,CIT 为 2.33%。姬厚伟等[47]建立了超声萃取-气相色谱-质谱联用同时检测烟用水基胶中 5 种异噻唑啉酮杀菌剂的分析方法。烟用水基胶样品经二氯甲烷超声萃取 30 min,静置取上清液并加入 N, O-双(三甲基硅烷)三氟乙酰胺(BSTFA)衍生后进行 GC-MS 选择离子分析,内标法定量。5 种异噻唑啉待测化合物在 0.40～16.00 μg/mL 范围内线性关系良好,R^2 为 0.9973～0.9997;检出限(LOD)和定量限(LOQ)分别为 0.004～0.15 μg/mL 和 0.018～0.050 μg/mL,回收率为 90.2%～99.1%,相对标准偏差 RSD 为 1.7%～5.7%。

黄华发等[48]建立了液相色谱串联质谱测定再造烟叶中的甲基异噻唑啉酮及其氯代物的方法。样品用甲醇作萃取剂,经涡旋振荡,采用 C8 液相色谱柱分离,串联质谱仪 MRM 模式检测。结果发现,该方法在 0.05～10 mg/L 范围内线性良好,定量限分别为 2.5 μg/L、2.8 μg/L,回收率分别为 95.2%、92.3%,相对标准偏差<5%。卢昕博等[49]建立了测定水基胶中 3 种异噻唑啉酮的液相色谱-串联质谱(LC-MS/MS)方法。水基胶样品经水萃取、离心后进行 LC-MS/MS 分析,内标法定量。结果表明:MIT、CIT 在浓度范围 2.5～250 ng/mL、BIT 在浓度范围 5～500 ng/mL 内,线性关系良好($R^2 \geq 0.9996$),3 个加标水平的加标回收率为 96.3%～109.6%,平均相对标准偏差(RSD)为 1.5%～6.7%,方法的检出限(LOD)和定量限(LOQ)分别为 0.011～0.015 mg/kg 和 0.035～0.051 mg/kg。

八、双酚 A、烷基酚及烷基酚聚氧乙烯醚分析

(1)双酚 A、烷基酚和烷基酚聚氧乙烯醚的简介

双酚 A(bisphenol A,简称 BPA)为白色或浅灰色结晶状粉末或固体,主要用于制备环氧树脂(约占 65%)和聚碳酸酯(约占 35%),也可用在增塑剂、阻燃剂、抗氧剂、热稳定剂、橡胶防老剂、农药、涂料等精细化工产品中。BPA 属低毒性化学物,经动物试验发现 BPA 有环境内分泌干扰作用,在特定的剂量水平下,可能对机体生殖系统、神经系统、免疫系统产生毒害作用。

辛基酚(OP)和壬基酚(NP)均是一种重要的精细化工原料和中间体,属有机污染物,有"精子杀手"之

称,主要用于生产非离子表面活性剂、润滑油添加剂、油溶性酚醛树脂及绝缘材料,也用作抗氧剂、纺织印染助剂、润滑油添加剂、农药乳化剂、树脂改性剂、树脂及橡胶稳定剂等。辛基酚和壬基酚具有多种同分异构体,其中工业中使用最多的为对叔辛基酚和对位的带支链的壬基酚。壬基酚和辛基酚均是一种内分泌干扰物,会通过食物链进入人体,并在人体内积聚,对诱导人体癌细胞产生及破坏生殖能力均有一定影响,因而已被欧盟列为优先危害物质。

烷基酚聚氧乙烯醚(AP$_n$EO)是一类非离子型表面活性剂,因其分子结构中同时含有亲水基团和疏水基团,具有良好的乳化、润湿、渗透性能及起泡、洗涤、去污、抗静电等作用,广泛应用于纺织、塑料、橡胶、日用化工、造纸、电子等领域。AP$_n$EO 中以壬基酚聚氧乙烯醚(NP$_n$EO)为最多,占 80% 以上;其次是辛基酚聚氧乙烯醚(OP$_n$EO),占 15% 以上。双酚 A、辛基酚和壬基酚化学性质稳定,而烷基酚聚氧乙烯醚排放到自然环境中易发生分解。

(2)国内外禁限用情况

双酚 A、辛基酚和壬基酚、烷基酚聚氧乙烯醚具有强烈的亲脂性,因其化学结构与动物及人类的雌性激素相似,一旦进入动物及人类体内会干扰内分泌的正常生理作用,是典型的内分泌干扰物,被称为"环境激素"。因此,它们具有较强的生态毒理效应和生物累积性,会影响哺乳类动物的生育能力,造成"雌性效应"和畸变,并通过食物链在动物和人体内积聚,危及物种的生存。

2008 年 10 月 18 日,加拿大卫生部正式宣布双酚 A 为危害物质,并禁止进口和销售含有双酚 A 的聚碳酸酯婴儿奶瓶。挪威污染控制署颁布《关于限制特定有害物质在消费品中的使用》(PoHS 指令)也限制双酚 A 在消费品中的使用。欧盟自 2003 年以来开始控制壬基酚聚氧乙烯醚(NP$_n$EO)和壬基酚(NP)的工业使用。欧盟 2003/53/EC 指令规定纺织品等商品中壬基酚的含量不得高于 0.1%。国际环保纺织协会制定和颁布的《Oeko-Tex Standard 100》中明确规定,禁止在纺织品生产过程中使用壬基酚。欧盟 2002/371/EC 法规是纺织品生态标签(Eco-Label)的新标准,该标准禁止使用包括烷基酚聚氧乙烯醚(AP$_n$EO)在内的 7 种表面活性剂以及排放由它们组成的制剂或配方的废水,因此 AP$_n$EO 和用它们配制的印染助剂都将受到限用或禁用。

我国的《化妆品安全技术规范》明确规定双酚 A、壬基苯酚与支链 4-壬基苯酚为化妆品中的禁用物质。我国环境保护部颁布的《环境标志产品技术要求 家用洗涤剂》(HJ 458—2009)中规定洗涤剂中不得使用烷基酚。我国目前规定在婴幼儿使用的产品中不得检出双酚 A,在其他食品接触材料中双酚 A 的含量不得高于 0.6 mg/kg。国内外相关法规标准限制要求见表 3.12。

表 3.12　相关法律法规和标准的限制要求

法规和标准	限量要求
欧盟 2003/53/EC 指令	壬基苯酚(NP)及壬基酚聚氧乙烯醚(NPEO)的使用量不得超过 0.1%(w/w)
《Oeko-Tex Standard 100》(《生态纺织品标准 100》)	壬基酚和辛基酚之和小于 10 mg/kg,壬基酚、辛基酚、壬基酚聚氧乙烯醚和辛基酚聚氧乙烯醚之和小于 100 mg/kg
《纺织染整助剂产品中部分有害物质的限量及测定》(GB/T 20708—2019)	壬基酚和辛基酚之和小于 100 mg/kg,壬基酚、辛基酚、壬基酚聚氧乙烯醚和辛基酚聚氧乙烯醚之和小于 1000 mg/kg
《化妆品安全技术规范》	双酚 A、壬基苯酚与支链 4-壬基苯酚为化妆品中的禁用物质

(3)双酚 A、烷基酚和烷基酚聚氧乙烯醚检测技术

双酚 A、烷基酚和烷基酚聚氧乙烯醚的分析方法主要有气相色谱法、气相色谱-质谱法、高效液相色谱法及液相色谱-串联质谱法等,主要涉及纺织品、化妆品、水、土壤、水产品、尿液等各类样品,而对于烟用材

料的报道较少。烷基酚和烷基酚聚氧乙烯醚结构式如图 3.9 所示。HPLC 法的灵敏度、选择性及定性能力相对较差,常出现假阳性分析结果;GC-MS 法一般只能测定 AP 及短链 AP_nEO($n=1\sim2$),而对于高聚合度的烷基酚聚氧乙烯醚需要衍生化后才能用 GC-MS 法测定;而 LC-MS 法由于具有良好的定性、定量分析性能而成为同时测定 AP 和 APEO 的最佳方法。双酚 A、烷基酚和烷基酚聚氧乙烯醚相关检测标准见表 3.13。除水基胶外,相关的产品检测标准均采用 HPLC-MS/MS 法进行测定。

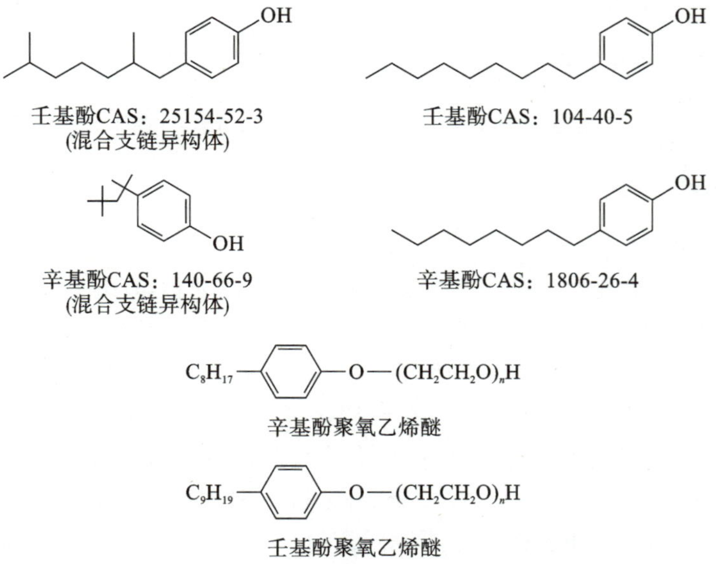

图 3.9 烷基酚和烷基酚聚氧乙烯醚结构式

表 3.13 双酚 A、烷基酚和烷基酚聚氧乙烯醚相关检测标准

检测标准	分析物	检测方法
GB/T 23322—2018 纺织品 表面活性剂的测定 烷基酚和烷基酚聚氧乙烯醚	辛基酚(CAS:140-66-9);壬基酚(CAS:25154-52-3);OP_nEO(平均聚合度 $n=9$,CAS:9002-93-1); NP_nEO(平均聚合度 $n=9$,CAS:9016-45-9)	HPLC、HPLC-MS、 HPLC-MS/MS
SN/T 1850.1—2006 SN/T 1850.2—2006 SN/T 1850.3—2010 纺织品中烷基苯酚类及烷基 苯酚聚氧乙烯醚类的测定	辛基酚(CAS:140-66-9);壬基酚(CAS:25154-52-3);OP_nEO(平均聚合度 $n=9$,CAS:9002-93-1); NP_nEO(平均聚合度 $n=9$,CAS:9016-45-9)	HPLC HPLC-MS 正相 HPLC、 HPLC-MS/MS
SN/T 3942—2014 食品接触材料 纸、再生纤维材料 烷基酚的测定 液相色谱-质谱/质谱法	辛基酚(CAS:140-66-9);壬基酚(CAS:84852-15-3)	HPLC-MS/MS
GB 29675—2013 化妆品中壬基苯酚的测定 液相色谱-质谱/质谱法	壬基苯酚(CAS:25154-52-3)	HPLC-MS/MS

续表

检测标准	分析物	检测方法
GB/T 23972—2009 纺织染整助剂中烷基酚及烷基酚聚氧乙烯醚的测定 高效液相色谱/质谱法	辛基酚(CAS:140-66-9);壬基酚(CAS:25154-52-3);OP_nEO(平均聚合度 $n=9$,CAS:9002-93-1);NP_nEO(平均聚合度 $n=9$,CAS:9016-45-9)	HPLC-MS
SN/T 3255—2012 水洗羽绒羽毛中烷基苯酚及烷基苯酚聚氧乙烯醚类化合物的测定	辛基酚(CAS:140-66-9);壬基酚(CAS:25154-52-3);OP_nEO(平均聚合度 $n=9$,CAS:9002-93-1);NP_nEO(平均聚合度 $n=9$,CAS:9016-45-9)	HPLC、LC-MS/MS

孟冬玲等[50]建立通过式固相萃取结合超高效液相色谱-串联质谱(UPLC-MS/MS)同时测定烟用水基胶中烷基酚、烷基酚聚氧乙烯醚和异噻唑啉酮杀菌剂的方法。样品用甲醇提取,经 PRiME HLB 通过式固相萃取净化后,以 ACQUITY UPLC HSS C18 SB (100 mm×3.0 mm×1.8 μm)为色谱柱,水和甲醇为流动相进行梯度洗脱。所有分析物回收率为 86.6%～104.4%,日内精密度为 1.5%～5.6%,日间精密度为 2.3%～5.1%。在 8～800 ng/mL 的浓度范围内所有化合物均有良好的线性关系($R^2 \geqslant 0.9991$),检出限(LOD)和定量限(LOQ)范围分别为 0.17～0.62 mg/kg 和 0.54～1.94 mg/kg。

陈志燕等[51]建立了超高效液相色谱-串联质谱(UPLC-MS/MS)与磁性石墨烯相结合测定水基胶中双酚 A、壬基酚和辛基酚的方法。样品提取后,以磁性石墨烯分散固相萃取净化,经 BEH C18 色谱柱分离。分析物的回收率为 81.5%～97.9%,日间相对标准偏差(RSD)小于 8.0%。所有化合物均获得了良好的线性系数($R^2 \geqslant 0.9996$),检出限(LOD)和定量限(LOQ)范围分别为 3～8 μg/kg 和 10～26 μg/kg。杨飞等[52]为实现水基胶中辛基酚聚氧乙烯醚(OP_nEO)和壬基酚聚氧乙烯醚(NP_nEO)的准确测定,建立了分散固相萃取结合液相色谱-串联质谱(HPLC-MS/MS)测定水基胶中 OP_nEO 和 NP_nEO 的分析方法。用甲醇提取样品,经 C18 分散固相萃取净化后,以 Inspire HILIC 为色谱柱,5 mmol/L 醋酸铵溶液和乙腈为流动相进行梯度洗脱。在多反应监测模式(MRM)下进行 MS/MS 分析。结果表明:①在 25 min 内,不同聚合度的 OP_nEO 和 NP_nEO 均达到基线分离;②在 3 个不同添加浓度水平下(10 mg/kg、50 mg/kg、100 mg/kg),所有分析物的回收率为 79.8%～93.8%,相对标准偏差(RSD)小于 7.0%。所有化合物在给定的浓度范围内均有良好的线性关系($R^2 \geqslant 0.9987$),检出限(LOD)和定量限(LOQ)范围分别为 6.64～7.42 μg/kg 和 22.6～24.9 μg/kg。

九、硼酸分析

硼主要存在于矿床中,是制造光学玻璃、珐琅和瓷釉的原料。硼砂,即四硼酸钠,是一种化工原料,也是一种外用消毒防腐剂。硼酸在工业、农业、国防及现代科学技术领域有着广泛的应用,如玻璃、搪瓷、机械电子、轻工纺织、日用化工、医药工业、核能领域、农业等,另外在电化学生产、橡胶工业、冶金工业、有机合成等方面也有一定的应用。硼砂在酸性环境下会转化成硼酸,早在 19 世纪,意大利人就将硼酸用于黄油、人造黄油、肉、鱼和贝类的保藏;其在水泥中也可作为缓凝剂。硼酸与硼砂分子结构不同,但是毒性相同,食品中禁止添加此类物质。一般需要对食品中的硼元素进行检测,然后推算出其中硼砂或硼酸的量。

硼酸(H_3BO_3)及硼砂($Na_2B_4O_7 \cdot 10H_2O$)是自然界中非常重要的含硼矿物及硼化合物,广泛用于多种消费品(例如玻璃、搪瓷制品、洗衣粉、杀虫剂等),也曾添加于食品中,以增加食物的质感和延长食物的保质期。硼砂酸化可得到硼酸,硼的其他化合物也可由硼砂作原料制取,因此在自然界和日常生产中硼砂应用更广泛,通常为含有无色晶体的白色粉末,熔融时为无色玻璃状物质,易溶于水,在空气可缓慢风化。

硼酸具有一定的毒性,低浓度的硼砂在体内会转化为硼酸,被身体所吸收。人类如摄入过量硼酸,身体会出现中毒症状,包括呕吐、腹泻及腹痛。动物毒理研究显示,摄入大量硼酸会令动物的生殖能力及发育受影响。欧洲食品安全局规定硼酸最大耐受剂量为 10 mg/(天/人)。鉴于其危险性,行业将其列入烟用材料高度关注物质,禁止在烟用水基胶的生产中使用。然而,硼酸作为一种低成本、优良的交联剂,可以改善烟用水基胶的快干性能,部分烟用水基胶厂家在高速卷烟胶中有一定量的使用。

(一) 研究现状

鉴于硼酸的危害性以及广泛的使用,很多行业均开展方法研究对其进行检测,主要有分光光度法、ICP-MS 法、电化学滴定法、离子色谱法、快速检测方法等,并形成了一些方法标准,如《食品安全国家标准 食品中硼酸的测定》(GB 5009.275—2016)[53]。

目前行业虽然已发布了基于仪器分析的硼酸测定方法,但是这些方法需要昂贵的大型仪器设备和专业的检测人员,前处理过程比较复杂,消解处理的操作也比较烦琐,如果每个样品均采用法检的方法,必将在一定程度上增加检测成本,增加企业的负担,同时较慢的检测速度和通量也会影响管控措施的及时响应。另一方面,行业内的烟用水基胶供应商以小型工厂为主,生产的种类繁多,生产配方也经常变化,多而散的现状也给行业的管控带来一定困扰。这一点和食品行业十分相似,食品行业为了应对这一状况往往采用快速检测初筛、法检方法进行判定的方式对食品行业中硼酸的使用进行规范,这给管控烟草行业中硼酸的使用提供了一定的参考和借鉴。

(二) 硼砂(硼酸)的仪器检测方法

目前,我国常用的食品中硼砂、硼酸的仪器检测方法有姜黄分光光度法、快速萃取-姜黄素分光光度法、电感耦合等离子体原子发射光谱(ICP-AES)法、电感耦合等离子体质谱(ICP-MS)法、原子吸收分光光度法与离子色谱法等。

1. 姜黄素分光光度法

该方法的原理是通过乙基己二醇-三氯甲烷溶液对样品中的硼酸进行快速的富集、萃取,除去共存盐类的影响,利用硫酸与姜黄混合生成的质子化姜黄与硼酸反应生成红色产物,溶液颜色的深浅与样品中硼酸含量成正比,通过比色可以测得样品中硼酸的含量。本方法的主要优点是灵敏度好,准确度好,技术成熟,直接用硼酸标准溶液配制标准曲线浓度点,测定结果可直接得出,所使用仪器设备简单,仪器成本低,仪器易于操作,但是本方法样品前处理过程烦琐,化学试剂消耗较多,另外,试验用的姜黄-冰乙酸溶液若保存不当、放置时间过久,易出现失效,从而影响试验结果的准确性。廖和菁等[54]用此方法测定北部湾海蜇中硼酸的本底值,得到回收试验的回收率范围为 95.3%～102.2%,相对标准偏差为 2.5%～4.7%。

2. 快速萃取-姜黄素分光光度法

黄忠意等[55]采用微波提取样品,用乙腈作为萃取溶剂,将样品中的硼酸(硼砂)在稀硫酸溶液中用微波迅速提取出来,且因导向分离与溶解于乙腈中的乙基己二醇生成络合物,并被浓硫酸质子化,再与姜黄素生成稳定的络合产物,然后采用分光光度法测量。该方法用 2.5% 的硫酸溶液提取的效果理想,且提取时间由传统方法的 10 min 缩短为 1 min,加标回收率为 97.3%～103.5%,相对标准偏差 RSD 小于 5%。

3. 电感耦合等离子体原子发射光谱(ICP-AES)法

样品经酸化消解(微波消解、湿法消解等)后,将样品消解后的低酸溶液导入电感耦合等离子体原子发射光谱仪进行测定,得到样品中总硼的含量,再经换算公式计算得出硼砂(酸)的含量。优点:电感耦合等离子体原子发射光谱法对硼元素检测的准确度和灵敏度高,分析线性范围宽、检出限为 mg/L 级、定量限低、重现性好,能够同时分析多种元素,干扰小,可以定性定量分析,检测结果准确。连晓文等[56]利用 $HNO_3 + H_2O_2$ 微波消解待测样品,ICP-AES 上机测定,样品回收率为 98%～108%,相对标准偏差低于 1.30%。张利明等[57]采用混合酸降的湿法消解,ICP-AES 法测定样品总硼含量的相对标准偏差(RSD)均小于 2.07%,加标回收率为 96.0%～100.1%。

4. 电感耦合等离子体质谱(ICP-MS)法

电感耦合等离子体质谱(ICP-MS)法的样品前处理与电感耦合等离子体原子发射光谱(ICP-AES)法一

样,将样品消解后,将硼元素的标准系列溶液与样品消解溶液同一时间用电感耦合等离子体质谱仪测定,得到样品中总硼的含量,再经换算公式计算得出硼砂(酸)的含量。优点:相比 ICP-AES 法,ICP-MS 法具有干扰少、检测快速、检出限更低、准确度与灵敏度更高、动态线性较宽,且可同时进行多元素的测定等特点。缺点:①ICP-MS 法对检验员的仪器操作技能要求高,仪器检测前需要将仪器调谐到最佳状态,利用厂家给定的调谐报告进行调谐;②ICP-MS 仪器是高精密度仪器,对所使用到的化学试剂、气体和样品溶液的要求高,比如消解用的硝酸必须是优级纯以上,检测用的氩气纯度要在 99.99% 以上;③ICP-MS 法检测成本高,对样品前处理用到的试剂和水的纯度要求较高,仪器运行过程中,需要用大量高纯度氩气,仪器的维护费用也较高;④只能检测样品中硼元素的含量,然后经过公式计算转换为硼砂或者硼砂的含量,不能直接测定硼酸或者硼砂的含量。乔庆东等[58]用 ICP-MS 法测定了水产品中硼元素的含量,王文元等[59]用 ICP-MS 法测定了烟用水基胶中的硼酸。

5. 原子吸收分光光度法

硼在火焰中易形成氧化硼,难以原子化,直接测定时硼容易在原子化过程中损失,灵敏度受到影响。因此选择用石墨炉原子吸收分光光度法测定硼时需要添加抗干扰剂。该法具有灵敏度高、重现性好的优点。陆建军[60]研究优化了试验方法,采用微波增压法处理样品,建立了石墨炉原子吸收法检测柑橘中硼的方法。该法检出限为 0.01 μg/mL,回收率为 95.8%～99.5%。

6. 离子色谱法

吴凌涛等[61]建立了非抑制离子色谱法测定膨化食品中硼砂(硼酸)的分析方法,在优化后的试验条件下,硼酸的线性范围为 0.3～3.0 mg/g,回收率为 78%～105%,相对标准偏差为 1.5%～4.6%,检出限为 0.06 mg/g。邵宏宏等[62]建立了离子排斥-抑制电导检测器离子色谱法测定食品中硼酸盐的分析方法。

7. 甲亚胺-H 光谱法

《食品安全国家标准 饮用天然矿泉水检验方法》(GB 8538—2022)[63]中甲亚胺-H 法用于矿泉水中硼酸盐的针对性检测。在酸性条件下,甲亚胺-H 与硼形成黄色配合物,显色程度与硼的浓度成正比,可用分光光度计测定其硼砂含量。该方法相对于姜黄比色法和消解光谱法来说,前处理步骤更复杂,影响因素更多。肖凯等[64]在乙酸铵缓冲液中采用 3,4-二羟基甲亚胺-H 与硼发生显色反应,形成稳定络合物,在 430 nm 处有最大吸收峰,与流动注射分析法联用,建立硼的流动注射分光光度自动分析方法。在确定的条件下,方法的线性范围为 50.0～1000 μg/L,相对标准偏差(RSD)为 1.82%,检出限为 26.0 μg/L。实测食品样品中硼的加标回收率为 97.5%～104.8%。该方法能补充法定检查方法,自动化程度高,灵敏度高,重现性好,符合试验检测要求。

(三) 快速检测

硼酸的快速检测法是在《食品安全国家标准 食品中硼酸的测定》(GB 5009.275—2016)中乙基己二醇-三氯甲烷萃取姜黄比色法的基础上开发出来的,利用硼酸和姜黄素能够发生特异性的显色反应而实现快速检测。该方法将姜黄素固定在纸上制备姜黄素试纸,通过类似 pH 试纸的方式,在碱性溶液下识别硼酸,实现特异性检测,相比行业现行的仪器分析方法简化了前处理过程,缩短了分析时间,整个检测过程一般不超过 15 分钟,也不需要专业人员操作,特别适合基层检测人员使用,如表 3.14 所示。

表 3.14 快速检测法与行业现行方法的比较

项目	ICP-MS	电化学滴定	快速检测
前处理	预消解＋微波消解＋湿法消化	加酸碱调节 pH 值＋甘露糖醇滴定	加酸调节 pH 值＋姜黄素试纸
分析仪器	微波消解罐＋ICP-MS	pH 计或自动电位滴定仪	不需要仪器
灵敏度	3.0 mg/kg	3.1 mg/kg	25 mg/kg
专业性	强	较强	无须专业操作

食品行业商品化的姜黄纸试剂盒如图 3.10 所示。

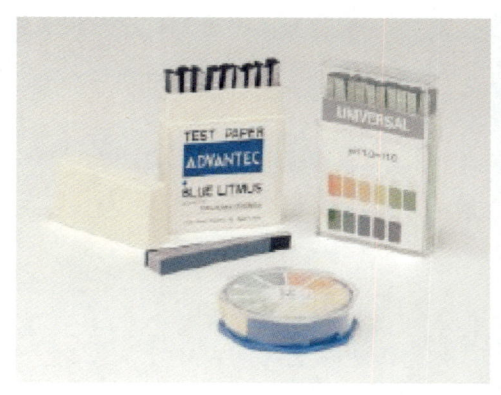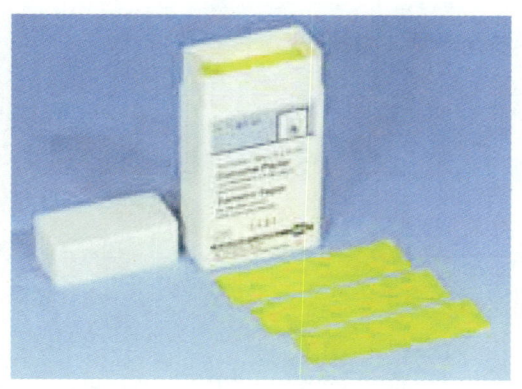

图 3.10　食品行业姜黄纸试剂盒示意图

李海英等将姜黄素试剂加载到定性滤纸上,制作成检测试纸,对原料奶中掺入不同浓度的硼酸进行检测,并对该法所需试剂的用量和试剂保存期等影响因素进行了系统的考察和优化。结果表明硼酸的最低下限分别为 25 μg/mL 和 10 μg/mL。陈温娴比较研究了姜黄比色分光光度法和萃取姜黄比色分光光度法两种测定方法,开发了快速测试试纸,用于测定海蜇加工废水中硼酸的含量。上述研究表明,基于姜黄试纸的硼酸快速方法可以用于复杂基质的检测,且具有较好的灵敏度,适合现场分析和大量样品的高通量检测。该方法与法检方法相结合,可以有效地提升管控响应的时效性。

十、挥发性半挥发性成分分析

利用建立的烟用水基胶中挥发性半挥发性成分的顶空-固相微萃取-气质联用分析方法,对中线胶、搭口胶、接嘴胶、包装胶等常见的代表性烟用水基胶进行分析。

(一)中线胶分析结果

中线胶的分析结果表明,其中主要的挥发性半挥发性成分为 2,2,4-三甲基戊二醇异丁酯、乙酸、戊酸-2,2,4-三甲基-3-羧基异丙基-异丁酯、2-己酮、2-辛酮、己酸己酯、4-甲基吲哚-2-羧酸-4,5,6,7-四氢乙酯。

利用挥发性半挥发性成分的含量和阈值的比,计算该挥发性成分的香气活力值,依据活力值的高低筛选出具有香气(或刺激性)的挥发性半挥发性成分。结果显示,其中具有香气(或刺激性)的挥发性半挥发性成分为 2,2,4-三甲基戊二醇异丁酯、乙酸异戊酯、乙酸、2-辛酮、甲基庚烯酮、2-己酮、己酸己酯,见表 3.15。

表 3.15　中线胶挥发性半挥发性成分分析结果

序号	保留时间/min	化合物	相对含量/(%)	香气活力值
1	10.62	乙酸	0.523	19.636
2	15.30	四氢-1,3-恶嗪-2-硫酮	0.004	—
3	15.47	2-己酮	0.037	0.522
4	21.19	乙酸异戊酯	0.007	40.072
5	29.77	2-辛酮	0.024	2.686
6	36.38	4-羟基苯基吡咯烷硫酮	0.008	—
7	38.35	壬烷	0.007	0.001
8	41.26	4-甲基吲哚-2-羧酸-4,5,6,7-四氢乙酯	0.011	—
9	45.93	己酸己酯	0.014	0.016
10	48.31	碳酸-单酰胺-N-甲基-N-苯基-2-甲基丙酯	0.002	—

序号	保留时间/min	化合物	相对含量/(%)	香气活力值
11	51.74	3-氨基-6-甲基-噻吩[2,3-b]吡啶-2-甲酰胺	0.006	—
12	52.33	甲基庚烯酮	0.008	0.705
13	53.09	Z-1-甲氧基-2-己烯	0.002	—
14	54.49	正丁酸 2-乙基己酯	0.005	—
15	59.30	四氢香叶基丙酮	0.006	—
16	59.72	十六烷	0.007	0.008
17	61.15	2,2,4-三甲基戊二醇异丁酯	99.256	3996.157
18	70.56	戊酸-2,2,4-三甲基-3-羧基异丙基-异丁酯	0.073	—

（二）搭口胶分析结果

搭口胶的分析结果表明,其中主要的挥发性半挥发性成分为 2,2,4-三甲基戊二醇异丁酯、癸烯、乙酸、2-甲基-2-羟基-丙酸、戊酸-2,2,4-三甲基-3-羧基异丙基-异丁酯、2-己酮。

利用挥发性半挥发性成分的含量和阈值的比,计算该挥发性成分的香气活力值,依据活力值的高低筛选出具有香气(或刺激性)的挥发性半挥发性成分。结果显示,其中具有香气(或刺激性)的挥发性半挥发性成分为 2,2,4-三甲基戊二醇异丁酯、乙酸异戊酯、乙酸、正丁醛、2-辛酮、十三醛、2-己酮、乙酸-3-戊酯、2-十二酮、癸烯、十六烷、己酸己酯、乙酸壬酯、2-甲基-1-戊醇,见表 3.16。

表 3.16　搭口胶挥发性半挥发性成分分析结果

序号	保留时间/min	化合物	相对含量/(%)	香气活力值
1	10.31	乙酸	1.896	14.088
2	11.24	2-甲基-2-羟基-丙酸	0.818	—
3	11.70	2,3-二羟基丙醛	0.056	—
4	15.47	2-己酮	0.176	0.491
5	16.21	正丁醛	0.043	5.706
6	19.07	乙酸-3-戊酯	0.035	0.431
7	21.19	乙酸异戊酯	0.029	32.41
8	26.22	2-硝基-1,4-苯二甲酰胺	0.025	—
9	26.60	2-甲基-辛烷	0.012	—
10	29.77	2-辛酮	0.139	3.102
11	36.88	3-亚甲基-2-戊酮	0.067	—
12	38.36	十一烷	0.132	0.003
13	39.10	2-甲基-1-戊醇	0.009	0.01
14	41.83	草酸-6-乙基辛-3-基异己基酯	0.013	—
15	43.07	1-十七烯	0.023	—
16	45.93	己酸己酯	0.061	0.014
17	50.15	5-[4-(二甲氨基)肉桂酰基]苊	0.008	—
18	51.74	十八烷基-2-丙酯亚硫酸	0.011	—
19	52.33	1-二十醇	0.041	—
20	52.97	1,1'-氧代双癸烷	0.024	—

续表

序号	保留时间/min	化合物	相对含量/(%)	香气活力值
21	54.25	乙酸壬酯	0.007	0.013
22	56.21	3,4-二甲基-2-苯基四氢-1,4-噻嗪	0.008	—
23	58.03	1-甲基乙酰苯胺	0.056	—
24	59.30	2-十二酮	0.041	0.108
25	59.72	十四烷	0.032	0.004
26	60.35	十三醛	0.149	2.078
27	62.45	3-丁烯酰胺	0.018	—
28	62.99	2-溴乙醇	0.008	—
29	64.45	癸烯	2.960	0.047
30	64.93	1-十八烯	0.168	—
31	65.17	肉豆蔻醇	0.034	0.001
32	68.10	碳酸十二烷基酯	0.017	—
33	71.54	2,2,4-三甲基戊二醇异丁酯	92.440	735.904
34	71.77	戊酸-2,2,4-三甲基-3-羧基异丙基-异丁酯	0.348	—
35	72.08	十六烷	0.069	0.015
36	73.98	植醇	0.015	0.003
37	83.20	5-甲基-2-(1-甲基乙基)-1-己醇	0.014	—

（三）接嘴胶分析结果

接嘴胶的分析结果表明，其中主要的挥发性半挥发性成分为甲酸甲酯、乙酸、1,2-二乙酸甘油酯、乙醇醛、2,2,4-三甲基戊二醇异丁酯、乙酸癸酯、2-乙酰基环己酮。

利用挥发性半挥发性成分的含量和阈值之比，计算该挥发性成分的香气活力值，依据活力值的高低筛选出具有香气（或刺激性）的挥发性半挥发性成分。结果显示，其中具有香气（或刺激性）的挥发性半挥发性成分为十二硫醇、乙酸、庚醛、2,2,4-三甲基戊二醇异丁酯、乙酸-3-戊酯、2-辛酮、乙酸辛酯、2-己酮、6-甲基-2-庚酮、2-戊酮、乙酸癸酯、甲酸甲酯，见表3.17。

表3.17 接嘴胶挥发性半挥发性成分分析结果

序号	保留时间/min	化合物	相对含量/(%)	香气活力值
1	6.08	乙醇醛	5.836	—
2	6.37	甲酸甲酯	39.556	0.007
3	10.90	乙酸	31.071	62.404
4	15.37	2-己酮	0.408	0.307
5	18.97	乙酸-3-戊酯	0.965	3.231
6	24.63	2-甲基-1,3-戊二烯	0.131	—
7	29.76	2-辛酮	0.341	2.053
8	33.48	二甲基乙酰胺	0.059	—
9	36.94	3-亚甲基-2-戊酮	0.421	—
10	38.35	十一烷	0.315	0.002
11	39.11	十二硫醇	0.078	2336.165
12	39.95	2-戊酮	0.076	0.229

续表

序号	保留时间/min	化合物	相对含量/(%)	香气活力值
13	40.47	乙酸辛酯	0.205	0.515
14	43.07	3,9-二氢-6,8-亚异丙基-9-甲基-环己酮-2(1H)-酮	0.062	—
15	52.98	十三烷	0.288	—
16	54.24	庚醛	0.068	8.166
17	55.47	1,2-二乙酸甘油酯	15.443	—
18	58.68	2-乙酰基环己酮	1.076	—
19	59.29	6-甲基-2-庚酮	0.080	0.297
20	59.70	十二烷	0.162	0.006
21	60.28	乙酸癸酯	1.179	0.158
22	70.47	1-十六烯	0.112	—
23	71.41	2,2,4-三甲基戊二醇异丁酯	1.719	3.699
24	72.08	3-乙基-5-(2-乙基丁基)十八烷	0.165	—
25	72.40	十三烯	0.185	—

(四) 包装胶分析结果

包装胶的分析结果表明,其中主要的挥发性半挥发性成分为1,2-丁二醇、4-甲基-1,1′-联苯、乙酸、联苯、1-十二烯、二苯基-甲酮、乙酸-3-戊酯、苯甲酸甲酯、辛烷、苯甲酸丙酯。

利用挥发性半挥发性成分的含量和阈值之比,计算该挥发性成分的香气活力值,依据活力值的高低筛选出具有香气(或刺激性)的挥发性半挥发性成分。结果显示,其中具有香气(或刺激性)的挥发性半挥发性成分为联苯、苯甲酸甲酯、乙酸、乙醛、苯甲酸乙酯、异戊醛、1-辛烯、乙酸-3-戊酯、2-辛酮,见表3.18。

表3.18 包装胶挥发性半挥发性成分分析结果

序号	保留时间/min	化合物	相对含量/(%)	香气活力值
1	7.11	1,2-丁二醇	57.435	0.017
2	11.49	乙酸	11.448	15.704
3	15.48	2-己酮	0.217	0.112
4	19.06	乙酸-3-戊酯	1.375	3.144
5	22.93	壬烷	0.408	0.002
6	26.55	3-苯基-N-乙基-N-甲基-丙酰胺	0.231	—
7	29.78	2-辛酮	0.396	1.63
8	31.18	二甲基乙酰胺	0.334	—
9	31.72	乙醛	0.093	8.691
10	33.02	异戊醛	0.083	4.868
11	36.51	2-乙基吖啶	0.193	—
12	38.12	苯甲酸甲酯	1.153	45.613
13	38.36	十一烷	0.762	0.003
14	39.11	乙酸癸酯	0.168	0.015
15	43.83	苯甲酸乙酯	0.194	6.659

续表

序号	保留时间/min	化合物	相对含量/(%)	香气活力值
16	48.98	哌嗪	0.077	—
17	49.76	1-(1,5-二甲基己基)-4-(4-甲基戊基)环己烷	0.123	—
18	50.16	苯甲酸-2-丙烯基酯	0.911	—
19	51.06	苯甲酸丙酯	1.018	—
20	51.74	辛烷	1.051	0.023
21	52.98	十三烷	0.735	—
22	53.51	乙酸十一酯	0.127	0.01
23	54.11	1-辛烯	0.102	4.199
24	54.22	3-十七烯醛	0.072	—
25	56.46	2-(1-甲基-2-吡咯烷基)吡啶	0.260	—
26	58.80	联苯	3.308	136.139
27	59.30	2-十二酮	0.270	0.132
28	60.29	1-十二烯	1.905	—
29	61.28	2,2′-二甲基联苯	0.115	—
30	64.94	N,N-二甲基甲磺酰胺	0.098	—
31	65.56	4-甲基-1,1′-联苯	11.811	—
32	66.08	正十五烷	0.785	—
33	66.78	4,4′-二甲基-1,1′-联苯	0.263	—
34	68.19	1-甲基-4-(苯甲基)苯	0.219	—
35	68.94	1,1′-亚乙基双苯	0.137	—
36	70.46	乙醛-2-丁烯腙	0.277	—
37	70.78	二苯基-甲酮	1.417	—
38	71.89	3,3′-二甲基联苯	0.332	—
39	97.96	N-(4-甲氧基苯基)-2,2-二甲基丙酰胺	0.094	—

第六节　烟用水基胶分析方法标准介绍

一、《胶黏剂黏度的测定》（GB/T 2794—2022）

1. 范围

本标准描述了使用单圆筒旋转黏度计、锥板旋转黏度计和旋转流变仪测定胶黏剂黏度的方法。

本标准适用于胶黏剂黏度的测定。

2. 仪器和设备

单圆筒旋转黏度计：测量精度为±5％。

锥板旋转黏度计:测量精度为±5%。

旋转流变仪:测量精度为±5%。

控温装置:控温装置温度设置在20～50℃时,精确度应能保持恒定在±0.2℃;低于20℃或高于50℃时,精确度应能保持恒定在±0.5℃。更准确地测量则需要更高的精确度(如±0.1℃)。

温度计:分度值为0.1℃。

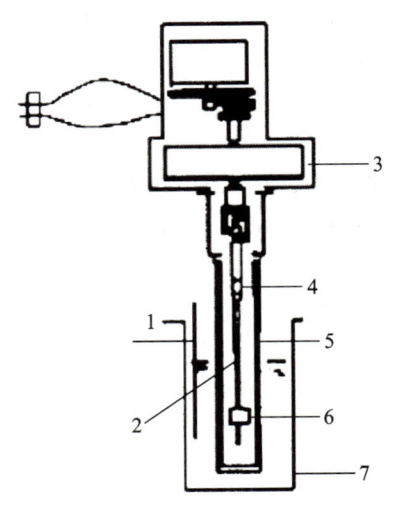

图3.11　容器放置示意图

注:1—温度计;2—浸入标志;3—单圆筒旋转黏度计;
4—耦合器;5—保护膜;6—转子;7—容器。

容器:该容器仅限于单圆筒旋转黏度计法对样品黏度值进行仲裁时使用。低型烧杯或盛样品,规格尺寸为标称容量600 mL、外径(90.0±2.0)mm、全高(125.0±3.0)mm及最小壁厚1.3 mm。容器放置示意图如图3.11所示。

3.样品调节

样品应在GB/T 2918中规定的标准调节环境中进行调节和试验。

4.试验方法

方法一:单圆筒旋转黏度计法

原理:圆柱形或圆盘形的转子在待测样品中以恒定速率旋转。通过测量黏滞阻力引起的扭矩并结合选择的转速或转子类型得出样品的黏度值。

试验步骤如下。

①根据需要在盛样器内加入适量待测样品,确保不引入气泡,如有必要,用抽真空或其他合适的方法消除气泡。如样品易挥发或吸湿等,应在恒温过程中密封盛样品。

②选择合适的选择的转子和转速,使仪表读数在最大量程的20%～90%内。

③确保样品温度达到规定温度。若无特别说明,测试样品的温度或保持在(23.0±0.5)℃。进行仲裁时,应将温度计浸入样品中测试样品实际温度。

④启动马达,转子在测试样品中转动,待读数稳定后记录数据。测定某些胶黏剂时,或仪器显示的读数不稳定,宜在指定时间读取黏度值,如15 min,也可双方协商确定时间。

⑤每次测试完毕,将转子从仪器上拆下,并用能使样品完全溶解的溶剂仔细清洗转子和圆筒。

⑥取两份样品做平行试验,直至连续测试的两份样品的读数相差小于3%。结果取两次测量值的平均值。

方法二:锥板旋转黏度计法

原理:待测样品放在转子和平板之间,转子旋转时通过测量黏滞阻力引起的扭矩并结合选择的转速、转子的直径和角度等相关参数得出样品的黏度值。

试验步骤如下。

①根据样品选择合适的仪器型号、转子和转速,使仪表读数在最大量程的10%～90%内。

②确保黏度计达到测定所需的温度。

③仪器调零。

④设置锥板间隙。

⑤根据胶的黏度和触变性以及转子的要求。取适量待测样品放在平板的中央。保证转子和平板之间充满胶,不要有过多的溢胶,同时确保不引入气泡。

⑥等待一段时间使样品温度达到热平衡以确保样品温度在规定范围内。如无特别说明,测试样品的温度应保持在(23.0±0.5)℃。

⑦启动转子,待读数稳定后记录数据。

⑧每次测试完毕后,用能使样品完全溶解的溶剂仔细清洗转子和平板。

⑨取两份样品做平行试验,直至连续测试的两份样品的读数相差小于3%。结果取两次测量值的平均值。

方法三:旋转流变仪法

原理:对于转子施加应变(应力)进行试验,根据剪切速率和剪切应力测得样品在相应温度条件下的黏度。

试验步骤如下。

①根据测试样品状态选择安装合适的转子及附件。

②确保流变仪达到测定所需的温度。

③调整转子至待测状态,对于圆筒系统,移至测量位置,应对锥板和平板调零。

④根据需要选择应变或应力控制模式,设置测试参数。测试条件应在测试报告中注明。

⑤使用锥板或平板转子测试时,取适量待测样品放在平板的中央,保证转子和平板之间充满胶,不要有过多的溢胶,同时确保不引入气泡。

⑥使用同心圆筒转子时,需将样品装入测试圆筒中。确保测量转子达到适当的浸没深度,同时确保不引入气泡。

⑦样品温度达到平衡或样品稳定后开始测试。

⑧根据需要取约定条件的黏度值作为测试结果。

⑨每次测试完毕后,用能使样品完全溶解的溶剂仔细清洗转子和样品接触组件。

⑩取两份样品做平行试验,直至连续测试的两份样品的读数相差小于5%。结果取两次测量值的平均值。

5. 结果表示

结果按GB/T 8170修约数值,以帕秒(Pa·s)为单位表示时,结果取三位有效数字;以毫帕秒(mPa·s)为单位表示时,结果修约至整数位。

二、《烟用白乳胶中乙酸乙烯酯的测定 顶空-气相色谱法》(YC/T 267—2008)

1. 范围

本标准规定了烟用白乳胶中乙酸乙烯酯的测定方法(顶空-气相色谱法)。

本标准适用于烟用白乳胶中乙酸乙烯酯的测定。

2. 原理

在密闭容器中和一定温度下,试样中的挥发性组分在气相(顶空)和基质(液相或固相)之间存在分配平衡。达到平衡时,将气相部分导入气相色谱进行分离,经基质校正后,可测定出各挥发性组分在试样中的含量。

3. 试剂与材料

除特殊要求外,应使用分析纯级试剂。

乙酸乙烯酯($C_4H_5O_2$)、N,N-二甲基甲酰胺(C_3H_7NO)。

标准溶液推荐配制方法如下。

在50 mL容量瓶中加入乙酸乙烯酯约0.02 g(20 mg),准确称量(精确至0.001 g)。以N,N-二甲基甲酰胺定容,定为第1级标准溶液。

取第1级标准溶液20.00 mL加入50 mL容量瓶中,以N,N-二甲基甲酰胺定容,定为第2级标准溶液。

取第2级标准溶液20.00 mL加入50 mL容量瓶中,以N,N-二甲基甲酰胺定容,定为第3级标准溶液。

取第 3 级标准溶液 20.00 mL 加入 50 mL 容量瓶中,以 N,N-二甲基甲酰胺定容,定为第 4 级标准溶液。

取第 4 级标准溶液 20.00 mL 加入 50 mL 容量瓶中,以 N,N-二甲基甲酰胺定容,定为第 5 级标准溶液。

标准溶液宜置于冰箱中(-18 ℃)保存,有效期 6 个月。取用时放置于常温下,达到常温后方可使用。

4. 仪器设备

静态顶空仪。

气相色谱仪:配置有氢火焰离子化检测器,进样口应具有分流进样方式。进样口、柱箱、检测器应分别配有独立可控的加热单元。

色谱柱:弹性熔融石英毛细管柱,推荐使用 VOC 柱或分离效能相近的毛细管柱,60 m(长度)×0.32 mm(内径)×1.8 μm(膜厚)。

分析天平:感量 0.1 mg。

顶空瓶:20~25 mL。

活塞式移液枪:1000 μL。

容量瓶:50 mL。

移液管:20 mL。

5. 分析步骤

(1)静态顶空条件

样品环 3.0 mL。

样品环温度:100 ℃。

样品平衡温度:80 ℃。

传输线温度:120 ℃。

样品瓶加压压力:138 kPa。

样品平衡时间:低速振荡 30.0 min。

加压时间:0.20 min。

充气时间:0.20 min。

样品环平衡时间:0.05 min。

进样时间:1.00 min。

(2)气相色谱条件

载气:氦气。

进样口温度:150 ℃。

恒流模式,柱流量 2.5 mL/min,分流比 20∶1。

升温程序:100 ℃,保持 8.00 min,然后以 15 ℃/min 的速率升温至 180 ℃,保持10.00 min。

检测器:温度 250 ℃,氢气流量 40 mL/min,空气流量 450 mL/min,尾吹气(He)流量 30 mL/min。

(3)工作曲线绘制

分别取 1 级~5 级标准溶液 1000 μL 加入顶空瓶,迅速密封瓶口,进行顶空-气相色谱分析。每级标准溶液平行测定两次,取平均值。根据乙酸乙烯酯的峰面积及其含量,建立相应工作曲线或计算得出回归方程。

(4)试样测定

称取 0.1 g(精确至 0.0001 g)试样于顶空瓶中,加入 1000 μL N,N-二甲基甲酰胺,迅速密封瓶口,进行顶空-气相色谱分析。

每个试样应平行测定两次,两次测定值的相对标准偏差应小于 10%。

6. 结果计算与表述

试样中乙酸乙烯酯含量按下式计算：

$$X = c \cdot V / 1000\, m \qquad\qquad (3\text{-}1)$$

式中：X——试样中乙酸乙烯酯含量，单位为克每千克（g/kg）；

c——从标准曲线上读取的样品中乙酸乙烯酯浓度，单位为微克每毫升（μg/mL）；

V——试样溶液的体积，单位为毫升（mL）；

m——试样的质量，单位为克（g）。

取两次平行测定结果的平均值为最终测定结果，保留小数点后两位。

7. 回收率和检出限

方法的回收率、检出限和定量限结果见表3.19。

表 3.19　方法的回收率、检出限和定量限结果

化合物	回收率/（%）	检出限/（g/kg）	定量限/（g/kg）
乙酸乙烯酯	101	0.002	0.006

三、《烟用水基胶 甲醛的测定 高效液相色谱法》（YC/T 332—2010）

1. 范围

本标准规定了烟用水基胶中甲醛的测定方法（高效液相色谱法）。

本标准适用于烟用水基胶中甲醛的测定。

2. 原理

用水稀释萃取样品中的甲醛，通过2,4-二硝基苯肼衍生形成甲醛腙后，用高效液相色谱仪/二极管阵列检测器测定，外标法定量。

3. 试剂

除特别要求外，所用试剂均为分析纯，水应符合 GB/T 6682 中一级水的要求。

乙腈（色谱纯）、磷酸（色谱纯，质量分数 85%）、2,4-二硝基苯肼（纯度大于 97%）、甲醛-2,4-二硝基苯腙（浓度 1.0 mg/mL 的标准品溶液，或将固体标准品溶于乙腈配制成 1.0 mg/mL 的溶液）。

衍生化试剂：称取 0.1 g 的 2,4-二硝基苯肼于 1000 mL 棕色容量瓶中，加入 6 mL 磷酸，乙腈定容。

标准溶液推荐配制方法如下。

准确移取 0.5 mL 1.0 mg/mL 甲醛-2,4-二硝基苯腙至 50 mL 容量瓶中，以乙腈定容，定为第 1 级标准溶液。

取第 1 级标准溶液 20.00 mL 加入 50 mL 容量瓶中，以乙腈定容，定为第 2 级标准溶液。

取第 2 级标准溶液 20.00 mL 加入 50 mL 容量瓶中，以乙腈定容，定为第 3 级标准溶液。

取第 3 级标准溶液 20.00 mL 加入 50 mL 容量瓶中，以乙腈定容，定为第 4 级标准溶液。

取第 4 级标准溶液 20.00 mL 加入 50 mL 容量瓶中，以乙腈定容，定为第 5 级标准溶液。

取第 5 级标准溶液 20.00 mL 加入 50 mL 容量瓶中，以乙腈定容，定为第 6 级标准溶液。

各级标准溶液浓度示例见表3.20。

表 3.20　工作标准溶液系列

系列标准溶液	1	2	3	4	5	6
甲醛腙浓度/（mg/L）	10.000	4.000	1.600	0.640	0.256	0.102
相当于甲醛浓度/（mg/L）	1.429	0.571	0.229	0.0914	0.0366	0.0146

标准溶液贮存于 0~40 ℃条件下，有效期为 3 个月，取用时放置于常温下，达到常温后方可使用。

4. 材料与仪器

高速离心机:转速 12000 r/min,可控制温度,配 10 mL 离心管。

振荡仪。

微膜过滤器:配 0.45 μm 有机相滤膜。

液相色谱柱:C18 反相色谱柱;规格:150 mm×4.6 mm×5 μm。

高效液相色谱仪:配二极管阵列检测器。

活塞式移液枪:1000 μL。

容量瓶:1000 mL,50 mL。

移液管:20 mL,25 mL。

具塞三角瓶:50 mL。

5. 分析步骤

(1)样品前处理

称取 0.5 g 试样(精确至 0.1 mg)于 50 mL 具塞三角瓶中,加入 250 mL 水后置于振荡器上,振荡萃取 15 min。准确移取 5.0 mL 萃取液至离心管中,于 20 ℃下离心 20 min,转速为 12000 r/min。静置后,准确移取 1.0 mL 上层清液于 10 mL 容量瓶中,加入 4 mL 衍生化试剂后用乙腈定容,放置 15 min 进行衍生化。然后用 0.45 μm 有机相滤膜过滤,滤液待高液相色谱分析。

若待测试样溶液的浓度超出标准工作曲线浓度范围,则对样品前处理适当调整后重新测定。

(2)空白试验

不加样品,重复萃取步骤,进行高效液相色谱分析。

(3)仪器分析条件

柱温:30 ℃。

流量:0.5 mL/min。

进样量:10 μL。

检测波长:352.0 nm。

流动相:A 为水,B 为乙腈。

梯度洗脱程序见表 3.21。

表 3.21　梯度洗脱程序

时间/min	流动相 A/(%)	流动相 B/(%)
0.00	70	30
5.00	10	90
15.00	10	90
16.00	70	30
20.00	70	30

(4)标准工作曲线绘制

分别取系列标准工作溶液进行高效液相色谱分析,标准溶液色谱图如图 3.12 所示。根据标准工作溶液的浓度及甲醛响应峰面积,作甲醛的标准工作曲线,工作曲线线性相关系数 $R^2>0.99$。

每次试验均应制作标准曲线,每 20 次样品测定后加入一个中等浓度的标准溶液,如果测得的值与原值相差超过 3%,则应重新进行标准曲线的制作。

(5)样品的测定

按照仪器测试条件测定样品,由保留时间定性、外标法定量;每个样品重复测定两次,同时每批样品做一组空白对照。

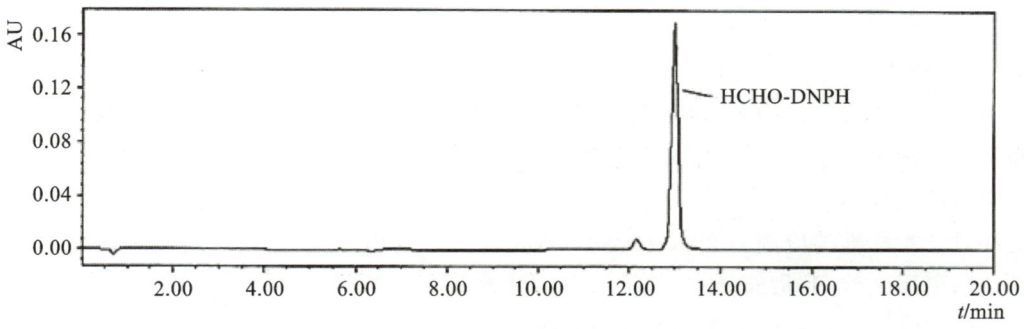

图 3.12 标准溶液色谱图

试样衍生色谱图如图 3.13 所示。

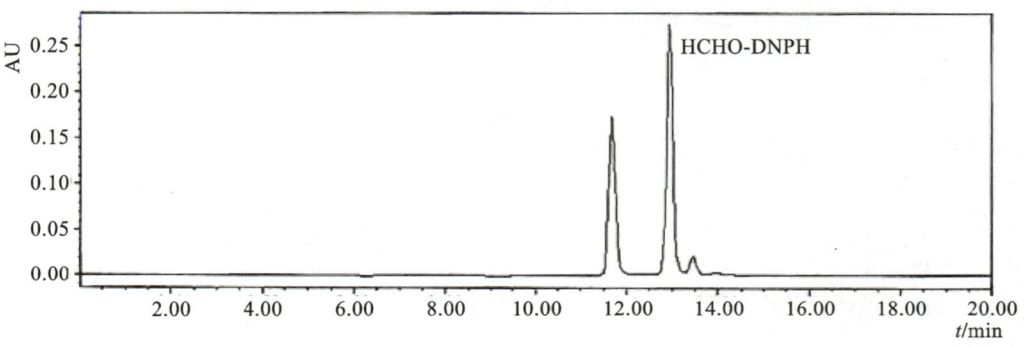

图 3.13 试样衍生色谱图

6.结果的计算与表达

样品中甲醛的含量按下式进行计算：

$$X = \frac{(c-c_0) \times V \times S}{m} \tag{3-2}$$

式中：X——试样中甲醛的含量，单位为毫克每千克(mg/kg)；

c——由标准曲线得出的甲醛浓度，单位为毫克每升(mg/L)；

c_0——由标准曲线得出的空白值，单位为毫克每升(mg/L)；

V——萃取液体积，单位为毫升(mL)；

m——试样质量，单位为克(g)；

S——试样溶液的稀释因子。

以两次平行测定的平均值为最终测定结果，精确至 0.1 mg/kg。

两次平行测量结果的相对偏差应小于 10%。

7.回收率、检出限和定量限

方法的回收率、检出限和定量限结果见表 3.22。

表 3.22 方法的回收率、检出限和定量限结果

化合物	回收率/(%)	检出限/(mg/kg)	定量限/(mg/kg)
甲醛	91.0~105.7	1.3	5.3

四、《烟用水基胶苯、甲苯及二甲苯的测定 气相色谱-质谱联用法》（YC/T 334—2010）

1. 范围

本标准规定了烟用水基胶中苯、甲苯及二甲苯的测定方法——气相色谱-质谱联用法。

本标准适用于烟用水基胶中苯、甲苯及二甲苯含量的测定。

2. 规范性引用文件

下列文件对于本标准的应用是必不可少的。凡是注日期的引用文件，仅注日期的版本适用于本标准。凡是不注日期的引用文件，其最新版本（包括所有的修改单）适用于本标准。

GB/T 6682　分析实验室用水规格和试验方法

3. 原理

用含内标物的正戊烷溶液萃取样品中的苯、甲苯和二甲苯，气相色谱-质谱联用法测定，内标法定量。

4. 试剂

除特殊要求外，所用试剂均为色谱纯，水应符合 GB/T 6682 中一级水的要求。

（1）试剂

正戊烷。

苯：纯度≥99%。

甲苯：纯度≥99%。

邻二甲苯：纯度≥99%。

间二甲苯：纯度≥99%。

对二甲苯：纯度≥99%。

2-己酮（内标）：纯度≥99%。

（2）内标溶液的配制

内标储备液：称取 0.05 g 2-己酮（精确至 0.1 mg）于 100 mL 容量瓶中，用正戊烷定容至刻度，配成浓度为 0.5 g/L 2-己酮（内标）的内标储备液。密封避光贮存于 0~4 ℃条件下，有效期为 6 个月。

萃取液：将内标储备液逐级稀释配成 2-己酮（内标）浓度为 0.5 mg/L 的正戊烷溶液。

（3）标准溶液的配制

标准储备液：分别称取 0.5 g 的苯、甲苯、邻二甲苯、间二甲苯、对二甲苯（精确至 0.1 mg）于 100 mL 容量瓶中，用正戊烷定容至刻度，配制成各组分浓度为 5.0 g/L 混合标准储备液。密封避光贮存于 0~4 ℃条件下，有效期为 6 个月。

标准工作溶液：根据需要配制合适浓度的混合标准工作溶液待用。推荐如下配制方法：将标准储备液以正戊烷逐级稀释得到浓度为 10 mg/L 的混合标准溶液。分别准确移取 20.00 μL、40.00 μL、100.00 μL、200.00 μL、500.00 μL 混合标准溶液，准确加入 10.00 mL 萃取液混合均匀。配制的系列标准溶液浓度为：每毫升萃取液含有各待测组分分别为 0.02 μg、0.04 μg、0.1 μg、0.2 μg、0.5 μg。

5. 材料与仪器

气相色谱-质谱联用仪，具有选择离子监测（SIM）功能。

色谱柱：弹性毛细管柱。固定相为聚乙二醇，规格为 30 m（长度）×0.25 mm（内径）×0.25 μm（膜厚）。

振荡仪。

分析天平：感量为 0.1 mg。

各种规格的移液管、移液枪、容量瓶和具塞三角瓶。

6.分析步骤

(1)样品前处理

称取 0.3 g 试样(精确至 0.1 mg)于 50 mL 具塞三角瓶中,加入 1 mL 一级水并振荡,使样品均匀分散。准确移取 10 mL 萃取液,在振荡仪上振摇 30 min,振动转速为 120 r/min。静置后取 2 mL 上层清液经0.45 μm 有机相滤膜过滤,进行 GC-MS 分析。

若所测试样苯系物浓度超出标准曲线范围,则作适当倍数的稀释后进行测定。

(2)空白试验

不加样品,重复样品前处理步骤,进行 GC-MS 分析。

(3)仪器条件

载气:氦气(纯度≥99.999%),恒流模式;流量为 1 mL/min。

进样口温度:240 ℃。

进样量为 1 μL,分流进样(分流比 10∶1)。

升温程序:初始温度 40 ℃,保持 3 min,以 10 ℃/min 的升温速率升至 130 ℃,保持 3 min,再以 20 ℃/min 的升温速率升至 200 ℃,保持 5 min。

质谱条件:传输线温度 240 ℃;电离能量 70 eV;离子源温度 230 ℃;四极杆温度 150 ℃;溶剂延迟时间 2.5 min。

定性分析:采用标准物质保留时间、待测组分特征离子、各定性离子丰度比进行定性分析。

定量分析:采用选择性离子扫描模式分段扫描,以特征离子进行定量分析。各组分特征离子选择见表 3.23。

表 3.23 化合物特征离子选择表

序号	化合物名称	定量离子及其丰度比	定量离子	辅助定量离子
1	2-己酮(内标)	58,100,85(100∶25∶22)	58	100
2	苯	78,51(100∶16)	78	51
3	甲苯	91,51(100∶4)	91	51
4	对二甲苯	91,106,77,51(100∶53∶13∶9)	91	106
5	间二甲苯	91,106,77,51(100∶55∶12∶8)	91	106
6	邻二甲苯	91,106,77,51(100∶51∶11∶8)	91	106

(4)标准工作曲线绘制

分别取标准工作溶液进行气相色谱-质谱联用仪分析,计算每个标准溶液中苯、甲苯及二甲苯与内标的峰面积比,作出苯、甲苯及二甲苯的浓度与峰面积比的标准工作曲线,标准工作曲线相关系数 $R^2>0.99$。

每次试验均应制作标准曲线,每 20 次样品测定后应加入一个中等浓度的标准溶液,如果测得的值与原值相差超过 3%,则应重新进行标准曲线的制作。

(5)样品测定

按照仪器测试条件测定样品,每个样品重复测定两次。同时每批样品做一组空白对照。

7.定性确证

在方法建立的仪器条件下,试样待测液和标准品的选择离子色谱峰在相同保留时间处(±0.2 min)出现,并且对应质谱碎片离子和质荷比与标准品一致,其丰度比与标准品相比应符合:相对丰度>50%时,允许±10%偏差;相对丰度 20%~50%时,允许±15%偏差;相对丰度 10%~20%时,允许±20%偏差;相对丰度≤10%时,允许±50%偏差,此时可定性确证目标分析物。

8.结果的计算与表述

样品中苯、甲苯及二甲苯的含量按下式计算：

$$X_i = \frac{(C_i - C_{i0}) \times V \times S}{m} \qquad (3\text{-}3)$$

式中：X_i——试样中苯系物 i 的含量，单位为毫克每千克（mg/kg）；

C_i——由标准曲线得出的试样中苯系物 i 的浓度；单位为毫克每升（mg/L）；

C_{i0}——由标准曲线得出的空白样中苯系物的浓度；单位为毫克每升（mg/L）；

V——萃取液体积，单位为毫升（mL）；

S——试样溶液的稀释因子；

m——试样质量，单位为克（g）。

以两次平行测定的平均值为最终测定结果，精确至 0.1 mg/kg。

平行测量结果其相对平均偏差应小于 10%。

9.回收率、检出限和定量限

本方法的回收率、检出限和定量限结果见表 3.24。

表 3.24　方法的回收率、检出限和定量限结果

化合物	回收率/(%)	检出限/(mg/kg)	定量限/(mg/kg)
苯	90.5~98.0	0.02	0.06
甲苯	91.7~93.7	0.02	0.06
对二甲苯	92.6~104.0	0.02	0.08
间二甲苯	95.2~102.0	0.02	0.05
邻二甲苯	100.0~102.0	0.01	0.04

五、《烟用水基胶 邻苯二甲酸酯的测定 气相色谱-质谱联用法》（YC/T 333—2010）

1.范围

本标准规定了烟用水基胶中邻苯二甲酸酯（七种）的测定方法——气相色谱-质谱联用法，其他邻苯二甲酸酯的检测也可参照使用。

本标准适用于烟用水基胶中邻苯二甲酸酯的测定。

2.规范性引用文件

下列文件对于本标准的应用是必不可少的。凡是注日期的引用文件，仅注日期的版本适用于本标准。凡是不注日期的引用文件，其最新版本（包括所有的修改单）适用于本标准。

GB/T 6682　分析实验室用水规格和试验方法

3.原理

用含内标物的正己烷溶液萃取样品中的邻苯二甲酸酯，气相色谱-质谱联用法测定，内标法定量。

4.试剂

除特殊要求外，所用试剂均为色谱纯（或者重蒸分析纯），存储于玻璃瓶中，水应符合 GB/T 6682 中一级水的要求。

（1）试剂

正己烷。

邻苯二甲酸酯:纯度≥98%。

苯甲酸苄酯(内标):纯度≥98%。

(2)萃取液

配制苯甲酸苄酯(内标)浓度约为 100 mg/L 的正己烷溶液。

(3)标准溶液的配制

标准储备液:分别准确称取各种邻苯二甲酸酯标准品(精确至 0.1 mg),用正己烷配制成各邻苯二甲酸酯浓度为 5 g/L 的混合标准储备液。于 4 ℃冰箱中避光保存,有效期 3 个月。

标准工作溶液:根据需要配制合适浓度的混合标准工作溶液待用。推荐如下配制方法:分别准确移取 200 μL、100 μL、50 μL、20 μL、10 μL、0 μL 标准储备液,准确加入 10 mL 萃取液,混合均匀。配制的系列标准溶液浓度:每毫升萃取液含有邻苯二甲酸酯分别为 100 μg、50 μg、25 μg、10 μg、5 μg、0 μg。

5. 材料与仪器

试验中应全部使用玻璃器皿,所用玻璃器皿洗净后,用一级水淋洗三次,丙酮浸泡 1 h,室温挥发干后,在 200 ℃烘烤 2 h,冷却至室温备用。

气相色谱-质谱联用仪,具有选择离子监测(SIM)功能。

分析天平:感量 0.1 mg。

离心机:转速不低于 4000 r/min。

超声萃取仪。

三角瓶:具磨口塞,规格为 25 mL。

移液管:10 mL。

离心试管:10 mL。

进样针:带刻度,规格为 10 μL、50 μL、200 μL。

6. 分析步骤

(1)样品前处理

称取 0.3 g 试样(精确至 0.1 mg)于 25 mL 具塞三角瓶中,加入 2 mL 一级水,混合均匀后准确加入 10 mL 萃取液,超声萃取 30 min,取适量萃取液于离心试管中离心 10 min,取上层清液,进行 GC-MS 分析。

若所测试样邻苯二甲酸酯浓度超出标准曲线范围,则作适当倍数的稀释后进行测定。

(2)空白试验

不加样品,重复样品前处理步骤,进行 GC-MS 分析。

(3)气相色谱条件

色谱柱:弹性毛细管柱;固定相:5%苯基/95%甲基聚硅氧烷;规格:30 m(长度)×0.25 mm(内径)×0.25 μm(膜厚)。

进样口温度:280 ℃。

载气:氦气(纯度≥99.999%),恒流流量 1.2 mL/min。

进样量为 1 μL,分流进样(分流比:100∶1)。

升温程序:初始温度 100 ℃,保持 1 min,以 20 ℃/min 的速率升至 180 ℃,再以 10 ℃/min 的速率升至 280 ℃,保持 10 min。

(4)质谱条件

传输线温度:280 ℃。

电离方式:电子轰击离子源(EI)。

电离能量:70 eV。

离子源温度:230 ℃。

四极杆温度:150 ℃。

测定方式:全扫描的总离子流图(TIC)定性,选择离子监测(SIM)模式定量。

（5）标准工作曲线制作

分别取标准工作溶液进行气相色谱-质谱联用仪分析，纵坐标为各邻苯二甲酸酯的定量离子峰面积与内标物定量离子峰面积的比值，横坐标为各邻苯二甲酸酯浓度（每毫升萃取液中各邻苯二甲酸酯的质量），作各邻苯二甲酸酯的标准工作曲线，工作曲线线性相关系数 $R^2 > 0.99$。

每次试验均应制作标准曲线，每 20 次样品测定后应加入一个中等浓度的标准溶液，如果测得的值与原值相差超过 3%，则应重新进行标准曲线的制作。

（6）样品测定

按照仪器测试条件测定样品，每个样品重复测定两次。同时每批样品做一组空白对照。

7. 定性确证

在建立方法的仪器条件下，试样待测液和标准品的选择离子色谱峰在相同保留时间处（±0.2 min）出现，并且对应质谱碎片离子和质荷比与标准品一致，其丰度比与标准品相比应符合：相对丰度 > 50% 时，允许 ±10% 偏差；相对丰度 20%～50% 时，允许 ±15% 偏差；相对丰度 10%～20% 时，允许 ±20% 偏差；相对丰度 ≤10% 时，允许 ±50% 偏差，此时可定性确证目标分析物。

8. 结果的计算与表述

样品中各邻苯二甲酸酯的含量按下式计算：

$$X_i = \frac{(C_i - C_{i0}) \times V \times S}{m} \tag{3-4}$$

式中：X_i——试样中邻苯二甲酸酯 i 的含量，单位为毫克每千克（mg/kg）；

C_i——由标准曲线得出的试样中邻苯二甲酸酯浓度，单位为毫克每升（mg/L）；

C_{i0}——由标准曲线得出的空白样中邻苯二甲酸酯浓度，单位为毫克每升（mg/L）；

V——萃取液体积，单位为毫升（mL）；

m——试样质量，单位为克（g）；

S——试样溶液的稀释因子。

以两次平行测定的平均值为最终测定结果，精确至 1 mg/kg。

平行测量结果其相对平均偏差应小于 10%。

9. 回收率、检出限和定量限

本方法的回收率、检出限和定量限结果见表 3.25。

表 3.25　方法的回收率、检出限和定量限结果

化合物	回收率/(%)	检出限/(mg/kg)	定量限/(mg/kg)
邻苯二甲酸二甲酯	86.4～89.3	9	30
邻苯二甲酸二乙酯	96.8～97.4	9	29
邻苯二甲酸二异丁酯	85.2～93.4	8	27
邻苯二甲酸二丁酯	87.1～94.6	9	31
邻苯二甲酸丁基苄基酯	95.1～99.1	8	26
邻苯二甲酸二(2-乙基)己酯	100.2～105.9	4	13
邻苯二甲酸二正辛酯	103.3～110.7	4	13

六、烟用材料中铬、镍、砷、硒、镉、汞和铅残留量的测定 电感耦合等离子体质谱法（YC/T 316—2014）

1. 范围

《烟用材料中铬、镍、砷、硒、镉、汞和铅 残留量的测定 电感耦合等离子体质谱法》(YC/T 316—2014)中规定了烟用材料中铬、镍、砷、硒、镉、汞和铅的电感耦合等离子体质谱测定方法,适用于烟用接装纸原纸、烟用接装纸、烟用内衬纸、框架纸、卷烟纸、滤棒成型纸、烟用二醋酸纤维素丝束、烟用聚丙烯纤维丝束、烟用三乙酸甘油酯、烟用水基胶、烟用热熔胶等烟用材料中铬、镍、砷、硒、镉、汞和铅的测定。

2. 原理

试样经消解后转移定容,在选定的仪器参数下,在线加入内标,用电感耦合等离子体质谱仪测定,以质荷比强度与元素浓度的定量关系,测定样品溶液中元素浓度,分别计算得出样品中铬、镍、砷、硒、镉、汞和铅的含量。

3. 试剂

除特别要求外,均应使用优级纯试剂。

(1)试剂

水:初始比阻抗值≥18.2 MΩ·cm。

浓硝酸:65%(质量分数)。

硝酸溶液:5%(体积分数)。

双氧水:30%(质量分数),避光密闭保存。

盐酸:37%(质量分数)。

氢氟酸:40%(质量分数)。

饱和硼酸:将硼酸固体粉末溶解在水中,配制饱和溶液。

调谐液(10 μg/L):锂、钇、铈、钛、钴(5%硝酸溶液介质)。采用其他调谐液应验证其适用性。置于4 ℃的环境下保存,有效期1年。

(2)内标溶液的配制

内标储备溶液(10 mg/L):铟(5%硝酸溶液介质)。置于4 ℃的环境下保存,有效期1年;取内标储备溶液 5.0 mL,用5%硝酸溶液定容至50 mL。置于4 ℃的环境下保存,有效期3个月。

(3)标准溶液的配制

标准空白溶液:5%硝酸溶液。

铬、镍、砷、硒、镉、铅一级混合标准储备液(10 mg/L):铬、镍、砷、硒、镉、铅(5%硝酸溶液介质)。置于4 ℃的环境下保存,有效期1年。

铬、镍、砷、硒、镉、铅二级混合标准储备液(100 μg/L):准确移取 0.5 mL 铬、镍、砷、硒、镉、铅一级混合标准储备液至 50mL 塑料容量瓶中,用5%硝酸溶液定容。置于4 ℃的环境下保存,有效期1个月。

汞一级标准储备液(10 mg/L):汞(5%硝酸溶液介质)。置于4 ℃的环境下保存,有效期1年。

汞二级标准储备液(100 μg/L):准确移取 0.5mL 汞一级标准储备液至 50 mL 塑料容量瓶中,用5%硝酸溶液定容。置于4 ℃的环境下保存,有效期1周。

铬、镍、砷、硒、镉、铅混合标准工作溶液:分别准确移取 0.25 mL、0.5 mL、1 mL、2.5 mL、5 mL 铬、镍、砷、硒、镉、铅二级混合标准储备液和 0.1 mL、0.2 mL、0.3 mL 铬、镍、砷、硒、镉、铅一级混合标准储备液至 50 mL 塑料容量瓶中,用5%硝酸溶液定容,摇匀,配制8级铬、镍、砷、硒、镉、铅混合标准工作溶液。配制示例见表3.26,即配即用。根据样品中元素的实际含量选择不同浓度梯度的标准工作溶液。

表 3.26　系列铬、镍、砷、硒、镉、铅标准工作溶液配制　　　　　　　　　　单位：μg/L

系列标准工作溶液	铬	镍	砷	硒	镉	铅
1	0.50	0.50	0.50	0.50	0.50	0.50
2	1.00	1.00	1.00	1.00	1.00	1.00
3	2.00	2.00	2.00	2.00	2.00	2.00
4	5.00	5.00	5.00	5.00	5.00	5.00
5	10.00	10.00	10.00	10.00	10.00	10.00
6	20.00	20.00	20.00	20.00	20.00	20.00
7	40.00	40.00	40.00	40.00	40.00	40.00
8	60.00	60.00	60.00	60.00	60.00	60.00

汞标准工作溶液：分别准确移取 0.25 mL、0.5 mL、1 mL、2.5 mL、5 mL 汞二级标准储备液至 50 mL 塑料容量瓶中，用 5％硝酸溶液定容，摇匀，配制 5 级汞标准工作溶液。配制示例见表 3.27，即配即用。根据样品中元素的实际含量选择不同浓度梯度的标准工作溶液。

表 3.27　系列汞标准工作溶液配制　　　　　　　　　　单位：μg/L

系列标准工作溶液	1	2	3	4	5
汞	0.50	1.00	2.00	5.00	10.00

4. 仪器

塑料容量瓶：50 mL。

分析天平：感量 0.0001 g。

密闭微波消解仪，配微波消解罐；消解罐使用前应用 8 mL 浓硝酸按分析步骤中的消解程序进行处理，并用水冲洗干净后备用。

电感耦合等离子体质谱仪。

控温电加热器。

5. 分析步骤

烟用接装纸原纸和烟用接装纸样品制备：烟用接装纸原纸试料按 YC 170 中规定的方法进行，烟用接装纸试料按照 YC 171 中规定的方法进行。从烟用接装纸原纸和烟用接装纸试料中准确称取 0.2 g 试样，精确至 0.0001 g，将试样裁成 1 cm×1 cm 左右的碎屑后，置于微波消解罐中。

卷烟纸、滤棒成型纸样品制备：随机抽取样品，裁成 1 cm×1 cm 的碎屑。准确称取 0.2 g 碎屑试样，精确至 0.0001 g，置于微波消解罐中。

烟用二醋酸纤维素丝束、烟用聚丙烯纤维丝束样品制备：随机抽取样品，并准确称取 0.2 g 试样，精确至 0.0001 g，置于微波消解罐中。

烟用热熔胶样品制备：随机抽取样品，准确称取 0.3 g 试样，精确至 0.0001 g，置于微波消解罐中。

烟用水基胶制备、烟用三乙酸甘油酯：随机抽取样品，混匀后，准确称取 0.3 g 试样，精确至 0.0001 g，置于微波消解罐中。

烟用内衬纸、框架纸样品制备：随机抽取样品，沿内衬纸和框架纸横向进行裁取，裁切面与纵向垂直。准确称取 0.2 g 试样，精确至 0.0001 g，将试样裁成 1 cm×1 cm 左右的碎屑后，置于微波消解罐中。

微波消解样品:烟用接装纸原纸、烟用接装纸、卷烟纸、滤棒成型纸、烟用二醋酸纤维素丝束样品制备后,向微波消解罐中加入不同的混合酸溶液(所用酸体系和体积详见表3.28),待反应缓和后密封消解罐,置于微波消解仪中。

表 3.28　不同样品消解的酸体系

样品类型	混合酸/mL				饱和 H_3BO_3/mL
	HNO_3	H_2O_2	HCl	HF	
烟用接装纸原纸、烟用接装纸	6	1	2	1	
卷烟纸	6	1			
滤棒成型纸	6	1			
烟用二醋酸纤维素丝束	6	1		1	
烟用聚丙烯纤维丝束	6	1	—	1	—
烟用热熔胶	6	1	1		
烟用水基胶	6	1	—	—	—
烟用三乙酸甘油酯	6	1	—	—	—
烟用内衬纸	6	1	2	1	15
烟用框架纸	6	1	2	1	15

按表3.29设置的微波消解程序对样品进行消解。消解过程完成后溶液应澄清透明。采用其他程序应验证其适用性。

表 3.29　微波消解升温程序

起始温度/℃	升温时间/min	终点温度/℃	保持时间/min
室温	5	100	5
100	5	130	5
130	5	160	5
160	10	190	20

烟用聚丙烯纤维素丝束,烟用热熔胶样品制备后,向微波消解罐中加入混合酸溶液(所用酸体系和体积详见表3.28),置于微波消解仪中。采用超高压微波消解仪[工作最高压力 60 bar(6 MPa),工作最大温度 260 ℃],按表3.30设置的微波消解程序对样品进行消解。消解过程完成后溶液应澄清透明。采用其他程序应验证其适用性。

表 3.30　超高压微波消解升温程序

起始温度/℃	升温时间/min	终点温度/℃	保持时间/min
室温	5	100	5
100	5	160	5
160	5	200	40

烟用水基胶、烟用三乙酸甘油酯等液体类样品制备后,先加入 5 mL 浓硝酸,置于控温电加热器上,100 ℃预消解 20 min,取下冷却至室温,再加入 1 mL 浓硝酸和 1 mL 双氧水,旋紧密封后置于微波消解仪中。

烟用内衬纸和框架纸制备后,向微波消解罐中加入 6 mL 浓硝酸,待反应缓和后加入 1 mL 双氧水、2

mL 盐酸和 1 mL 氢氟酸,旋紧密封后置于微波消解仪中。按表 3.29 在常规微波消解仪上进行消解,消解完毕并冷却至室温后,再向消解罐中加入 15 mL 饱和硼酸,重新放入微波消解仪中,再次按表 3.29 的消解程序运行。消解过程完成后溶液应澄清透明。得不到澄清透明溶液的样品应采用超高压微波消解仪按表 3.30 程序进行消解。采用其他程序应验证其适用性。

赶酸:消解完毕,待微波消解仪温度降至 40 ℃ 以下后取出消解罐,消解酸体系中使用氢氟酸的样品应放入控温电加热器,在 130 ℃ 条件下,赶酸 2~3 h,使消解溶液蒸发至约 0.5 mL。

注:若使用耐氢氟酸的进样系统,可省略赶酸步骤。

定容:将试样溶液转移至 50 mL 塑料容量瓶中,用水冲洗消解罐 3~4 次,清洗液一并转移至塑料容量瓶中,然后用水定容,摇匀后得试样溶液。

空白试验:按上述步骤,不加样品进行空白试验,得试样空白溶液。

电感耦合等离子体质谱仪参数:待测元素质量数、内标元素及积分时间如表 3.31 所示,其参数供参考;应根据不同的仪器型号和采样模式,采取恰当的参数。

表 3.31　元素测定质量数、内标元素、积分时间

元素	测量同位素	内标元素	积分时间/s
铬	53		0.3
镍	60		0.3
砷	75		1.0
硒(碰撞模式)	78	铟-115	2.0
镉	111		0.5
汞	202		2.0
铅	208		0.3

采用调谐液,调谐电感耦合等离子体质谱仪至最佳工作环境。仪器测定参考条件见表 3.32;采用其他条件应验证其适用性。

表 3.32　电感耦合等离子体质谱仪测定条件

项目	工作条件
射频功率	1300 W
载气流量	1.20 L/min
进样流量	0.1 mL/min
获取模式	全定量分析
重复次数	3

标准工作曲线:分别吸取适量标准空白溶液,不同浓度的铬、镍、砷、硒、镉、铅混合标准工作溶液,汞标准工作溶液和内标工作溶液注入电感耦合等离子体质谱中,在选定的仪器参数下,以待测元素铬、镍、砷、硒、镉、汞、铅含量与对应内标元素含量的比值为横坐标,待测元素铬、镍、砷、硒、镉、汞、铅质荷比强度与对应内标元素质荷比强度的比值为纵坐标,建立铬、镍、砷、硒、镉、汞、铅的标准工作曲线,工作曲线线性相关系数 $R^2 \geqslant 0.999$。

样品测定:标准工作溶液测定后,用5%硝酸溶液冲洗进样管路20 min,然后分别吸取试样空白溶液,试样溶液和内标工作溶液注入电感耦合等离子体质谱中,在选定的仪器参数下进行测定,每个样品重复测定2次。

若待测试样溶液的浓度超出标准工作曲线浓度范围,则对试样溶液进行一定比例稀释后重新测定。试样溶液和试样空白溶液应在制备24 h内进行测定。

6.结果计算与表述

试样中的铬、镍、砷、硒、镉、汞、铅含量按下式进行计算。

$$X = \frac{(c - c_0) \times V}{1000 \times m}$$ (3-5)

式中:X——试样中铬、镍、砷、硒、镉、汞、铅的含量(mg/kg);

c——试样中铬、镍、砷、硒、镉、汞、铅的浓度(μg/L);

c_0——试样空白中铬、镍、砷、硒、镉、汞、铅的浓度(μg/L);

V——试样消化液的总体积(mL);

m——试样质量(g)。

以2次平行测定的算术平均值为最终测定结果,精确至0.01 mg/kg。

当平均值大于等于1.00 mg/kg时,2次测定值之间相对平均偏差应小于10%;当平均值小于1.00 mg/kg时,2次测定值的极差应小于0.10 mg/kg。

7.检出限、定量限和回收率

本方法的检出限、定量限和回收率结果见表3.33。

表3.33　方法的检出限、定量限和回收率结果

烟用材料	项目	铬	镍	砷	硒	镉	汞	铅
烟用拼装纸原纸 烟用拼装纸	检出限/(mg/kg)	0.014	0.012	0.011	0.019	0.013	0.016	0.015
	定量限/(mg/kg)	0.047	0.040	0.037	0.063	0.043	0.053	0.050
	回收率/(%)	99.8~104.0	99.3~102.1	97.7~100.9	97.2~103.5	99.0~104.8	96.2~103.7	96.1~100.8
卷烟纸 滤棒成型纸	检出限/(mg/kg)	0.013	0.015	0.013	0.026	0.013	0.016	0.016
	定量限/(mg/kg)	0.043	0.050	0.043	0.087	0.043	0.053	0.053
	回收率/(%)	98.0~103.0	97.8~104.4	95.9~102.7	98.6~102.7	95.9~101.4	98.1~100.0	96.6~99.3
烟用内衬纸 框架纸	检出限/(mg/kg)	0.012	0.015	0.013	0.023	0.015	0.019	0.016
	定量限/(mg/kg)	0.040	0.050	0.043	0.076	0.050	0.063	0.053
	回收率/(%)	98.4~105.3	93.4~101.9	96.8~106.2	95.5~104.9	93.7~99.4	94.5~99.1	98.6~103.5

续表

烟用材料	项目	铬	镍	砷	硒	镉	汞	铅
烟用二醋酸纤维素丝束 烟用聚丙烯纤维丝束	检出限/(mg/kg)	0.014	0.014	0.012	0.024	0.012	0.015	0.015
	定量限/(mg/kg)	0.047	0.047	0.040	0.080	0.040	0.050	0.050
	回收率/(%)	97.5～103.7	94.8～106.6	96.9～103.8	96.4～103.0	97.2～104.8	93.7～101.9	95.1～103.9
烟用水基胶	检出限/(mg/kg)	0.013	0.015	0.013	0.022	0.015	0.017	0.016
	定量限/(mg/kg)	0.043	0.050	0.043	0.073	0.050	0.057	0.053
	回收率/(%)	98.3～102.2	100.9～103.8	94.8～104.3	97.0～101.7	98.9～105.2	95.7～99.7	98.9～105.8
烟用热熔胶	检出限/(mg/kg)	0.013	0.015	0.012	0.021	0.013	0.014	0.015
	定量限/(mg/kg)	0.043	0.050	0.040	0.070	0.043	0.047	0.050
	回收率/(%)	94.0～99.7	95.7～104.1	99.2～103.4	97.4～102.6	96.5～101.7	94.7～100.4	96.6～105.6

参考文献

[1] 中华人民共和国国家质量监督检验检疫总局,中国国家标准化管理委员会.烟草术语 第3部分:烟用材料:GB/T 18771.3—2015[S].北京:中国标准出版社,2015.

[2] 王海荣.高速卷烟胶的研制[J].贵州化工,2002,27(6):21-23.

[3] 罗恒,田井速,舒凯,等.水基烟用搭口胶的发展与展望[J].中国胶粘剂,2018,27(4):43-45.

[4] 国家市场监督管理总局,国家标准化管理委员会.胶黏剂黏度的测定:GB/T 2794—2022[S].北京:中国标准出版社,2022.

[5] 国家技术监督局.胶粘剂的pH值测定:GB/T 14518—1993[S].北京:中国标准出版社,1993.

[6] 国家烟草专卖局.高速卷烟胶:YC/T 188—2004[S].北京:中国标准出版社,2005.

[7] 中华人民共和国国家质量监督检验检疫总局,中国国家标准化管理委员会.化工产品中砷含量测定的通用方法:GB/T 7686—2016[S].北京:中国标准出版社,2016.

[8] 中华人民共和国国家质量监督检验检疫总局,中国国家标准化管理委员会.有机化工产品中重金属的测定 目视比色法:GB/T 7532—2008[S].北京:中国标准出版社,2008.

[9] 国家烟草专卖局.烟用白乳胶中乙酸乙烯酯的测定 顶空-气相色谱法:YC/T 267—2008[S].北京:中国标准出版社,2008.

[10] 国家烟草专卖局.烟用材料中铬、镍、砷、硒、镉、汞和铅残留量的测定 电感耦合等离子色谱法:YC/T 316—2014[S].北京:中国标准出版社,2015.

[11] 刘丹,陈晓青,吴名剑,等.顶空气相色谱法测定烟用胶中残余单体[J].分析科学学报,2012,28(4):511-514.

[12] 焦芃然,王馨,阎瑾,等.顶空-气相色谱法测定烟用水基胶中乙酸乙烯酯的残留量[J].理化检验（化学分册）,2015,51(9):943-945.

[13] 张优茂,战磊,方细玲,等.顶空-气相色谱法测定烟用胶粘剂中的挥发性有机物[J].精细化工,2012,29(7):717-720.

[14] 国家烟草专卖局.烟用聚丙烯丝束滤棒成型胶粘剂:YC/T 196—2005[S].北京:中国标准出版社,2005.

[15] 国家烟草专卖局.烟用水基胶 甲醛的测定 高效液相色谱法:YC/T 332—2010[S].北京:中国标准出版社,2010.

[16] 国家烟草专卖局.烟用水基胶 邻苯二甲酸酯的测定 气相色谱-质谱联用法:YC/T 333—2010[S].北京:中国标准出版社,2010.

[17] 国家烟草专卖局.烟用水基胶 苯、甲苯及二甲苯的测定 气相色谱-质谱联用法:YC/T 334—2010[S].北京:中国标准出版社,2010.

[18] 国家烟草专卖局.烟用聚丙烯丝束滤棒成型水基胶粘剂 丙烯酸酯类和甲基丙烯酸酯类的测定 高效液相色谱法:YC/T 410—2011[S].北京:中国标准出版社,2011.

[19] 国家烟草专卖局.烟用聚丙烯丝束滤棒成型水基胶粘剂 丙烯酸酯类和甲基丙烯酸酯类的测定 气相色谱-质谱联用法:YC/T 411—2011[S].北京:中国标准出版社,2011.

[20] 曹贵昌,刘文富,董彦林,等.卷烟胶的发展概况[J].轻工科技,2019,35(1):18-19.

[21] 夏巧玲,刘惠民,丁丽,等.白乳胶中乙酸乙烯酯及乙酸乙酯的分析[J].烟草科技,2009(8):35-37.

[22] 芦楠,蒋成勇,王丽达,等.气相色谱-质谱联用法测定烟用水基胶中的乙酸乙烯酯[J].理化检验（化学分册）,2018,54(6):736-738.

[23] 李春.烟用水基胶中乙酸乙烯酯的 HS-GC-MS 法测定[J].延安大学学报（自然科学版）,2019,38(1):64-67.

[24] 刘珊珊,刘岩顺,李中皓,等.HS-GC/MS 法测定烟用水基胶中挥发性有机物[J].烟草科技,2017,50(6):40-46.

[25] 龚淑果,孔波,虎苏行,等.液液萃取-气相色谱-质谱联用法同时检测烟用水基胶中的 23 种酯类化合物[J].色谱,2013(10):989-994.

[26] 熊文,舒云波,张峻松,等.电感耦合等离子体质谱法测定烟用水基胶中的重金属[J].色谱,2011(8):40,88.

[27] 曹美,朱忠.微波消解-石墨炉原子吸收光谱法测定烟用水基胶中的铅、砷的含量[J].江苏农业科学,2013(8):301-304.

[28] 夏向伟,段焰青,夏建军,等.ICP-MS 法测定三乙酸甘油酯、水基胶、香精香料中的重金属元素[J].食品工业,2015(10):293-296.

[29] 陈益才,吴英伟.高效液相色法测定烟用水基胶中 5 种羰基化合物[J].化学工程与装备,2014(2):178-179.

[30] 贺春霞,蒋腊梅,戴云辉,等.高效液相色谱法同时测定烟用水基胶中的甲醛和乙醛[J].分析试验室,2010(5):69-72.

[31] 游金清,李韵,陆成飞,等.衍生-顶空气相色谱法测定烟用水基胶中的甲醛、乙醛和丙酮[J].烟草科技,2018,51(1):59-63,69.

[32] 殷延齐,张洪召,丁超,等.连续流动分析法快速测定烟用水基胶中的甲醛[J].烟草科技,2013(2):65-67.

[33] 张艳宏,王森,张承明,等.气相色谱法测定烟用胶中邻苯二甲酸酯类物质[J].云南化工,2007(6):35-38.

[34] 张艳芳,鲍峰伟,陈伟华,等.高效液相色谱法测定烟用白乳胶中邻苯二甲酸酯类化合物[J].理化检验(化学分册),2013,49(10):1209-1212.

[35] 李红,赵海波,姜薇,等.气相色谱-串联质谱法同时测定烟用水基胶中15种邻苯二甲酸酯类化合物[J].理化检验(化学分册),2018,54(2):148-152.

[36] 阎瑾,鲍峰伟,牛丽娜,等.超高效液相色谱-串联质谱法测定烟用水基胶中邻苯二甲酸酯类化合物[J].分析测试学报,2015,34(2):134-140.

[37] 王劲,郑钟洁.常用溶剂型胶粘剂中苯、甲苯、二甲苯的气相色谱测定法[J].环境与健康杂志,2006(3):275-276.

[38] 高明奇,张展,顾亮,等.中空纤维膜-液相微萃取在烟用水基胶苯系物测定中的应用[J].中国胶粘剂,2016,25(4):14-17,51.

[39] 周景喜,陈广平,李红.顶空-气相色谱-质谱法测定烟用水基型乳胶中苯系物[J].质谱学报,2012,33(1):32-36.

[40] 姬厚伟,刘剑,叶冲,等.静态顶空-气相色谱质谱选择性测定烟用白乳胶中7种苯系物[J].中国烟草学报,2012,18(6):5-9,22.

[41] 李国智,杨仁礼,师建全,等.烟用水基型乳胶中苯系物的GC/MS/SIM测定[J].烟草科技,2009(10):45-49.

[42] 张建枚,潘亚男,白桦.UV法测定异噻唑啉酮衍生物活性物含量[J].工业水处理,2011,31(5):70-71,75.

[43] 谢堂堂,王成云,林君峰,等.超高效液相色谱法快速测定纺织品中5种异噻唑啉酮类抗菌剂[J].分析仪器,2016(3):32-37.

[44] 姬厚伟,董睿,刘剑,等.超高液相色谱法测定烟用水基胶中3种异噻唑啉酮杀菌剂[J].理化检验(化学分册),2017,53(4):432-436.

[45] 周晓,李小兰,陈志燕,等.高效液相色谱法测定水基胶黏剂中3种异噻唑啉酮类杀菌剂[J].色谱,2015,33(1):75-79.

[46] 刘奋,戴京晶,梁伟,等.气相色谱法测定化妆品防腐剂凯松[J].现代预防医学,2004,31(6):872-873.

[47] 姬厚伟,张丽,赵新海,等.超声萃取-气相色谱-质谱法测定烟用水基胶中的5种异噻唑啉酮杀菌剂[J].中国烟草学报,2016,22(3):10-16.

[48] 黄华发,张建平,黄朝章,等.液相色谱串联质谱法测定再造烟叶中的甲基异噻唑啉酮及其氯代物[J].中国烟草学报,2015,21(3):5-11.

[49] 卢昕博,肖卫强,许高燕,等.LC-MS/MS法测定水基胶中的3种异噻唑啉酮类防腐剂[J].中国烟草学报,2015,21(4):7-13.

[50] 孟冬玲,陈志燕,王维刚,等.通过式固相萃取结合UPLC-MS/MS同时测定烟用水基胶中的烷基酚、烷基酚聚氧乙烯醚和异噻唑啉酮[J].中国烟草学报,2022,28(2):33-41.

[51] 陈志燕,邓惠敏,王颖,等.磁性石墨烯分散固相萃取结合液相色谱-串联质谱法测定水基胶中的双酚A和烷基酚[J].分析试验室,2015,40(9):1094-1099.

[52] 杨飞,孟冬玲,邓惠敏,等.分散固相萃取-液相色谱-串联质谱法测定水基胶中的烷基酚聚氧乙烯醚[J].烟草科技,2021,54(10):54-62.

[53] 国家卫生和计划生育委员会,国家食品药品监督管理总局.食品安全国家标准 食品中硼酸的测定:GB 5009.275—2016[S].北京:中国标准出版社,2017.

[54] 廖和菁,黄幸红,胡礼渊,等.北部湾海蜇中硼酸本底值测定及食用风险评估[J].食品研究与开发,2018,39(6):155-158.

[55] 黄忠意,张学英,陈茵,等.食品中硼酸(硼砂)快速测定方法研究[J].粮食与油脂,2019,32(2):

80-82.

[56] 连晓文,梁旭霞,王静,等.电感耦合等离子体光谱仪测定食品中的硼砂、硼酸的检测方法研究 [J].华南预防医学,2008,34(6):69-70.

[57] 张利明,张秋萍,王庆堂,等.电感耦合等离子体原子发射光谱法测定食品中硼砂[J].现代预防 医学,2011,38(12):2367-2368.

[58] 乔庆东,朱雅旭,庄景新,等.电感耦合等离子体质谱法测定水产品中的硼含量[J].中国卫生检 验杂志,2015,25(4):494-496.

[59] 王文元,者为,夏建军,等.电感耦合等离子体质谱法测定烟用水基胶中硼酸[J].理化检验（化 学分册）,2013,49(8):928-930.

[60] 陆建军.广西出口柑桔及产地土壤中硼的原子吸收测定方法的研究[D].南宁:广西大学,2006.

[61] 吴凌涛,余欣达,潘灿盛,等.非抑制离子色谱法测定膨化食品中硼砂（硼酸）[J].分析测试学报, 2011,30(12):1396-1399.

[62] 邵宏宏,周向阳,周秀锦,等.离子色谱法测定食品中的硼酸盐[J].现代科学仪器,2011(4): 50-52.

[63] 国家卫生健康委员会,国家市场监督管理总局.食品安全国家标准 饮用天然矿泉水检验方法: GB 8538—2022[S].北京:中国标准出版社,2022.

[64] 肖凯,俞凌云,张新申.3,4-二羟基甲亚胺-H 流动注射法检测食品中硼砂[J].中国测试,2014 (2):67-69.

第四章

三乙酸甘油酯分析技术及应用

▶

第一节　三乙酸甘油酯简介

一、定义

三乙酸甘油酯,英文名 triacetin,别名三醋酸甘油酯、甘油三乙酸酯、三醋精、三醋汀、丙三醇三乙酸酯,分子式为 $C_9H_{14}O_6$,CAS 号为 102-76-1,FEMA 号为 2007,相对分子质量为218.20,是一种无色透明油状液体,有温和的热带水果味,气味强度较低,密度(ρ_{25})为1.159～1.164 g/cm^3,折光指数(n_D^{20})为 1.429～1.432,沸点为 258 ℃(760 mmHg),熔点为 3 ℃(760 mmHg),pH 值为 7,蒸气压在 25 ℃时为 0.014 mmHg,如果存储得当,保质期可达 24 个月或更长时间,一般储存在阴凉干燥的密封容器内,避热避光,能与乙醇、乙醚、氯仿和苯混溶,微溶于水和二硫化碳。主要用于烟草、食品、油墨、化妆品、铸造、医药、染料领域。三乙酸甘油酯结构式见图 4.1。

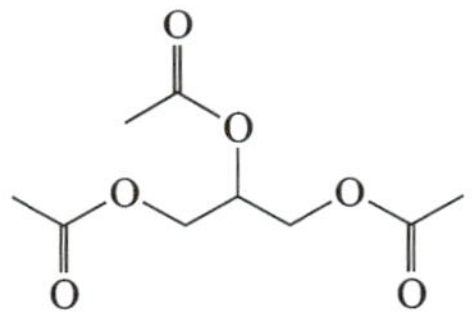

图 4.1　三乙酸甘油酯结构式

二、三乙酸甘油酯的用途

(一)三乙酸甘油酯在卷烟中的应用

工业生产中三乙酸甘油酯用于卷烟醋酸纤维滤棒成型工艺的目的主要有两个:一是改善丝束成型时的加工性能,并得到能满足卷烟接装工艺需要的滤棒;二是通过在丝束中加入三乙酸甘油酯,使得增塑后的醋酸纤维滤棒在卷烟抽吸过程中能降低烟气中的刺、杂、呛、辣感,起到过滤部分有害物质的作用,使香烟丰满洁净,达到令人满意的口感。所以三乙酸甘油酯应具有较高的品质要求[1-3]。

(二)三乙酸甘油酯在食品行业中的应用

三乙酸甘油酯有良好的固水性能,常用作糕点食品的保湿剂;可与单、双脂肪酸甘油酯组成口香糖中的乳化剂;与甘油三脂肪酸酯在碱性催化剂或生物酶作用下进行酯交换反应,生成乙酸甘油单、二脂肪酸酯,作为冷饮品中的乳化剂[4];在家禽饲料中,可作为饲料的酸化剂,由于细菌的生存需要特定的酸碱环境,可通过调控家禽体内的 pH 值,有效杀死有害细菌,促进家禽健康生长[5];在香精香料研发和生产中,三乙酸甘油酯是较好的溶剂和定香剂;此外,朱杰等[6]采用酯化淀粉以三乙酸甘油酯为增塑剂,经流延法制备了酯化淀粉薄膜,主动抑制增塑剂迁移,提升新型包装材料安全性的同时降低环境污染等问题。[1]

（三）三乙酸甘油酯在医药行业中的应用

在医药方面,三乙酸甘油酯可用作胶囊丸和药片糖衣的增塑剂和黏结剂,从而达到靶点治疗的效果[7];在化妆品产品中,三乙酸甘油酯可作为杀菌剂、定香剂和溶剂[8];M·博恩等[9]研究了一种指甲油,它含有活性成分三乙酸甘油酯和水不溶性成膜剂,用来治疗菌类所引起的皮肤科疾病。

（四）三乙酸甘油酯在增塑剂行业中的应用

由于邻苯类增塑剂在许多领域被禁用,各种环保增塑剂应运而生。而三乙酸甘油酯安全无毒、易生物降解,且主要原料甘油可来源于天然与生物原料,是典型的环保增塑剂品种。一方面,在许多领域如黏合剂、油墨、生物塑料的加工过程中,三乙酸甘油酯可代替或部分代替相对分子质量较低的增塑剂如邻苯二甲酸二丁酯(DBP)等。另一方面,以三乙酸甘油酯为原料,与较长碳链的脂肪酸(如月桂酸等)反应,生成的二乙酸单月桂酸甘油酯是一种安全无毒、环保性能好、增塑性能较全面的新型环保增塑剂。[1]

（五）三乙酸甘油酯在铸造行业中的应用

三乙酸甘油酯可用作铸造型砂的硬化剂。在水玻璃型砂中,三乙酸甘油酯的用量为型砂量的 0.42% ~0.45%;在碱性酚醛树脂型砂中,三乙酸甘油酯的用量为型砂量的0.375%~0.45%。使用三乙酸甘油酯的主要作用如下。一是型砂无须烘干或吹二氧化碳硬化,在 24 h 内通过自硬作用即可达到浇铸所需的硬度。二是使用三乙酸甘油酯等有机酯的型砂浇铸工艺,浇铸时不产生有毒气体;由于型砂退让性好,铸件无裂纹,表面光洁,尺寸精度好,加工余量小;型砂浇铸时溃散性好,砂的回用率可达 85%~90%;易清砂,工人劳动强度低,劳动环境好。[1]

（六）三乙酸甘油酯在其他行业中的应用

三乙酸甘油酯还可以作为生物柴油等新型燃料的添加剂,提高油品诸多性能、减少尾气排放;可用作火箭固体发射药黏结剂;测定酯酶底物;作为气相色谱固定液、印染助剂、家用漂白剂等[1]。

第二节　三乙酸甘油酯原料组成

一、主要生产原料

根据合成路线的不同,三乙酸甘油酯原料分为如下几种。

（一）以甘油为起始原料的合成路线

以甘油为起始原料的合成路线见图4.2。

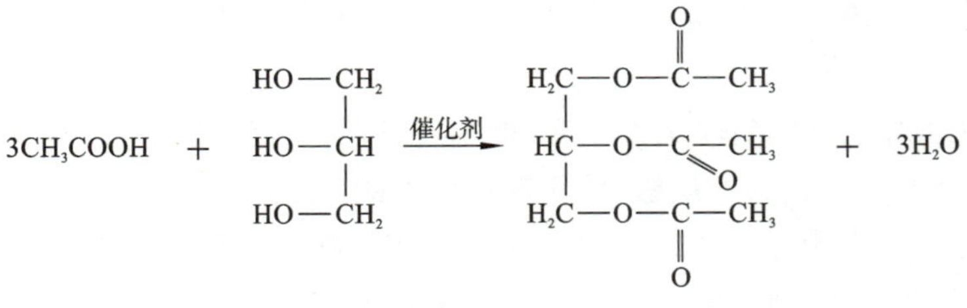

$$3CH_3COOH + \begin{array}{c} HO-CH_2 \\ | \\ HO-CH \\ | \\ HO-CH_2 \end{array} \xrightarrow{催化剂} \begin{array}{c} H_2C-O-\overset{O}{\overset{\|}{C}}-CH_3 \\ | \\ HC-O-\overset{\|}{\underset{O}{C}}-CH_3 \\ | \\ H_2C-O-\overset{\|}{\underset{O}{C}}-CH_3 \end{array} + 3H_2O$$

图 4.2　以甘油为起始原料的合成路线

以甘油为原料合成三乙酸甘油酯是现在工业生产的经典路线。其主要用浓硫酸作为催化剂,在特定

反应条件下,甘油和乙酸直接进行酯化反应,生成的中间产物经过醋酸酐进一步酯化生成三乙酸甘油酯粗产品,再通过一系列的分离提纯步骤得到最终成品。

该合成路线的优点在于原料廉价易得,技术成熟可靠,已经成功实现工业化生产,但传统催化剂腐蚀性较大,容易损耗设备,产生的废酸易造成环境污染,工艺繁杂,生产周期过长。[10]

1. 甘油

甘油,英文名 glycerol,别名丙三醇,分子式为 $C_3H_8O_3$,CAS 号为 56-81-5,FEMA 号为 2525,相对分子质量为 92.09,是一种无色透明油状液体,味甜,密度(ρ_{25})为 1.257～1.270 g/cm³,折光指数(n_D^{20})为 1.467～1.481,沸点为 290 ℃(760 mmHg),熔点为 17 ℃(760 mmHg),蒸气压在 25 ℃时为 0.000168 mmHg,如果存储得当,保质期可达 24 个月或更长时间,储存在阴凉干燥的密封容器内,避热避光,能与水和醇类、胺类、酚类以任何比例混溶,不溶于苯、氯仿、四氯化碳、二硫化碳、石油醚、油类、长链脂肪醇。主要用于烟草、食品、油墨、化妆品、铸造、医药、染料领域,可作为化妆品、香料或香精的溶剂或稀释剂。甘油结构式见图 4.3。

2. 乙酸

乙酸,英文名 acetic acid,别名醋酸,分子式为 $C_2H_4O_2$,CAS 号为 64-19-7,FEMA 号为 2006,相对分子质量为 60.05,是一种无色透明液体,有刺激性酸味,密度(ρ_{25})为 1.047～1.059 g/cm³,折光指数(n_D^{20})为 1.366～1.376,沸点为 117 ℃(760 mmHg),熔点为 16.6 ℃(760 mmHg),蒸气压在 25 ℃时为 15.7 mmHg,如果存储得当,保质期可达 36 个月或更长时间,储存在阴凉干燥的密封容器内,避热避光,溶于水、乙醇、乙醚、甘油,不溶于二硫化碳。主要用于合成醋酸乙烯酯、醋酸纤维、醋酸酯、金属醋酸盐及卤代醋酸,也是制药、染料、农药及有机合成的重要原料。乙酸结构式见图 4.4。

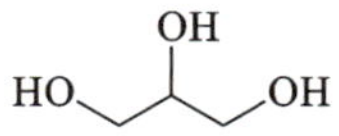

图 4.3 甘油结构式

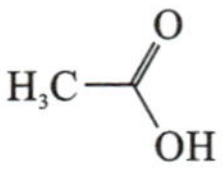

图 4.4 乙酸结构式

(二) 以甘油三酸酯为原料的合成路线

以甘油三酸酯为原料的合成路线见图 4.5。

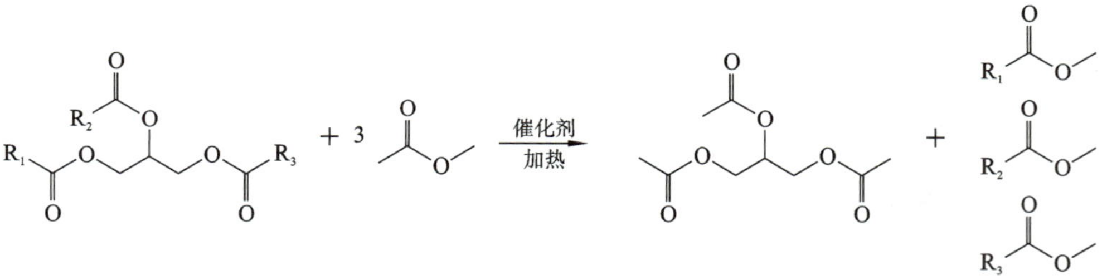

图 4.5 以甘油三酸酯为原料的合成路线

以甘油三酸酯为原料的合成路线分为直接和间接两种。直接合成路线是以 NaAc 作为催化剂,甘油三酸酯和 MeOAc 在 50 ℃发生酯交换反应生成生物柴油和三乙酸甘油酯,再通过分离手段得到产品三乙酸甘油酯和生物柴油[11-13]。

间接合成路线是先将甘油三酸酯转化为甘油,再合成三乙酸甘油酯[14-15]。徐世杰等[14]以甘油为原料(精制后纯度为 98.12 %),酯化剂为冰醋酸,催化剂为磷钨酸(用量 5.5 %),带水剂为甲苯(0.54 mL/g),充分反应 4 h,该合成方法产率为 97.24 %。郭晓亚等[15]将生物柴油酶法生产工艺的废液(含甘油 5%)经过碱处理后,采用减压蒸馏法除溶剂、除胶,并通过真空蒸馏处理后获得纯度为 90.43%的甘油,提取的甘油再与冰醋酸反应 6 h,最终收率可达到 90%。

本路线的优点:①原料来源广泛;②副产物附加值高;③可将厨余垃圾变废为宝、利于环保。缺点:反应条件苛刻且转化率不高。[10]

（三）以1，2，3-三氯丙烷为起始原料的合成路线

以1,2,3-三氯丙烷为起始原料的合成路线见图4.6。

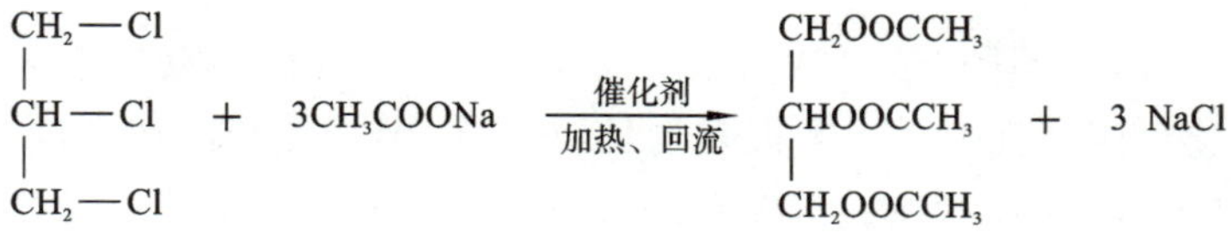

$$\underset{\substack{|\\ \text{CH}-\text{Cl}\\ |\\ \text{CH}_2-\text{Cl}}}{\overset{\text{CH}_2-\text{Cl}}{}} + 3\text{CH}_3\text{COONa} \xrightarrow[\text{加热、回流}]{\text{催化剂}} \underset{\substack{|\\ \text{CHOOCCH}_3\\ |\\ \text{CH}_2\text{OOCCH}_3}}{\overset{\text{CH}_2\text{OOCCH}_3}{}} + 3\text{NaCl}$$

图4.6　以1,2,3-三氯丙烷为起始原料的合成路线

邓克俭等[16]将一定量的冰醋酸、1,2,3-三氯丙烷以及无水醋酸钠的混合物放于180℃高压反应釜中反应数小时,发生烷烃化反应,转化为氯化钠和三醋酸甘油酯,收率高于70%。该路线充分利用副产物三氯丙烷,创新研究了一个合成三乙酸甘油酯的新方法,可收获良好的社会效益和经济效益,但缺点是收率低、设备腐蚀化严重。

1,2,3-三氯丙烷,英文名1,2,3-trichloropropane,别名三氯丙烷,分子式为$C_3H_5Cl_3$,CAS号为96-18-4,相对分子质量为147.43,是一种无色至稻黄色的液体,属于间接食品添加剂,密度为1.386 g/cm^3,折光指数(n_D^{20})为1.483~1.485,沸点为152℃,熔点为−14℃,蒸气压在20℃时为0.29 mmHg,微溶于水,溶于乙醇、乙醚、油类、脂类、石蜡,可用于生产农药和有机合成,主要用作脱脂剂、去漆剂和电机洗涤用溶剂。1,2,3-三氯丙烷结构式见图4.7。

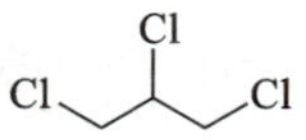

图4.7　1,2,3-三氯丙烷结构式

（四）以环氧氯丙烷为原料的合成路线

以环氧氯丙烷为原料的合成路线见图4.8。

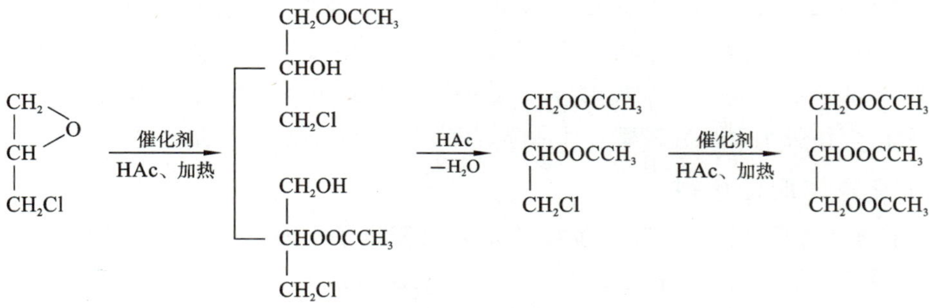

图4.8　以环氧氯丙烷为原料的合成路线

该路线[17]是环氧氯丙烷经过开环、酯化、置换和脱羧反应后,再经过滤、洗涤、脱羧、脱色等步骤后得到最终产品。该路线反应转化率较高,产品纯度高,无副反应,但收率低,生产周期长,相对成本较高。[10]

环氧氯丙烷,英文名epichlorohydrin,分子式为C_3H_5ClO,CAS号为106-89-8,相对分子质量为92.52,是一种透明无色液体,属于间接食品添加剂,密度为1.183 g/cm^3,折光指数(n_D^{20})为1.437~1.439,沸点为115℃,熔点为−57℃,蒸气压在20℃时为22 mmHg,微溶于水,可混溶于醇、醚、四氯化碳、苯,经常用作有机合成的原料,也用作溶剂、增塑剂、表面活性剂等。环氧氯丙烷结构式见图4.9。

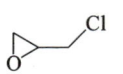

图4.9　环氧氯丙烷结构式

二、催化剂

（一）质子酸催化剂

质子酸是三乙酸甘油酯酯化反应使用的传统催化剂,常用的有硫酸、对甲苯磺酸、萘磺酸、氨基磺酸等,它们的催化活性排列如下:硫酸＞对甲苯磺酸＞苯磺酸＞萘磺酸＞氨基磺酸。[18]

硫酸的催化效果非常明显,少量即能起到很好的催化作用,又能吸收酯化反应生成的水,促使反应向生成产物方向进行,是目前工业化生产中普遍采用的催化剂。以冰醋酸和甘油为原料,苯等为带水剂,浓硫酸为催化剂,经过酯化反应、中和反应、水洗处理、烘干处理、精馏提纯等工序,总的酯收率为75%~79%(其中三甘酯只占94%)。

硫酸浓度不同,催化效果也不同,若以浓硫酸为催化剂,反应开始前反应水未生成,不能产生共沸组成,局部温度过高,在酯化反应过程中会产生许多副反应,这些副反应会给产品外观、酸值、热稳定性等带来较大影响,难以得到高质量产品。为此,吴应琴等以一定浓度的稀硫酸代替浓硫酸,既克服了浓硫酸易氧化、脱水的不足,又抑制了反应初期一系列副反应的产生,使酯化的总收率在90%以上,产品的质量也明显提升。[19]

硫酸价廉、催化活性高,但存在腐蚀性强以及易引起氧化、碳化、脱水等副反应,反应液色泽较深,产品后处理麻烦,环境污染严重[20]。

(二)对甲苯磺酸固体催化剂

刘红梅等[21]以冰醋酸、甘油为原料,活性炭负载对甲苯磺酸(对甲苯磺酸的质量分数为36%)为催化剂,制备合成三醋酸甘油酯。试验研究发现,该催化剂的催化效果好。在丙三醇和冰醋酸的摩尔比为1∶4、催化剂使用量为甘油质量的1.8%、反应4 h的条件下,三醋酸甘油酯收率约为92%。成凤桂等[22]采用凝胶-溶胶法制备的固定化催化剂催化合成三醋酸甘油酯,在烧杯中加入一定量的对甲苯磺酸和少量水,使其溶解,再加入一定量的正硅酸乙酯和适量的有机溶剂使其互溶,调节pH值至1左右,60 ℃下使其固化,再在105 ℃下活化约6 h,即可得到对甲苯磺酸固定化催化剂。该催化剂活性高、可以重复使用多次,三醋酸甘油酯收率可达92%。

(三)氨基磺酸固体催化剂

以氨基磺酸为催化剂时,操作工艺简单,收率提高,催化剂的重复使用效果稍好,无废水排出,是绿色环保的反应工艺。但此方法需要较长的反应时间,其中酯化反应需要7 h,乙酰酰化又需2.5 h,耗能大,成本高,因此也仅限于试验室研究[23]。侯俊卿等[24]采用可重度使用的固体氨基磺酸为催化剂,冰醋酸和乙酐作为酰化剂,环己烷作脱水剂合成三醋酸甘油酯,其收率在90%以上,三醋酸甘油酯的含量在98%以上。

(四)离子交换树脂催化剂

强酸性阳离子交换树脂是一种高分子磺酸,含有可被阳离子交换的H离子,可起到无机酸的作用,成为酸催化剂,其中最常用的有酚磺酸树脂以及磺化聚苯乙烯树脂[25]。唐健[26]通过使用温度范围在100~200 ℃的强酸性离子交换树脂作为催化剂,使醋酸酐或者醋酸酐和醋酸的混合物与甘油进行酯化反应,合成三醋酸甘油酯。

使用离子交换树脂催化剂的方法具有酯化过程副反应少,使用装置简单,产品容易精制且纯度高,反应条件温和,后处理简单,能耗低,催化剂易于分离,可循环使用,便于连续生产,对设备不腐蚀等优点。但是,此法在选用树脂等方面受到很大限制,还需进一步完善,目前尚未用于工业化生产[24]。

(五)分子筛催化剂

分子筛是无机硅铝酸盐,含硅、铝活性中心,不溶于有机反应体系,突出的优点是处理简单,易于分离,耐高温,不腐蚀设备,能够重复使用和回收再生,是典型的环境友好催化剂[21]。2004年,郭星翠等[27]用水热合成法合成了锆硼硅磷铝分子筛ZrBSAPO-5,并用化学分析、XRD、IR和NH_3-TPD等对其组成、结构和酸强度分布等性能进行了表征。结果表明,杂原子(Zr、B、Si)进入分子筛骨架没有改变$AlPO_4$-5的结构类型,且使其酸性有很大的提高。他们将ZrBSAPO-5用于催化合成三醋酸甘油酯的反应,讨论了酸醇配料比、反应温度、空速和酸处理等因素对酯化反应的影响。最佳操作条件是:冰醋酸和丙三醇的摩尔比为5.0∶1,反应温度为150 ℃,空速为1 h^{-1},草酸浓度为0.1 mol/L。在此条件下,三醋酸甘油酯收率达75.6%,表明该催化剂是替代液体酸合成三醋酸甘油酯的理想固体酸催化剂。次年,郭星翠等[28]制备了负

载 $H_3SiW_{12}O_{40}$（SiW_{12}）杂多酸的 SiW_{12}/MCM-41 催化剂，用 XRD 等方法对其结构进行了表征，以 SiW_{12}/MCM-41 为催化剂对合成三醋酸甘油酯的反应进行了研究，并与其他几种分子筛催化剂 HMCM-41、Hβ、BAPO-5、SAPO-5 的催化性能进行了对比，筛选出合成三醋酸甘油酯的反应性能较好的负载型催化剂 SiW_{12}/MCM-41，然后在 SiW_{12}/MCM-41 催化剂下通过单因素试验对 SiW_{12} 的负载量、催化剂的活化温度、酸醇摩尔比等因素进行考察，并对冰醋酸和甘油的酯化反应进行了优化，得出最佳操作条件：SiW_{12}/MCM-41 催化剂的最佳负载质量分数为 50％，催化剂焙烧温度为 300 ℃，醇酸摩尔比为 1：5，反应温度为 125 ℃，反应时间为 4～5 h。目前这一类催化剂还未应用在三醋酸甘油酯的合成工艺中。

（六）杂多酸型催化剂

杂多酸化合物具有类似分子筛的笼型结构，其特点是：催化活性高，选择性好，通过组成元素可调节其酸性，可储存和转移电子/质子，固载后的杂多酸热稳定性高等[20]。刘士荣等[29]研究了用活性炭负载磷钨酸催化合成三醋酸甘油酯的反应，考察了磷钨酸的负载量、醇酸摩尔比、催化剂用量、带水剂种类和用量对反应的影响，并且对其他催化剂的催化活性进行了比较。结果表明：活性炭负载磷钨酸是合成三醋酸甘油酯的优良催化剂；在优化条件下，三醋酸甘油酯产率达 86.4％，纯度为 99.2％；催化剂可重复使用。但目前该类催化剂研究还不够成熟，还不能用于工业化生产。

（七）固体超强酸催化剂

酸强度函数 H_0 小于 -11.93 的酸称超强酸。SO_4^{2-}/M_xO_y 型固体超强酸以金属氧化物 M_xO_y 为底物，SO_4^{2-} 与 M 配位形成酸中心。在参与配位的 SO_4^{2-} 的强诱导作用下，金属离子的静电场增大而成为 L 酸中心，当 L 酸中心上有水存在时，在静电场作用下形成 B 酸中心，这些酸中心协同作用成为超强酸中心，从而产生高催化活性[20]。姚晓俊[30]将计量的氧氯化锆、四氯化钛以一定的比例溶于水中，以氨水为沉淀剂，在搅拌下进行反应，控制 pH 值为 9～10，反应完成后，陈化，然后抽滤并洗涤至无 Cl 检出，干燥 12 h，转入一定浓度的硫酸溶液中浸渍，再抽干、焙烧，即得到固体超强酸催化剂，接着在催化剂用量为 1.0 g、醇酸摩尔比为 1：4 的条件下反应时间 4 h，酯化率可达 95％。固体超强酸催化剂是一种新型的催化材料[31]，具有催化活性高、选择性好、耐热、不污染环境、不腐蚀设备和可重复使用等特点，有极好的发展前景，但制备成本较高，目前还未见应用于工业生产。

三、脱水剂

酯化反应缩合所形成的水需要不断脱除，促使酯化反应速度加快，同时提高酯的得率，因此脱水剂的选择是合成反应的关键。脱水方法有物理法和化学法。化学法用无水盐类与水化合成水合晶体，但实际效果不佳；物理法通过恒沸蒸馏来达到除水的目的，在反应系统中加入不混溶于水的溶剂（脱水剂）和水组成共沸物，沸点较低，容易脱除，如甲苯、苯、乙酸乙酯等[19]。

第三节　三乙酸甘油酯制备工艺

三乙酸甘油酯的制备原理就是酯化反应，即 $R'-COOH + R''-OH \rightleftharpoons R'-COOR'' + H_2O$。主要是以丙三醇和醋酸为原料，在催化剂的作用下进行酯化反应，经脱水、减压精馏得到三乙酸甘油酯产品。酯化反应制备三乙酸甘油酯工艺流程见图 4.10。

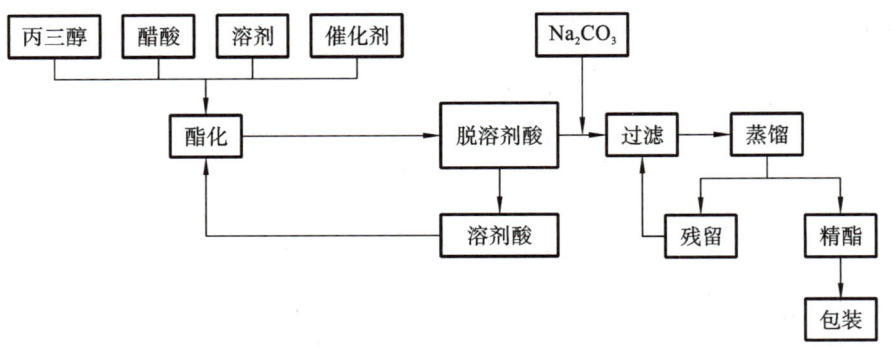

图 4.10　酯化反应制备三乙酸甘油酯工艺流程[19]

第四节　烟用三乙酸甘油酯主要技术指标

烟用三乙酸甘油酯的外观应为无色、无臭、油状液体,不含机械杂质,技术指标应符合表 4.1 的规定。

表 4.1　烟用三乙酸甘油酯技术指标

项目	指标
三乙酸甘油酯含量/(%)	≥99.0
酸度(以乙酸计)/(%)	≤0.010
水分/(%)	≤0.050
色度/[Hazen 单位(Pt-Co 色号)]	≤15
密度(ρ_{20})/(g/cm³)	1.154～1.164
折光指数(n_D^{20})	1.430～1.435
砷(As)/(mg/kg)	≤1.0
铅(Pb)/(mg/kg)	≤5.0

第五节　三乙酸甘油酯分析技术

一、纯度分析技术

(一)皂化法

皂化法是通过酸碱滴定法测定样品中的总酯量,然后以总酯量作为评价烟用三乙酸甘油酯含量的依据。首先称取 1 g 样品,称准至 0.0002 g,置于 250 mL 三角烧瓶中,加入 50.00 mL 0.5 mol/L 的氢氧化钾乙醇溶液,在水浴上加热回流 1 h,然后冷却,以酚酞作为指示剂,用 0.5 mol/L 的盐酸标准溶液滴定至终点,同时做一空白试验。

$C_8H_{14}O_8$ 的质量分数(x)按下式计算:

$$x=\frac{(V_2-V_1)\times C\times 218.21}{3000\times m}\times 100\%$$ (4-1)

式中:V_2——空白样消耗盐酸标准溶液的体积(mL);

V_1——样品消耗盐酸标准溶液的体积(mL);

C——盐酸标准溶液的摩尔浓度(mol/L);

m——样品质量(g);

218.21——三乙酸甘油酯的摩尔质量(g/mol)。

以总酯量评价三乙酸甘油酯的含量时,由于把包括单乙酸甘油酯、二乙酸甘油酯、乙酸乙酯等在内的所有酯类都判作三乙酸甘油酯,所以其检测结果的准确性较差[34]。

(二)气相色谱-火焰离子化检测器法

使用配有氢火焰离子化检测器的气相色谱仪测定三乙酸甘油酯的纯度是目前的主流分析方法,可选用的色谱柱有 DB-1(100%二甲基聚硅氧烷)、DB-5(5%Ph-聚硅氧烷)、CP-SIL19(19%CNP-聚硅氧烷)、DB-WAX(PEG)等。该方法通过色谱技术实现了单乙酸甘油酯、二乙酸甘油酯等其他组分与三乙酸甘油酯的分离,克服了皂化法将其他酯类判作三乙酸甘油酯的问题。根据计算方法的不同,气相色谱-氢火焰离子化检测器法可分为归一化法和内标法。

1. 归一化法

烟草行业内制定了《烟用三乙酸甘油酯》(YC/T 144—2017)[33](详见本章第六节)标准,要求烟用三乙酸甘油酯的纯度达到99%,并推荐用归一化法进行产品含量的检测。但该方法是通过三乙酸甘油酯色谱出峰面积与总峰面积比较来评估其含量,没有采用校正因子对各物质出峰面积进行校正,所以当样品中含有某些相对分子质量大,但不能从色谱柱中流出,或者含有某些在 CC 检测器上响应极低甚至无法检出的物质时,更可能造成该方法检测结果的严重偏高。此外,当样品中含有乙醇等杂质时,由于其色谱出峰会与配制试样所用溶剂(乙醇)的出峰重叠,因而也会使检测结果偏高。

2. 内标法

《烟用三乙酸甘油酯 纯度的测定 气相色谱法》(YC/T 420—2011)[34]中使用的即为内标法(详见本章第六节)。段海波等[32]以异丙醇为溶剂,C_{17}为内标物,建立了一种烟用三乙酸甘油酯纯度的内标定量法。结果表明,三乙酸甘油酯的回收率为97.3%~103.7%,相对标准偏差(RSD)为 2.2%,检出限为 0.00037 mg/mL。与归一化法相比较,本方法具有准确、快速的特点,用于实际样品的检测能够取得满意的结果,对监控样品是否符合要求具有重要的意义。

2007 年,Coresta 研究了内标物、萃取溶剂、萃取时间、萃取温度对三乙酸甘油酯检测结果的影响。结果发现:①比较茴香脑、三丙酸甘油酯、三丁酸甘油酯三种内标物,茴香脑在样品中吸附严重,三丙酸甘油酯效果更好,样品对内标吸附轻微;②使用的不同溶剂(甲醇、乙醇和丙酮)之间的定量结果存在差异;③在较高的温度(55 ℃)下,提取时间似乎更短,在大约 1.5 h 内三乙酸甘油酯的含量达到最高水平,而室温下需提取 2~3 h 才能达到最大值。

(三)静态顶空气相色谱法

方铤中[35]用移液枪准确移取三乙酸甘油酯样品 1 mL 于 20 mL 顶空色谱瓶内封装,使用 7694E 静态顶空进样器连接带有 FID 的 6890N 气相色谱仪检测,采用强极性 VOC 毛细管色谱柱分离,同时取空顶空瓶采用相同方法进行检测,结果使用峰面积归一化法,扣除空白样后定量,每个样品制作 2 个平行待测试样,试验结果以平行样的平均值表示。结果表明:静态顶空气相色谱法操作简便,快速,结果准确,回收率为 99.89%~100.09%,RSD 均值为 0.12%,与《烟用三乙酸甘油酯》(YC/T 144—2017)[33]中的方法相比,

结果一致性好。

二、残留有机化合物分析技术

重金属成分的检测结果是三乙酸甘油酯检验的一个重要指标。国内外检测重金属的方法有分光光度法、发光分析法、电分析法、连续流动分析仪法等。这些方法大多需对样品进行分离富集，灵敏度较低，而且所用的有机萃取试剂通常对操作人员的健康有害，不利于推广应用；而电感耦合等离子体质谱（ICP-MS）法因其快速、准确、灵敏度高、所用试剂无毒害等特点，一直备受国内外学者的关注。ICP-MS 法的原理是样品经消解后转移定容，在选定的仪器参数下，在线加入内标，用电感耦合等离子体质谱仪测定，以质荷比强度与元素浓度的定量关系测定样品溶液中元素浓度，分别计算得出样品中铬、镍、砷、硒、镉、汞和铅的含量[36]。

夏向伟等[37]对烟用香精香料、水基胶、三乙酸甘油酯样品采用加硝酸后预消解，之后上微波消解，建立了 ICP-MS 法快速检测其样品中的 Cr、Mn、Ni、Cu、As、Se、Cd、Pb 等元素，并采用该方法测定了 7 个烟用香精香料样品、4 个三乙酸甘油酯样品、6 个水基胶样品，结果表明：这些元素的定量限分别为 0.086 $\mu g/L$、0.072 $\mu g/L$、0.089 $\mu g/L$、0.063 $\mu g/L$、0.084 $\mu g/L$、0.096 $\mu g/L$、0.074 $\mu g/L$ 和 0.082 $\mu g/L$，回收率范围分别为 96.7%～112.3%、94.0%～108.1%、100.3%～115.3%、93.1%～102.7%、102.7%～110.0%、103.3%～112.0%、90.5%～104.5% 和 94.8%～106.6%，RSD 分别为 2.63%、1.36%、1.81%、2.58%、5.34%、8.18%、9.64% 和 8.11%，线性范围均为 1～50 $\mu g/L$；三乙酸甘油酯、水基胶和香精香料中这些元素的含量很低，Cd 元素均未检出，其中水基胶样品中 Cu 含量高于 1 $\mu g/g$，其余元素总量均低于 0.5 $\mu g/g$。该方法具有快速、灵敏、简便等优点，适用于烟用香精香料、水基胶和三乙酸甘油酯样品中 8 种元素的测定。

三、不同样品中三乙酸甘油酯的含量分析技术

（一）气相色谱-热导检测器（GC-TCD）分析方法

王康等[38]为同时检测加热不燃烧卷烟气溶胶中的水分、烟碱、丙三醇、1,2-丙二醇、三乙酸甘油酯和薄荷醇，以 1,3-丁二醇和正丁醇为内标，建立了气相色谱-热导检测器（GC-TCD）分析方法。采用含两种内标的异丙醇溶液对捕集了加热不燃烧卷烟总粒相物的剑桥滤片振荡萃取 40 min，然后进行 GC-TCD 定量分析，并采用该方法测定了 4 个加热不燃烧卷烟样品的气溶胶成分。结果表明：①该方法能够同时测定加热不燃烧卷烟气溶胶萃取液中低浓度的烟碱、丙三醇、1,2-丙二醇、三乙酸甘油酯、薄荷醇和高浓度的水分；②水分、烟碱、丙三醇、1,2-丙二醇、三乙酸甘油酯和薄荷醇的定量限分别为 0.630 mg/支、0.031 mg/支、0.059 mg/支、0.035 mg/支、0.046 mg/支和 0.048 mg/支，加标回收率为 95.1%～109.2%，相对标准偏差为 1.77%～4.28%。该方法适用于加热不燃烧卷烟气溶胶主要成分的同时定量检测。

气相色谱条件如下。色谱柱：DB-1701 型毛细管柱。升温程序：80 ℃（2.5 min）$\xrightarrow{40\ ℃/min}$ 250 ℃（3 min）。进样口温度：260 ℃。TCD 温度：260 ℃。载气：氦气，恒流模式，1.5 mL/min。尾吹气氦气流量：30 mL/min。进样量：1 μL。进样模式：分流进样，分流比为 5∶1。DB-1701 型色谱柱分离标样的色谱见图 4.11。

（二）近红外模型预测法

王鹏等[39]为实现烟用滤棒中三乙酸甘油酯含量的快速检测，通过滤棒近红外光谱采集条件、建模数据算法、数据预处理方式，以递进的方式建立了其近红外预测模型。结果表明：两端绑缚 100 支滤棒，采集光谱的变异系数最小；不同建模数据算法初步建立模型相关系数表现为简单比尔定律 3.0，精密度为 0.27%～0.62%；与文献方法的配对样本 t 检验 $P>0.05$，无显著性差异。建立的预测模型可以应用于烟用滤棒的三乙酸甘油酯含量的检测。

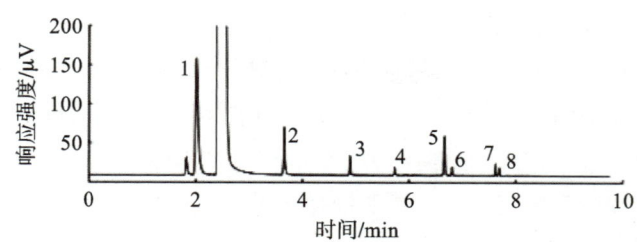

图 4.11　DB-1701 色谱柱分离标样的色谱

注：1—水；2—正丁醇；3—1,2-丙二醇；4—1,3-丁二醇；5—丙三醇；6—薄荷醇；7—三乙酸甘油酯；8—烟碱。

第六节　烟用三乙酸甘油酯相关分析技术标准化应用

一、烟用三乙酸甘油酯

《烟用三乙酸甘油酯》(YC/T 144—2017)[33]标准规定了烟用三乙酸甘油酯的术语和定义、技术要求、抽样、测试方法以及包装、标志、运输和贮存等内容。

（一）抽样

1. 抽样工具

抽样工具包括搅拌器、取样器和样品容器等。

所用工具均应清洁干燥。样品容器应密封性好，对三乙酸甘油酯无任何影响，且不受三乙酸甘油酯腐蚀。建议使用带有防泄漏螺旋口的聚四氟乙烯或玻璃容器盛放样品，杜绝使用矿泉水瓶和磨口容器盛放样品。

2. 抽样要求

①以同一生产批的三乙酸甘油酯为一个检验批。

②以 500 mL 三乙酸甘油酯为一个取样单位。试验室样品由三个取样单位组成，一份作为测试样品，另外两份作为复检样品备用。具体要求如下。

——桶装产品：从同一检验批中随机抽取 3 桶三乙酸甘油酯作为检验样品，每桶各抽取 1 个取样单位作为试验室样品。

——罐装产品：从同一检验批中随机抽取 3 个取样单位作为试验室样品。

③取样后立即将样品容器密封，待测。

（二）技术指标检测方法

外观——目测。

含量或纯度——气相色谱法。

酸度——酸碱滴定法。

水分——按《烟用三乙酸甘油酯》(YC/T 144—2017)附录 C 或 YC/T 539[40]的规定进行测试。当有多项指标需要检测时，应先检测水分。注：以《烟用三乙酸甘油酯》(YC/T 144—2017)附录 C 方法为仲裁方法。

色度——按《烟用三乙酸甘油酯》(YC/T 144—2017)附录 D 的规定进行测试。

密度——按《烟用三乙酸甘油酯》(YC/T 144—2017)附录 E 的规定进行测试。

折光指数——按《烟用三乙酸甘油酯》(YC/T 144—2017)附录 F 的规定进行测试。

砷、铅——按 GB 5009.76[41] 或 YC/T 316[36] 的规定进行测试。注:以 GB 5009.76 为仲裁方法。

(三)包装、标志、运输和贮存

1.包装、标志

三乙酸甘油酯应使用坚固、密封、清洁、干燥的钢桶包装,三乙酸甘油酯包装容器上应有牢固清晰的标志,其内容包括产品名称、生产企业名称、地址、注册商标、批号或生产日期、毛重、净重、执行标准编号以及可追踪的标记等内容。每批产品出厂时应有质量合格证明。

特殊包装的三乙酸甘油酯,由供需双方协商确定。

2.运输、贮存

三乙酸甘油酯产品运输时应小心轻放,不应敲击、倒置;应贮存在阴凉、干燥、通风和防火的仓库内。

三乙酸甘油酯产品保质期为自生产之日起 12 个月。

二、烟用三乙酸甘油酯中三乙酸甘油酯含量的测定

《烟用三乙酸甘油酯》(YC/T 144—2017)[33] 附录 A 中规定了烟用三乙酸甘油酯中三乙酸甘油酯含量的检测方法。主要原理是将样品通过溶剂稀释后注入气相色谱仪,然后使用氢火焰离子化检测器(FID)检测,面积归一化法定量。

(一)样品检测

移取 0.1 mL 样品于 50 mL 锥形瓶中,加入 10 mL 丙酮,密封并摇匀,即得样品溶液。通过气相色谱分析,记录样品中三乙酸甘油酯和其他杂质的色谱峰面积,每个样品应平行测定两次。

检测条件如下。色谱柱:熔融石英毛细管柱,推荐固定相为(5%-苯基)-甲基聚硅氧烷,规格为 30 m(长度)×0.32 mm(内径)×1.0 μm(膜厚)。柱温箱升温程序:初始温度 130 ℃,保持 2 min,以 10 ℃/min 的速率升至 250 ℃,保持 5 min。进样口温度:250 ℃。载气:99.999% 以上纯度的氮气或氢气,恒流模式,流量 1.5 mL/min。进样量 1 μL,分流进样,分流比 30∶1。检测器温度:280 ℃。

三乙酸甘油酯样品的典型色谱图参见图 4.12。

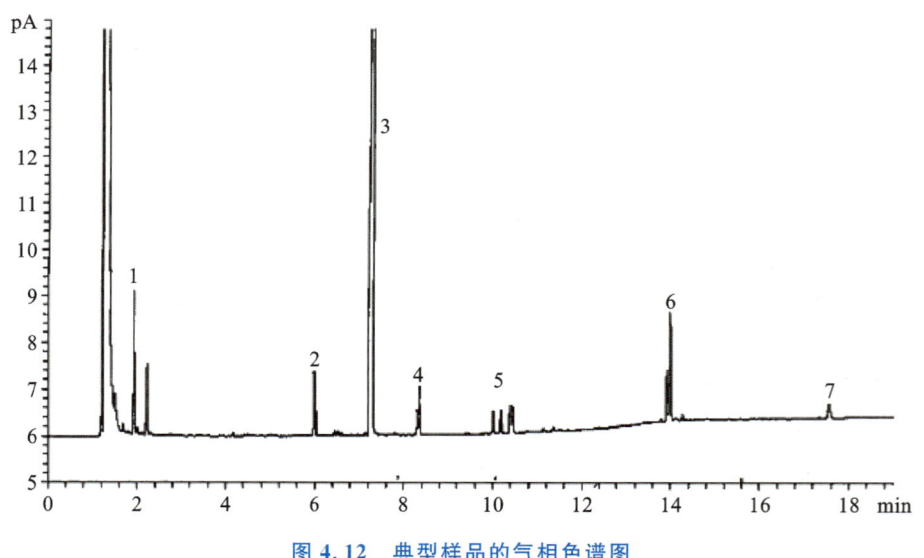

图 4.12 典型样品的气相色谱图

注:1—丙酮;2—二乙酸甘油酯和单乙酸甘油酯;3—三乙酸甘油酯;4—二乙酸单丙酸甘油酯;5,6,7—其他杂质。

(二)计算方法

三乙酸甘油酯含量(c)按下式计算得出:

$$c = \frac{A}{\sum\limits_1^n A_i} \times 100\% \tag{4-2}$$

式中:c——三乙酸甘油酯含量;

A——三乙酸甘油酯的峰面积;

$\sum\limits_1^n A_i$——各组分的峰面积之和(溶剂峰不计)。

取两次平行测定结果的算术平均值作为测试结果,保留小数点后 1 位。

两次平行测定结果的绝对偏差应不大于 0.1%。

三、《烟用三乙酸甘油酯 纯度的测定 气相色谱法》(YC/T 420—2011)

《烟用三乙酸甘油酯 纯度的测定 气相色谱法》(YC/T 420—2011)[34]中规定了烟用三乙酸甘油酯纯度的气相色谱测定方法,适用于烟用三乙酸甘油酯纯度的测定。用加有丙标物的异丙醇稀释三乙酸甘油酯样品,用配有氢火焰离子化检测器的气相色谱仪进行测定,采用内标法定量。

(一)溶液配制

内标溶液:以正十七烷为内标物,异丙醇为溶剂,配制浓度为 1.7 mg/mL 的内标溶液。

标准工作溶液:准确称取约 0.15 g、0.18 g、0.22 g、0.26 g、0.30 g、0.34 g 三乙酸甘油酯标准物质至 150 mL 具塞锥形瓶,准确加入内标溶液 50 mL,盖上瓶盖,摇匀。此标准工作溶液的含量为 3.0~6.8 mg/mL。

(二)样品检测

样品前处理:称取约 0.25 g(精确至 0.0001 g)样品于 150 mL 具塞锥形瓶中,准确加入内标溶液 50 mL,盖上瓶盖,摇匀,每个样品应制备两个平行试样。

标准曲线建立:分别取系列标准工作溶液按照仪器测定条件进行分析,计算每个标准溶液中三乙酸甘油酯与内标物的峰面积比,得出三乙酸甘油酯浓度与峰面积比的线性回归方程,$R^2 \geq 0.9999$。每 20 次样品测定后应注入一个中等浓度的标准工作溶液,如果测得的值与原值相差超过 0.2%,则应重新进行标准工作曲线的制作。

检测条件如下。熔融石英毛细管柱,推荐固定相为(14%-氰丙基-苯基)-甲基聚硅氧烷,规格为 30 m(长度)×0.32 mm(内径)×1.0 μm(膜厚),其他色谱柱应验证其适用性。进样口温度:250 ℃。初始温度:130 ℃。程序升温:初温保持 2 min,然后以 10 ℃/min 的速率从 130 ℃升至 250 ℃,保持 5 min。检测器温度:280 ℃。载气:氦气(He)。恒流模式,流量:1.5 mL/min。高纯氢气 35 mL/min、空气 400 mL/min、尾吹气(氩气或氮气)20 mL/min。进样量:1.0 μL。分流比:50∶1。

典型样品的气相色谱图示例见图 4.13。

(三)计算方法

样品中三乙酸甘油酯的纯度按下式计算得出:

$$A = \frac{c \times V}{m} \times 100\% \tag{4-3}$$

式中:A——三乙酸甘油酯样品的纯度(%);

c——试样中三乙酸甘油酯的测定含量,单位为毫克每毫升(mg/mL);

V——试样体积,单位为毫升(mL);

m——样品的称样量,单位为毫克(mg)。

取两次平行试样测定结果的算术平均值作为样品测定结果,精确至 0.1%。

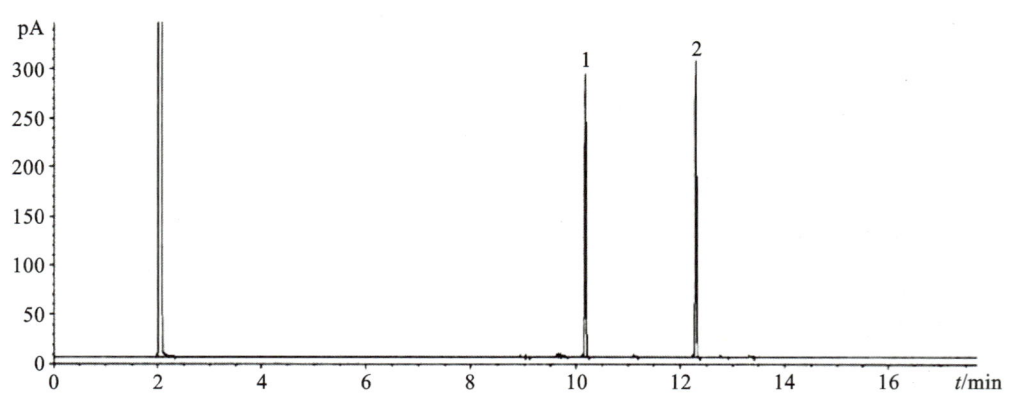

图 4.13　典型样品的气相色谱图

注:1—乙酸甘油酯;2—正十七烷。

两次平行测定结果的相对平均偏差应小于 0.2%。

(四) 方法评价

本方法的回收率、精密度和检出限结果见表 4.2。

表 4.2　方法的回收率和定量限结果

回收率/(%)	变异系数	不同试验室的重复性(r)	不同试验室的再现性(R)	定性检出限	定量检出限
99.5～101.6	0.943	0.168～0.331	0.441～0.837	0.0086	0.029

四、烟用三乙酸甘油酯水分的测定

《烟用三乙酸甘油酯 水分的测定 气相色谱法》(YC/T 539—2016)[40]中规定了烟用三乙酸甘油酯中水分的气相色谱测定方法,适用于烟用三乙酸甘油酯中水分的测定。将烟用三乙酸甘油酯溶解于含有内标物的溶剂中,用配有热导池检测器的气相色谱仪测定,内标法定量。

(一) 溶液配制

内标溶液:称取 1.0 g 丙酮,精确至 0.1 mg,以 N,N-二甲基甲酰胺(DMF)稀释并定容至 10 mL,得到浓度为 0.1 g/mL 的内标溶液。室温下密封贮存,有效期 15 d。

一级标准溶液:称取 1.0 g 水,精确至 0.1 mg,以 DMF 稀释并定容至 10 mL,得到浓度为 0.1 g/mL 的一级标准溶液。室温下密封贮存,有效期 15 d。

二级标准溶液:移取 2 mL 一级标准溶液于 10 mL 容量瓶中,以 DMF 稀释并定容,得到浓度为 0.02 g/mL 的二级标准溶液。室温下密封贮存,有效期 15 d。

标准工作溶液:根据需要配制合适浓度的系列标准工作溶液。推荐如下配制方法:分别移取 0.05 mL、0.15 mL 的二级标准溶液,0.05 mL、0.08 mL、0.10 mL 的一级标准溶液,于 50 mL 具塞锥形瓶中,加入 10 mL DMF 和 0.05 mL 内标溶液,密封并摇匀,即得系列标准工作溶液,该系列标准工作溶液中水与内标物的质量比值分别为 0.2、0.6、1.0、1.6、2.0。该标准工作溶液应在 24 h 内完成上机分析。

(二) 样品检测

样品前处理:称取 10 g 样品于 50 mL 具塞锥形瓶中,精确至 0.01 g,加入 10 mL DMF 和 0.05 mL 内标溶液,密封并摇匀,即得样品溶液。该溶液应在 24 h 内完成上机分析。不加样品,按上述步骤处理后,即得空白溶液。分别将样品溶液和空白溶液注入气相色谱仪,按照仪器测定条件测定。每个样品重复测定两次。同时每批样品做一组空白对照。

标准曲线建立:分别取系列标准工作溶液按照仪器测定条件进行分析,每级标准工作溶液重复测定两次。以水与内标物峰面积的比值为纵坐标,水与内标物的质量比值为横坐标,建立标准工作曲线,工作曲线的线性相关系数 $R^2 > 0.999$。每次试验均应制作标准工作曲线;每 20 次样品测定后应加入一个中等浓度的标准工作溶液,如果测得值与原值相差超过 5%,则应重新进行标准工作曲线的制作。

检测条件如下。熔融石英毛细管柱,推荐固定相为键合聚苯乙烯-二乙烯基苯,规格为 30 m(长度)× 0.53 mm(内径)×40.0 μm(膜厚),其他色谱柱应验证其适用性。载气:氮气,恒流模式,流量 8 mL/min。进样口温度:260 ℃。进样量:2 pL。分流比:5∶1。柱温箱升温程序:初始温度为 170 ℃,保持 2.5 min;然后以 50 ℃/min 速率升至 260 ℃,保持 30 min。检测器温度:260 ℃,参比流量 20 mL/min,尾吹气流量 2 mL/min。

典型样品的气相色谱图示例见图 4.14。

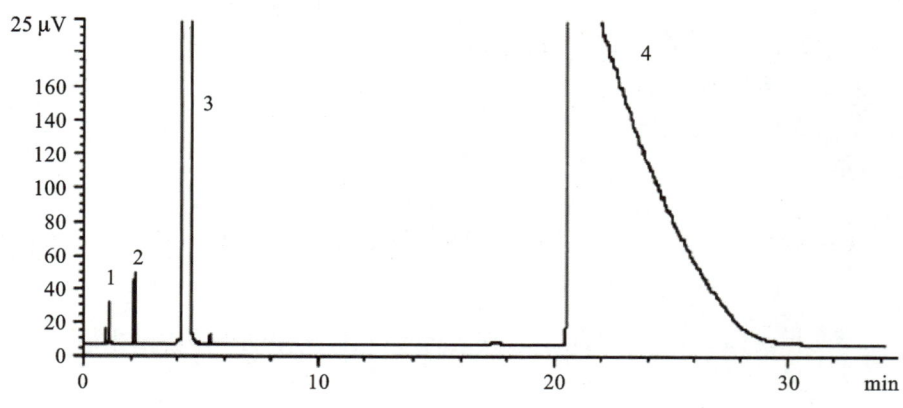

图 4.14　典型样品的气相色谱图

注:1—水;2—内标;3—DMF;4—三乙酸甘油酯。

(三) 计算方法

三乙酸甘油酯中的水分含量 X_i 按下式进行计算。

$$X_i = \frac{(r_i - r_0) \times m_{is}}{m_i} \times 100 \tag{4-4}$$

式中:X_i——试样中水分含量(质量分数,%);

r_i——由标准工作曲线得出的试样中水与内标物的质量比;

r_0——由标准工作曲线得出的空白样中水与内标物的质量比;

m_{is}——内标的添加质量(g);

m_i——试样的质量(g)。

以两次平行测定结果的算术平均值作为最终测定结果,精确至 0.001%。

两次平行测定值之差的绝对值应不大于 0.003%。

(四) 方法评价

本方法的回收率和定量限结果见表 4.3。

表 4.3　方法的回收率和定量限结果

化合物名称	回收率/(%)	定量限/(%)
水	97.2～101.9	0.007

五、醋酸纤维滤棒中三乙酸甘油酯的测定

《醋酸纤维滤棒中三乙酸甘油酯的测定 气相色谱法》(YC/T 331—2010)[42]中规定了醋酸纤维滤棒中三乙酸甘油酯含量的测定方法。通过加有内标物(茴香脑或者正十七烷)的乙醇溶液萃取醋酸纤维滤棒中

的三乙酸甘油酯,用配有氢火焰离子化检测器的气相色谱仪进行测定,采用内标法定量。

(一)溶液配制

萃取剂:含有适当浓度内标物(茴香脑或者正十七烷)的无水乙醇溶液,浓度一般为1.0～1.5 mg/mL。

标准储备溶液:称取约 5 g 三乙酸甘油酯标准品,精确至0.0001 g,用 1.0～1.5 mg/mL的茴香脑或正十七烷乙醇溶液溶解后转移至 100 mL 容量瓶中,并定容。

标准工作溶液:用 1.0～1.5 mg/mL 的茴香脑或正十七烷乙醇溶液稀释标准储备液,至少配制 5 个不同浓度的标准工作溶液,其浓度范围应覆盖预计检测到的样品中三乙酸甘油酯的含量,一般为 0.5～5.0 mg/mL。

(二)样品检测

样品前处理:取 5 支包含成型纸的滤棒,称量,精确至 0.0001 g。将每支滤棒沿纵向撕开,再剪成 10～20 mm 长的小段,放置于 250 mL 具塞锥形瓶中,用移液管或自动加液器加入 100 mL 萃取剂,盖上瓶盖。用旋转振荡器振荡萃取 3 h,取上层清液进行气相色谱分析。每毫升萃取剂萃取 20～40 mg 滤棒,如果滤棒质量超出范围,应适当调整萃取剂的体积。

标准曲线建立:测定标准工作溶液,计算每个标准溶液中三乙酸甘油酯与内标物的峰面积比,得出三乙酸甘油酯浓度与峰面积比的线性回归方程,相关系数 R^2 应不小于0.998。标准工作溶液的色谱图示例参见图 4.15。每 20 次进样后应加入一个中等浓度的标准工作溶液进行测定,如果测得的值与原值的相对偏差超过 3%,则应重新进行标准曲线的制作。

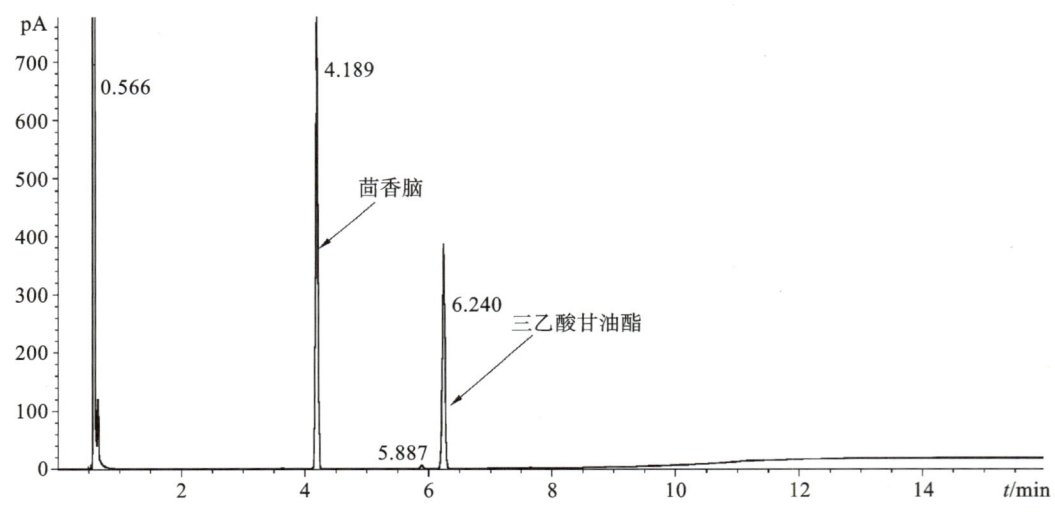

图 4.15 标准工作溶液色谱图示例

检测条件如下。进样口温度:250 ℃。初始温度:120 ℃。升温程序:以 10 ℃/min 的速率由 120 ℃升至 210 ℃,保持 5 min。检测器温度:250 ℃。载气:高纯氮气或氦气,17.6 mL/min,恒流。辅助气:空气 300 mL/min、高纯氢气 40 mL/min、高纯氮气或氦气 5 mL/min。分流比:5∶1。进样量:1.0 μL。采用上述条件,总分析时间约为 15 min。

测定样品萃取溶液,计算三乙酸甘油酯与内标物的峰面积比,由线性回归方程计算得出萃取溶液中三乙酸甘油酯的浓度。滤棒样品萃取液的色谱图示例参见图 4.16。

(三)计算方法

滤棒中三乙酸甘油酯的含量按下式进行计算,取两次平行测定结果的平均值作为测试结果,通常以每支滤棒中三乙酸甘油酯的含量(mg/rod)表示,精确至 0.01 mg/rod。

$$w_1 = \frac{c \times V}{n}$$

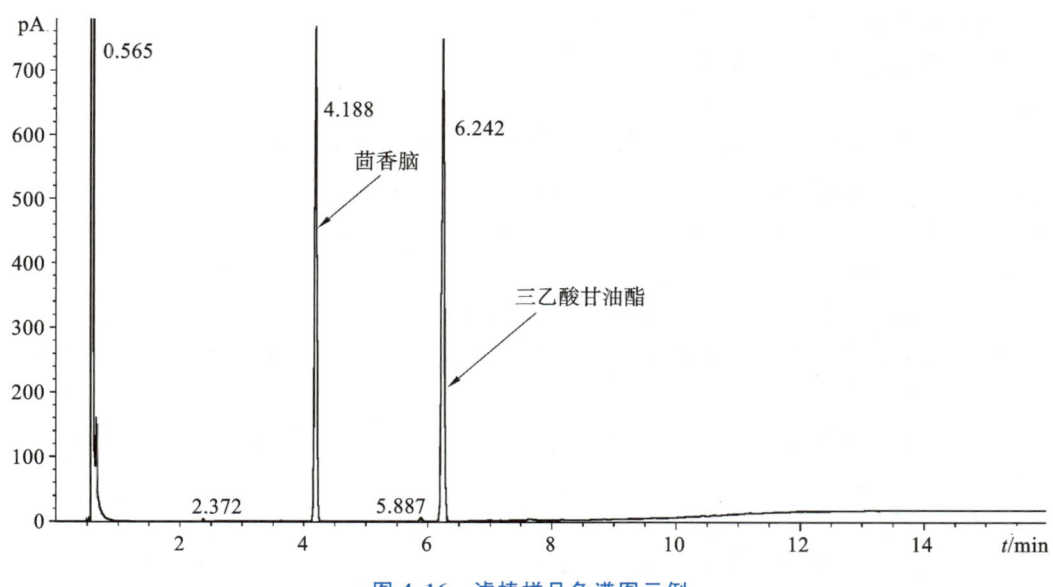

图 4.16　滤棒样品色谱图示例

$$w_2 = \frac{c \times V}{m \times 1000} \times 100\% \tag{4-5}$$

式中：w_1——滤棒中三乙酸甘油酯的含量，单位为毫克每支（mg/rod）；

w_2——滤棒中三乙酸甘油酯的含量（%）；

c——萃取溶液中三乙酸甘油酯的浓度，单位为毫克每毫升（mg/mL）；

V——萃取溶液的体积，单位为毫升（mL）；

n——萃取滤棒的数量，单位为支（rod）；

m——萃取滤棒的质量，单位为克（g）。

（四）方法评价

本标准方法的回收率及重复性检测结果见表 4.4。

表 4.4　方法的回收率、准确度和精密度

低浓度		中浓度		高浓度		平均回收率/（%）	重复性变异系数/（%）
加入量/mg	回收率/（%）	加入量/mg	回收率/（%）	加入量/mg	回收率/（%）		
75.0	100.1	150.0	101.3	300.0	99.6	100.3	2.0

参考文献

[1]　周永芳,陈平,蒋平平,等.烟用三乙酸甘油酯生产技术进展和标准解读[J].塑料助剂,2018 (5):9.

[2]　RASTEGARI H,GHAZIASKAR H S,YALPANI M. Valorization of biodiesel derived glycerol to acetins by continuous esterification in acetic acid:focusing on high selectivity to diacetin and triacetin with no byproducts[J]. Industrial & Engineering Chemistry Research,2015,54(13): 3279-3284.

[3]　刘霞,张丽芳,王晓卫.硫酸氢钠催化合成三乙酸甘油酯[J].化学工业与工程,2008,25(1): 12-14.

[4]　OGAWA T,MORIWAKI N,FUJII R,et al. Triacetin as food additive in gummy candy and otherfoodstuffs on the market[J]. Kitasato Archives of Experimental Medicine,1992,65(1): 33-44.

[5] 张婷丽.三乙酸甘油酯作为饲料酸化剂的应用:201110128145.6[P].2011-05-17.

[6] 朱杰,李晓玺,李琳.食品模拟体系中淀粉基膜材增塑剂的迁移[J].现代食品科技,2016,32(3):158-163.

[7] QUAN D,DESHPANDAY N A,VENKATESHWARAN S,et al. Triacetin as a penetration enhancer fortransdermal delivery of a basic drug:5601839[P].1997-02-11.

[8] FIUME M Z. Final report on the safety assessment of triacetin[J]. International Journal of Toxicology,2003,22(2):1-10.

[9] M·博恩,K·克雷默,A·马库斯.三乙酸甘油酯治疗甲癣的应用:96190656.1[P].1996-05-03.

[10] 徐浩.吡啶硫酸氢盐离子液体催化甘油与乙酸酯化反应精馏制备三乙酸甘油酯[D].南宁:广西大学,2020.

[11] CASAS A,RAMOS M J,PEREZ A. Kinetics of chemical interesterification of sunflower oilwith methyl acetate for biodiesel and triacetin production[J]. Chemical Engineering Journal,2011,171(3):1324-1332.

[12] CASAS A,RAMOS M J,ANGEL P. New trends in biodiesel production:chemical interester ification of sunflower oil with methyl acetate[J]. Biomass & Bioenergy,2011,35(5):1702-1709.

[13] Maddikeri G L,Pandit A B,Gogate P R. Ultrasound assisted interesterification of waste cooking oil and methyl acetate for biodiesel and triacetin production[J]. Fuel Processing Technology,2013,116(6):241-249.

[14] 徐世杰,季祥,蔡禄,等.地沟油制取生物柴油副产物甘油合成三醋酸甘油酯研究[J].广东化工,2014,41(24):11-12.

[15] 郭晓亚,慈冰冰,于晶露,等.生物柴油生产废液中甘油的提取及三醋酸甘油酯的合成[J].上海大学学报(自然科学版),2010,16(5):522-525.

[16] 邓克俭,陆峰平,沈睿曼,等.由三氯丙烷粗馏分制取三醋酸甘油酯[J].化学研究与应用,2000,12(1):81-84.

[17] HOWELL,CARL. Process for deodorizing triacetin produced from natural glycerin:0244208[P].1987.

[18] 熊建利,鲍成根.三醋酸甘油酯的新工艺合成研究[J].安徽化工,2000(04):12-13.

[19] 吴应琴.甘油三醋酸酯的制备[J].贵州化工,2001,26(4):20-22.

[20] 陶贤平.环境友好催化剂催化合成三醋酸甘油酯[J].精细石油化工进展,2005,6(11):29-34.

[21] 刘红梅,卢义和,宫素芝.活性炭负载对甲苯磺酸催化合成三醋酸甘油酯工艺条件研究[J].河北工业科技,2007,24(1):21-23.

[22] 成凤桂,欧知义.固定化催化剂催化合成三醋酸甘油酯[J].中南民族学院学报(自然科学版),2001(04):23-25.

[23] 李红娟.生物柴油及其高附加值产品的合成新工艺研究[D].青岛:青岛科技大学,2008.

[24] 侯俊卿,史文琴.三醋酸甘油酯合成新工艺[J].河南化工,1998(6):15,18-19.

[25] HARMER A M,QUIN S. Solid acid catalysis using ion-exchange resins[J]. Applied Catalysis A(General):2001,221(2):45-62.

[26] 唐健.三醋酸甘油酯的合成[J].广西化工,1996(02):32-35.

[27] 郭星翠,张杰,孟宪涛,等.ZrBSAPO-5 的制备及其催化合成三醋酸甘油酯[J].工业催化,2004,12(8):32-36.

[28] 郭星翠,孟宪涛,张杰,等.SiW$_{12}$/MCM-41 催化剂的合成及对三醋酸甘油酯反应的影响[J].石油化工高等学校学报,2005,18(1):36-40.

[29]　刘士荣,李策.活性炭负载磷钨酸催化合成三醋酸甘油酯[J].江南大学学报(自然科学版),2004,3(4):411-414.

[30]　姚晓俊.固体超强酸催化合成三醋酸甘油酯的研究[J].安徽化工,2007,33(3):17-18.

[31]　ZHAO L F, JIANG B. Studies on Catalytic Synthesis of Glycerol Triacetate by Europium Doping Solid-supported Superacid[J]. Chinese Rare Earths,2006,5:62-65.

[32]　段海波,马晓年,李超,等.气相色谱法测定三乙酸甘油酯纯度[J].山东化工,2014,43(1):64-66.

[33]　国家烟草专卖局.烟用三乙酸甘油酯:YC/T 144—2017[S].北京:中国标准出版社,2018.

[34]　国家烟草专卖局.烟用三乙酸甘油酯 纯度的测定 气相色谱法:YC/T 420—2011[S].北京:中国标准出版社,2012.

[35]　方钲中.静态顶空气相色谱法测定三乙酸甘油酯含量的研究[J].湖南农业科学,2014(06):10-12.

[36]　国家烟草专卖局.烟用材料中铬、镍、砷、硒、镉、汞和铅 残留量的测定 电感耦合等离子体质谱法:YC/T 316—2014[S].北京:中国标准出版社,2015.

[37]　夏向伟,段焰青,夏建军,等.ICP-MS法测定三乙酸甘油酯、水基胶、香精香料中的重金属元素[J].食品工业,2015,36(10):293-296.

[38]　王康,柳均,肖少红,等.GC-TCD法同时检测加热不燃烧卷烟气溶胶水分及烟碱、丙三醇、1,2-丙二醇、三乙酸甘油酯和薄荷醇的释放量[J].烟草科技,2019,52(3):63-68.

[39]　王鹏,蔡利,谭广璐,等.烟用滤棒中三乙酸甘油酯递进法近红外模型的建立[J].中南农业科技,2024(03):56-59.

[40]　国家烟草专卖局.烟用三乙酸甘油酯 水分的测定 气相色谱法:YC/T 539—2016[S].北京:中国标准出版社,2016.

[41]　中华人民共和国国家卫生和计划生育委员会.食品安全国家标准 食品添加剂中砷的测定:GB 5009.76—2014[S].北京:中国标准出版社,2016.

[42]　国家烟草专卖局.醋酸纤维滤棒中三乙酸甘油酯的测定 气相色谱法:YC/T 331—2010[S].北京:中国标准出版社,2010.

[43]　国家烟草专卖局.烟用接装纸原纸:YC 170—2009[S].北京:中国标准出版社,2009.

[44]　国家烟草专卖局.烟用接装纸:YC 171—2014[S].北京:中国标准出版社,2015.

第五章

其他烟用胶粘剂分析技术及应用

除了加工滤棒、烟支卷烟和包装过程中使用的烟用水基胶粘剂、烟用热熔胶、烟用三乙酸甘油酯,在烟草生产过程中,还会使用其他类型的胶粘剂。再造烟叶作为一种重要的烟草原料,在其生产过程中会使用很多类型的胶粘剂。同时,随着卷烟的发展,爆珠(胶囊或香珠)成为卷烟加香的重要方式之一,爆珠卷烟也越来越受到人们的重视,爆珠中使用的胶粘剂也进入了人们的视野。本章主要介绍再造烟叶和爆珠生产过程中使用的胶粘剂。

第一节　其他烟用胶粘剂简介[1-3]

一、概述

再造烟叶,也称重组烟草薄片或烟草薄片,是由卷烟生产过程中废弃的烟梗、烟末和烟片等经过加工处理,加入胶粘剂和其他添加剂,再经过干燥等工艺处理,制备成性状接近或优于天然烟叶的片状产品。再造烟叶作为一种重要的烟草原料,在提高卷烟燃烧度、提高卷烟产品的内在质量、减少烟中的有害成分、降低烟焦油和尼古丁的含量以利于吸食者的健康等方面起着重要作用。目前很多牌号的卷烟都掺有再造烟叶,平均掺量可达烟草用量的15%,因此再造烟叶在烟草工业生产中有着举足轻重的地位。再造烟叶的成型以及成型制品是否具有必要的物理机械特性,胶粘剂是其中的关键因素。同时胶粘剂的性能直接关系到再造烟叶的成品质量和生产成本,因此,胶粘剂的性质选择与改进一直是再造烟叶研制工作中最重要的问题。

卷烟爆珠(俗称胶囊、香珠),顾名思义,是一种可以在吸烟过程中爆裂的珠子。这种珠子内部通常封装了各种香精或香料,当吸烟者捏破爆珠并将其与香烟一起点燃时,珠子内部的香精或香料会随着烟雾一起进入口腔,从而为吸烟者带来全新的口感体验。这种爆珠加香载体不仅可延长香料在卷烟中的滞留时间、增进产品的可接受性,还可有效避免传统香精香料添加方式中存在的香精香料易挥发、滞留时间短、添加剂残留污染设备等缺点。由于爆珠密封,可避免香料直接与光、热或空气接触,抑制香料挥发、氧化。胶囊化不仅可以保持香料物质的稳定并提供良好的视觉效果,还可以避免卷烟因高温燃烧而使香精变质等问题。因此爆珠壁材变得尤为重要,而壁材胶液的选择直接影响爆珠的固化成型、稳定性和物理性质。

二、定义、作用及用量

在再造烟叶生产过程中,把烟草颗粒/烟草纤维及其他组分黏结成片状等形状结构的胶粘物质叫胶粘剂,也称成膜剂。

胶粘剂除了起粘连作用,还赋予再造烟叶一定的机械性能,对再造烟叶的物理化学性质亦有很大的影响。再造烟叶的柔韧性、弹性、抗拉强度、破裂度等性能以及燃烧性、气味特性等都与胶粘剂的性质有关。质量较差的胶粘剂做成的烟叶会出现过硬、发脆、发黏、易碎、龟裂等现象,燃烧性差,产生一些不愉快或刺激性的气味。质量优良的胶粘剂不仅有好的胶粘性能,使制品有好的机械性能,而且无味、无臭、无害。然而现在实际应用的胶粘剂,大多数还不完全具备这些条件,如纤维素类胶粘剂燃烧时往往带有一些刺激性杂味。

再造烟叶中胶粘剂的用量指外部加入的非烟草成分胶粘剂。其变化范围较大,从百分之几到百分之十几,甚至高达 20%,这与胶粘剂的胶粘性能有关,也与再造烟叶的制造方法及成型工艺有关。烟草颗粒越小,胶粘剂用量也越少。在完全依靠外加胶粘物质黏结成型的工艺过程中,胶粘剂用量较多,而在另一些成型工艺过程中,利用了烟草本身的果胶等胶粘物质,胶粘剂用量就较少甚至没有。同时,因为再造烟叶的成型方法不同,胶粘剂的种类和使用量也会有所不同,甚至同样的成型方法,由于再造烟叶的用途不同,要求的性能不同,在胶粘剂的选择和用量上也会有变化。

在爆珠生产过程中,胶粘剂主要作为增稠剂、成膜剂和填充剂使用,分为明胶体系和海藻酸钠体系,其中明胶体系主要由明胶、阿拉伯胶、卡拉胶、普鲁兰多糖、淀粉等食用胶组成,海藻酸钠体系主要由海藻酸钠、卡拉胶、环糊精、壳聚糖等食用胶组成。爆珠生产中会根据生产工艺不同而选择不同的胶粘剂和配比,同时因为部分胶粘剂在水中可以溶解,无凝胶特性,不适合物理成膜工艺,或者部分胶粘剂不能与金属离子发生交联反应,不适合界面成膜工艺,虽然具有凝胶特性,但在香精香料包埋试验中,所形成的膜太薄,无法形成能够支撑香精香料的壁囊,滴制破损严重,也无法单独使用,因此,很多胶粘剂都需要搭配其他材料复配使用。

三、选择与分类

正如任何物质的性质都与其结构有关一样,胶粘剂的胶粘性也与其结构上的某些特性有关。如纤维素衍生物的黏度与纤维素分子葡萄糖单位中游离羟基被某些基团取代的取代度有关,取代度越小,其黏度越大。又如甲基纤维素等水溶性纤维素,在引入少量乙基乙酰基等疏水基团后,变为不溶于水或微溶于水。根据这个原理,人们可以有目的地选择制造与改进具有一定胶粘性能的胶粘剂。然而,到目前为止,仅对某些类型胶粘剂(如纤维素衍生物)的胶粘性质与其结构的关系有一定的了解,而对大多数的胶粘剂,这种关系还了解得很少。当前,在再造烟叶的研制与生产上,胶粘剂的用量与其胶粘性能有关,也与再造烟叶的成型工艺有关,因此胶粘剂的选择与应用,在很多情况下是凭经验确定的。

目前再造烟叶和爆珠中的胶粘剂种类繁多,其组成各不相同,外观、性能各异,至今尚无统一的分类方法,但可从不同的角度进行分类。按其来源,可分为天然胶粘剂与合成胶粘剂,天然胶粘剂中包括植物胶(如瓜尔胶、卡拉胶)、动物胶(如骨胶、皮胶和明胶)、海藻胶(如海藻酸钠)与微生物胶(如黄原胶、普鲁兰多糖);按其溶解性,可分为水溶性胶粘剂与水不溶性(仅溶于有机溶剂)胶粘剂;按其化学结构,可分为纤维素衍生物类(如羟甲基纤维素)、淀粉及其衍生物类(改性淀粉)、多糖类(黄原胶、壳聚糖、罗望子胶、阿拉伯胶、普鲁兰多糖、环糊精等)、蛋白质类(如骨胶、明胶、改性乳清蛋白等)、醚类、酯类(如聚乙酸乙烯酯)、聚胺类等。

四、现状与发展趋势

传统的再造烟叶大多数使用单一的胶粘剂,例如 CMC,制备出来的再造烟叶存在抗拉强度较差的缺陷。而复配后的胶粘剂胶体之间相互缠绕形成网状结构,对提高再造烟叶的强度有协同作用,同时可能因

不同胶粘剂的复配而得到新的性能。目前,再造烟叶用的胶粘剂主要为复配胶粘剂,同时,随着技术的发展,人们越来越多地使用复配胶粘剂,如纤维素衍生物(羧甲基纤维素等)和改性淀粉(CMSA)、聚合淀粉胶(CMS)、黄原胶、瓜尔胶、古尔胶、甲壳素、壳聚糖、罗望子胶(塔马林籽胶)、阿拉伯胶、海藻酸钠、骨胶、明胶、果胶、琼脂、半乳甘露聚糖、葡甘露聚糖等复配胶粘剂。从复配胶粘剂的类型可以看出,天然多糖类胶粘剂占大多数,这与天然多糖低廉的价格、优良的性能是分不开的,同时天然多糖类胶粘剂不会损害再造烟叶产品的吃味与香气,使其应用更为广泛。

随着爆珠卷烟迅速发展,为了更好地规范爆珠卷烟的生产,最大限度地减小潜在风险,人们更加关注爆珠壁材的安全性,对爆珠壁材使用的胶粘剂的化学成分、性质和安全性等进行了研究。

第二节　其他烟用胶粘剂组成与性质

一、纤维素衍生物

天然纤维素是自然界中分布最广、含量最多的多糖,来源十分丰富。当前纤维素的改性技术主要集中在醚化和酯化两个方面。改性后的纤维素衍生物是最普遍使用的一类胶粘剂原料,包括甲基纤维素、乙基纤维素、羧甲基纤维素、羟乙基纤维素和羧甲基羟乙基纤维素等。本书主要介绍以下几种最常见的纤维素衍生物。

(1)甲基纤维素(MC)

甲基纤维素是一种非离子纤维素醚,它是通过醚化在纤维素中引入甲基而制成的。外观为白色或浅黄色或浅灰色小颗粒、纤丝状或粉末。无臭无味,其中27%～32%的羟基以甲氧基的形式存在。不同级别的甲基纤维素具有不同的聚合度,其范围为50～1000;而其相对分子质量(平均数)的范围为10000～220000 Da,其取代度被定义为甲氧基的平均数,甲氧基则连接于链上的每一个葡萄糖酐单元。甲基纤维素在无水乙醇、乙醚、丙酮中几乎不溶,在80～90 ℃的热水中迅速分散、溶胀,降温后迅速溶解,水溶液在常温下相当稳定,高温时能产生凝胶,并且此凝胶能随温度的高低与溶液互相转变。甲基纤维素具有优良的润湿性、分散性、粘接性、增稠性、乳化性、保水性和成膜性,以及对油脂的不透性。所成的膜具有优良的韧性、柔曲性和透明度,因属非离子型,可与其他的乳化剂配伍,但易盐析,溶液在 pH 值为2～12时稳定。

(2)乙基纤维素(EC)

乙基纤维素是纤维素的乙基醚,是通过乙缩醛连接的以 β-脱水葡萄糖为单元的长链聚合物,是应用最广泛的水不溶性纤维素衍生物之一。外观为白色粒状或细粉。乙基纤维素是溶于醇类等有机溶剂的水不溶性胶粘剂,早期常用于制造防水薄片或薄片的防水覆盖层。但是它比烟叶燃烧快且燃烧不均匀,燃烧时会产生令人不舒适的气味,做雪茄外皮时,还易黏于包烟支的玻璃纸上。

(3)羧甲基纤维素(CMC)

纤维素经羧甲基化(醚化技术)后得到羧甲基纤维素,是纤维素醚类中产量最大、用途最广、使用最为方便的产品,俗称为"工业味精"。

羧甲基纤维素是最常用的一种胶粘剂,外观为白色或微黄色絮状纤维粉末或白色粉末,无臭无味,无毒。其易溶于冷水或热水,形成具有一定黏度的透明溶液。溶液为中性或微碱性,不溶于乙醇、乙醚、异丙醇、丙酮等有机溶剂,可溶于含水60%的乙醇或丙酮溶液。有吸湿性,对光热稳定,黏度随温度升高而降低,溶液在 pH 值为2～10时稳定,pH 值低于2时有固体析出,pH 值高于10时黏度降低。变色温度为227 ℃,炭化温度为252 ℃,2%水溶液表面张力为71 mN/m。通常用的是它的钠盐,溶于水,其水溶液具有增稠、成膜、黏结、水分保持、胶体保护、乳化及悬浮等作用,广泛应用于石油、食品、医药、纺织和造纸等行业,是最重要的纤维素醚类之一。由于纤维素分子中羧甲基的取代度不同,分成不同黏度范围的几个等级,常用的是 300 厘泊以上的等级(在 20 ℃下 2%水溶液的黏度)。由羧甲基纤维素成型的再造烟叶机械性能较好,但燃烧性略差,并产生轻微的非烟草性的纤维素杂味。羧甲基纤维素分子结构单元如图 5.1 所示。

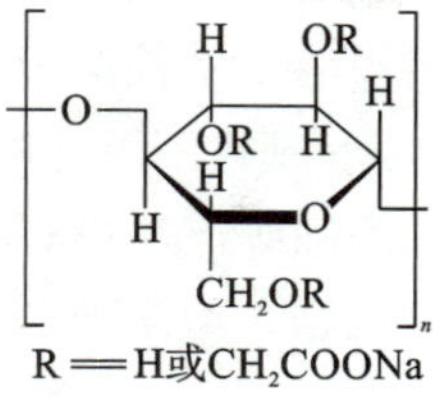

图 5.1 羧甲基纤维素分子结构单元图

二、多糖类

(一)果胶

果胶本质上是一种线形的多糖聚合物,外观为白色或带黄色或浅灰色、浅棕色的粗粉至细粉,几乎无臭,口感黏滑。可溶于 20 倍水,形成乳白色黏稠状胶态溶液,呈弱酸性。耐热性强,几乎不溶于乙醇及其他有机溶剂。用乙醇、甘油、砂糖糖浆湿润,或与 3 倍以上的砂糖混合可提高其溶解性。在酸性溶液中比在碱性溶液中稳定,果胶能形成具有弹性的凝胶。

外加胶粘剂在再造烟叶中的含量常常高达 10%,往往在不同程度上损害了产品的吃味与香气,并有其他的一些缺点。这样的再造烟叶只能小比例掺作烟丝用。而且,胶粘剂大量的使用还增加了再造烟叶的成本。长期以来,人们就力图利用烟草本身的胶粘物质来做再造烟叶。用烟草果胶等胶粘物质制造薄片,无须加入或只需加入少量(如 3%以下)的非烟草胶粘剂,改进了再造烟叶的吃味、香气等特性。

烟草叶片的基本单位——细胞,是通过细胞间的中间层(胞间层)连接在一起的。胞间层除了半纤维素、木质素与多缩戊糖,主要由果胶组成。果胶在烟草中的含量为 5%~20%。烟草果胶是由部分醋化与微弱乙酰化的半乳糖醛酸的聚合体组成的。果胶分子结合着钙或镁原子,双价的钙(镁)原子在酸链间起着交联作用,形成不溶于水的盐。其结构如图 5.2 所示。在一定条件下,果胶能分解为水溶性或吸胀性与胶粘性的物质。基于这样的知识,人们发现了利用烟草本身果胶物质作胶粘剂制造再造烟叶的新方法。把果胶物质从烟草组织中分离出来,是果胶物质作胶粘剂的前提。由于果胶分子含乙酰基与起交联作用的钙(镁)原子,烟草果胶不溶于水,甚至不溶于热水,因而它的分离比较困难。

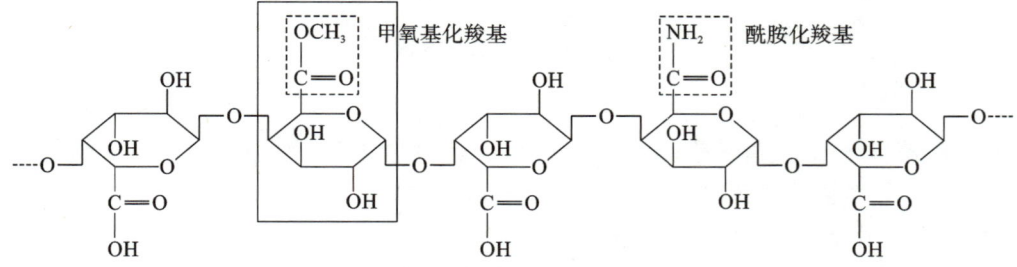

图 5.2 果胶分子结构片段

(二)海藻胶

海藻胶在增稠性、稳定性、胶凝性、保形性、薄膜成形性等方面具有显著的优点,而且具有独特的保健功能,也常作为护肤化妆品的主要原料。

海藻胶是由海藻酸与无机盐反应生成的,主要有海藻酸钠、海藻酸钾、海藻酸钙和海藻酸铵等。常用的有海藻酸钙、海藻酸钠、卡拉胶和琼脂。

(1)海藻酸钙

海藻酸钙是一种从海带等褐藻植物中提取的天然多糖类物质,由 α-L-甘露糖醛酸(M 段)和 β-D-古罗糖醛酸(G 段)通过 1,4-糖苷键连接形成。爆珠生产主要是通过海藻酸钠溶液和钙离子交联反应形成凝胶

层。海藻酸钙产品为白色至黄白色不定型或纤维状粉末,无臭、无味、无毒,不溶于水和有机溶剂,难溶于乙醇,但是可缓慢溶于碱性溶液或钙盐溶液。

海藻酸钙可形成热不可逆凝胶,广泛应用于各种仿生食品、肉制品及药物包埋。海藻酸钙具有很好的保水性,可用于果冻等产品中;具有吸水性,透气性能好,可用于制作止血纱布;具有止血功能,防止细菌感染,促进组织的愈合。海藻酸钙结构如图5.3所示。

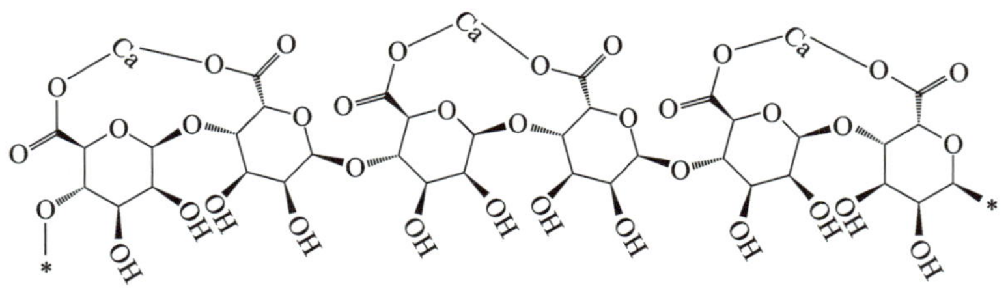

图 5.3 海藻酸钙结构

(2)海藻酸钠

海藻酸钠,是一种高黏性,存在于海带、巨藻等褐藻中的天然多糖类物质,是藻体中的海藻酸与海水中的矿物质生成的天然产物,其分子由甘露糖醛酸(M)和古洛糖醛酸(G)组成。外观为白色或淡黄色粉末,几乎无臭无味。海藻酸钠溶于水,不溶于乙醇、乙醚、氯仿等有机溶剂。海藻酸盐遇到钙离子可迅速发生离子交换,生成凝胶,凝胶脱水后形成膜,其膜具有热不可逆性。其黏度因聚合度浓度和温度的不同而不同,且高黏度的海藻酸钠稳定性差,其稳定性会随存放时间增长而降低,降低到一定程度后相对稳定。从结构上分,海藻酸钠可分为高 G/M 比、中 G/M 比、低 G/M 比三种;从黏度上分,可分为低黏度、中黏度和高黏度海藻酸钠。海藻酸钙结构如图5.4所示。

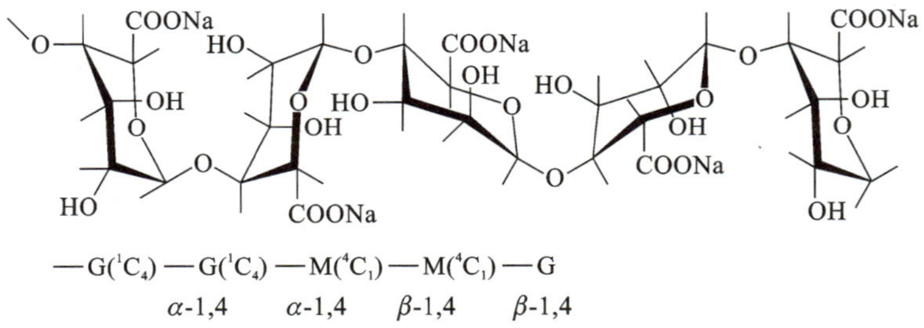

$$—G(^1C_4)—G(^1C_4)—M(^4C_1)—M(^4C_1)—G$$
$$\alpha\text{-}1,4 \quad \alpha\text{-}1,4 \quad \beta\text{-}1,4 \quad \beta\text{-}1,4$$

图 5.4 海藻酸钠结构

(3)卡拉胶

卡拉胶是从红藻类海藻中(角叉菜、麒麟菜、杉藻、沙菜)中提取得到的硫酸酯化多糖高分子聚合物,属于线性阴离子多糖。白色或浅褐色颗粒或粉末,无臭或微臭,口感黏滑。卡拉胶水溶性很好,水温在80 ℃时就可以良好溶解,形成黏性、透明或轻微乳白色的易流动溶液,冷凝后形成凝胶,凝胶水分挥发后形成膜,膜热水溶解后还可重复使用,是热可逆胶。根据红藻中硫酸酯基团的含量和位置,卡拉胶可细分为7种(κ、ι、λ、θ、μ、ν、ζ,硫酸酯含量为22%~35%),κ 型、ι 型和 λ 型为主要的商业化类型,且三者中 κ 型的应用最为广泛。分子结构会对多糖凝胶化产生影响,由于 κ 型、ι 型、λ 型卡拉胶中硫酸酯基团位置和含量的不同,其在胶体特性方面存在一定的差异,如 κ-卡拉胶形成的凝胶硬而脆,胶体易脱水收缩;ι-卡拉胶中硫酸基含量较高,形成凝胶柔软且有弹性;λ-卡拉胶在 C-2 位上含有硫酸酯基团,妨碍了双螺旋的形成,因此不能形成凝胶。最新的研究表明,κ-卡拉胶构象的螺旋度决定了多糖与水的相互作用,是决定体系中与水和其他组分发生相互作用、聚集以及凝胶化的关键,硫酸根基团中糖的脱水能更好地促进多糖和水的相互作用。

在溶解性方面,κ-卡拉胶(及其钠盐)可溶于冷水、热水,但难溶于甲醇、乙醇等多数有机溶剂。在稳定性方面,κ-卡拉胶在中性及碱性条件下性质稳定,加热不易水解,但在酸性条件下(pH<4)易发生水解,黏度下降,丧失凝胶能力。在蛋白质反应性方面,由于 κ-卡拉胶带有硫酸基团,属于阴离子多糖,可与两性的

蛋白质发生相互反应,产生不同的现象,如凝聚沉淀、悬浮、胶凝等,进而提高蛋白质的相关性能。在复配性能方面,κ-卡拉胶与ι-卡拉胶、魔芋胶、刺槐豆胶等都具有协同作用,可显著提高凝胶强度和咀嚼度,其中κ-卡拉胶可形成刚性的网络骨架,而柔性多糖(如魔芋胶等)能任意伸展、卷曲,并与形成的刚性网络骨架相互作用发生耦合。

(4)琼脂

琼脂(琼胶)、冻粉,通称洋粉或洋菜,为无色、无固定形状的固体,溶于热水,是从红藻类(江蓠、石花菜、龙须菜、坛紫菜等)细胞壁中提取得到的以半乳糖为主的高分子水溶性长链多糖。其特点如下:具有凝固性、稳定性、能与一些物质形成络合物等物理化学性质。琼脂主要由琼脂糖和琼脂胶两种组分组成,琼脂糖是中性多糖,具有胶凝能力,在琼脂凝胶化过程中发挥重要作用,而琼脂胶是酸性多糖,不具有胶凝能力,在琼脂的商业化加工中被去除。琼脂中琼脂糖含量越高,形成凝胶后具有的凝胶强度也越大,且应用价值也越高。

琼脂具有独特的凝胶特性,具有热可逆性,可单独成胶,并且在极低的浓度(质量分数为0.004%)下可常温形成凝胶,与同浓度下能单独成胶的胶体相比,具有较大的凝胶强度。琼脂糖电荷密度较低,主要通过分子螺旋聚集体形成凝胶,且在存在阳离子的情况下可加速其凝胶化。琼脂的凝胶强度与原料种类、提取工艺、化学结构、组分含量等因素密切相关。此外,琼脂具有凝胶滞后现象,其熔点(75～90 ℃)远高于凝固点(32～43 ℃),琼脂的滞后性使其在食品的加工中具有独特的优势。在溶解性方面,琼脂不溶于冷水(在冷水中有20倍的吸水能力)、无机溶剂、有机溶剂,但极易溶于热水并分散形成中性溶液。在流变特性方面,琼脂的黏度与原料种类、原理品质、提取工艺、温度、pH值、电解质等因素相关,由于琼脂中的琼脂糖具有较强的胶凝能力,其黏度相对较低。在絮凝性方面,当琼脂与乙醇、异丙醇或丙酮按照1∶10的体积比混合,溶液会出现絮凝析出的现象;此外,饱和的硫酸(钙/镁/铵)溶液也能使琼脂溶液发生盐析。在复配性能方面,琼脂可与明胶复配,提高复合胶的透明度及黏弹性,改善冷冻后脱水的不良现象;也可与魔芋胶、卡拉胶等复配,改善其凝胶特性。

(三)黄原胶

黄原胶是由野油菜黄单胞杆菌以碳水化合物为主要原料(玉米淀粉、蔗糖等)经好氧发酵产生的一种高黏度水溶性微生物胞外多糖(结构如图5.5所示)。黄原胶分子由"五糖重复单元"共聚而成,包括D-葡萄糖、D-甘露糖、D-葡萄糖醛酸、乙酸和丙酮酸,后两者的含量与菌株及后发酵条件相关。黄原胶在水溶液中可形成3种不同的构象:具有双螺旋结构的天然黄原胶;经长时间热处理,螺旋结构伸展为无序的卷曲链;加热冷却后,螺旋和卷曲链共存的结构。研究报道在温度诱导下黄原胶的构象发生转变,62 ℃附近黄原胶会聚集形成双螺旋结构,此时黄原胶相对分子质量达到最大,随着温度进一步升高,双螺旋结构解旋,黄原胶相对分子质量显著降低。黄原胶的结构和构象决定了其溶液的功能特性。在溶解性方面,黄原胶易溶于水,可溶于冷水和热水,在水溶液中呈多聚阴离子。在流变特性方面,黄原胶溶液在低浓度和低剪切速率下仍具有较高的黏度,但当剪切速率增大时,其黏度将急剧下降,表现出明显的假塑性。在稳定性方面,黄原胶溶液具有良好的稳定性,能耐酸、耐碱、耐酶、耐热、耐盐,这与其结构中氢键和阴离子,以及侧链盘旋结构的保护作用密切相关。在胶凝性和复配性方面,常温下黄原胶不能单独成胶,因此多与其他多糖胶体(卡拉胶、魔芋胶、瓜尔胶等)复配形成凝胶,但研究发现,黄原胶经过长时间退火处理后,其链分子趋向于形成均质化的网络结构,可在单独存在的情况下形成凝胶。

黄原胶属于非凝胶多糖,其水溶液只能形成微弱的分子间交联,且在外界应力作用下易被破坏,产生流动性,无法形成稳定的网络结构,因此在食品工业中主要充当增稠剂和稳定剂。结冷胶和可得然胶属于凝胶多糖,前者为冷致凝胶(加热冷却后形成凝胶),后者为热致凝胶(加热即可形成凝胶),且不同的分子结构影响了其凝胶化的过程。在一定条件下,这两类多糖的水溶液均能发生分子间交联,构成空间三维网络的结构,因而起到了胶凝、增稠、乳化等功能特性。

(四)水溶性壳聚糖

水溶性壳聚糖是由壳聚糖经羧化改性而制成的,外观为白色或类白色、无味、无定形、半透明片状或粉

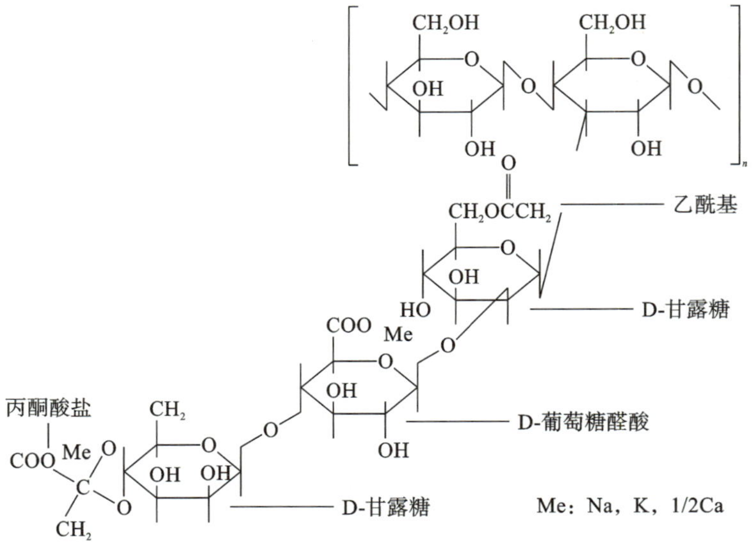

图 5.5　黄原胶结构示意图

末状,遇水即溶,水溶液清澈透明,性质稳定,具有良好的吸湿、保湿、调理、抑菌等功能。适用于润肤霜、淋浴、洗面奶、摩丝、高档膏霜、乳液、胶体化妆品等;同时也适用于食品、蔬菜保湿、保鲜剂、污水处理絮凝剂、药物缓释剂、无毒黏合剂、印染、造纸助剂等领域。过水溶性壳聚糖溶液后,可以使膜更加紧密,因此其在卷烟爆珠中应用广泛。

（五）罗望子胶

罗望子胶(tamarind seed polysaccharide,简称 TSP)又称酸角种子多糖胶或罗望子种子多糖,是罗望子种子胚乳经过处理,去除蛋白质和脂肪,提取出来的略显灰棕色的白色粉末,属于中性多糖类物质。TSP是由葡萄糖、木糖、半乳糖构成的支链较多的多糖类,相对分子质量为 250000～650000。与其他多糖类化合物相比,罗望子胶物理化学性质特别,其耐酸性、耐热性、耐盐性、耐冷冻性和解冻性均良好,溶于水后,黏稠性强且表观黏度不易受酸类和盐类等因素的影响。因其具有胶黏、增稠、稳定、凝胶、分散、乳化、保水、成膜等作用,可以说是一种多功能的食品添加剂。研究表明 TSP 具有好的耐热、耐盐、耐酸性,与糖类有协同增黏作用,在再造烟叶的生产中,TSP 作为再造烟叶的黏合剂不仅能起到很好的黏合作用,还能提高其耐水性和机械强度,且再造烟叶燃烧后无异味,有很好的应用前景。图 5.6 显示的是罗望子胶的分子结构。

（六）阿拉伯胶

阿拉伯胶,一种天然植物胶,是从金合欢属阿拉伯树的茎及树干分泌产物中提取得到的天然弱酸性多糖大分子,外观为淡黄色的块或白色粉末,具有高度的可溶解性,平常的胶类在溶水的过程中最多加入 5%～8%的胶体即达饱和,而阿拉伯胶与水的混合比例可高达 60%,且仍具有流动性,不凝胶,无沉淀。阿拉伯胶中含有钙、镁、钾等多种阳离子,呈弱酸性,是以阿拉伯半乳聚糖为主的、多支链的分子结构。其结构由 88%的阿拉伯半乳聚糖、10%的阿拉伯半乳聚糖蛋白和 2%的糖蛋白组成。在溶解性方面,阿拉伯胶可溶于水而不结团,具有高度的水中溶解性和流动性(50%的阿拉伯溶液仍可流动)。在流变特性方面,阿拉伯胶黏度较低(5 mPa·s),这与其高度分支的结构和不易伸展的球状形态相关,且高度分支的结构大大削弱了阿拉伯胶的胶凝能力,使其具有高度的水溶性,无法形成凝胶。此外,不同于绝大多数多糖胶体的假塑性流体特性,阿拉伯胶溶液在 40%以下呈牛顿流体,40%以上则出现假塑性。在乳化性方面,由于阿拉伯胶具有独特的蛋白质-多糖复合结构,疏水性蛋白质多肽链可吸附在油滴表面,而亲水性阿拉伯半乳聚糖可延伸至水溶液,发挥水包油型乳化剂的功能。在复配性能方面,阿拉伯胶可与魔芋胶、瓜尔胶复配,且具有协同作用。

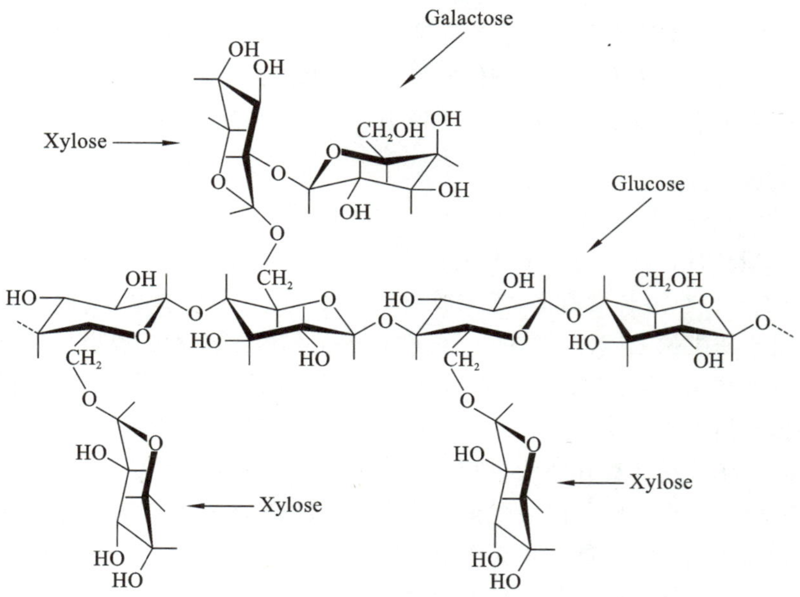

图 5.6 罗望子胶的分子结构

（七）槐豆胶

槐豆胶，又称剌槐豆胶或叫角豆胶，一种以剌槐豆种子的胚乳或胚乳粉为原料，经加工制得的白色至黄色粉末（或颗粒），无臭或稍带臭味，由半乳糖和甘露糖单元通过配糖键结合起来的大分子多糖聚合物。在冷水中能分散，部分溶解，形成溶胶，80 ℃时完全溶解。pH 值为 5.4～7.0，添加少量的硼酸钠则转变成凝胶。pH 值为 3.5～9.0 时，黏度几乎不受 pH 值的影响。pH 值小于 3.5 或是大于 9.0 时，黏度降低。NaCl、$MgCl_2$、$CaCl_2$ 等无机盐对其黏度没有影响，但酸（尤其是无机酸）、氧化剂会使其盐析、降解，降低其黏度。如果在水溶液中加入明胶、卡拉胶，或是蔗糖、葡萄糖、甘油等，可在一定程度上防止其盐析。槐豆胶与琼脂、卡拉胶和黄原胶等相互作用，可以在溶液中形成复合体而使凝胶的效果增强。其在食品工业中主要作为增稠剂、乳化剂和稳定剂使用，分子结构如图 5.7 所示。

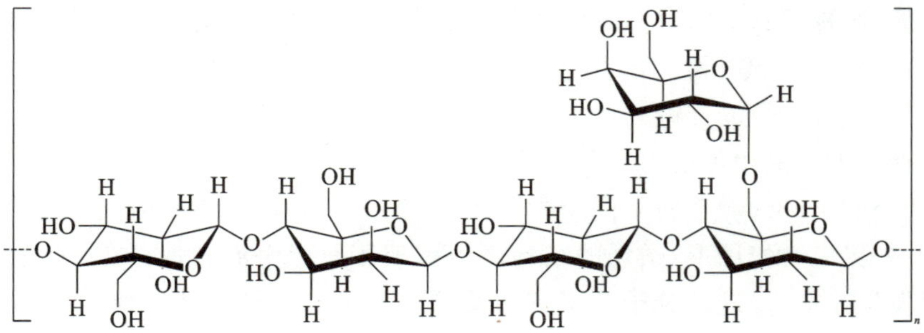

图 5.7 槐豆胶的分子结构

（八）环糊精

环糊精（cyclodextrin），是环状非还原性低聚糖。随聚合度的不同，由 6 个葡萄糖基环合的称为 α-环糊精，由 7 个葡萄糖基环合的称为 β-环糊精，由 8 个葡萄糖基环合的称为 γ-环糊精，也有由 9～12 个葡萄糖基环合的环糊精。此外还有有分枝的环糊精。目前工业化生产的环糊精只有 α、β、γ 三种。

环糊精通常呈白色粉末或颗粒，微吸水，无甜味或略有甜味。易溶于水或易分散于水中，也可能是澄清至浑浊的水溶液。按国内相关标准，其 DE 值分为 10、15、20，相应的规格名称为 MD 100、MD 150 和 MD 200。环糊精可用于增加黏稠度、增强产品分散性和溶解性；可用于抑制褐变反应，由于环糊精 DE 值

较低,褐变反应程度较小,可作为一种惰性包埋材料用于敏感性化学物质,如香精、香料、药物等微胶囊化;用作承载体与涂膜保鲜,较低 DE 值的环糊精具有较强的成膜或涂抹性能,可用于水果涂膜保鲜。单一的环糊精成膜能力差,但是具有高浓度时黏度较低的特点,与其他壁材配合使用,可提高体系的固形物浓度,有利于降低干燥能耗,减少生产成本。常用的环糊精中,β-环糊精的应用更加广泛。

(九) 瓜尔胶

瓜尔胶是由瓜尔豆种子去皮、去胚芽后从胚乳中提取加工得到的天然非离子型直链多糖,其主要成分为半乳甘露聚糖。瓜尔胶的结构以 1,4-β-D-甘露糖为分子骨架,1,6-α-D-半乳糖为支链与甘露糖骨架相连(甘露糖:半乳糖≈2:1)。在溶解性方面,瓜尔胶可溶于水,能在冷水中水合,是一种溶胀高聚物。在流变特性方面,瓜尔胶属于非牛顿流体,浓度在 0.5% 以上的瓜尔胶溶液就表现出剪切变稀的假塑性。相比于其他胶体,瓜尔胶具有高黏度,这与其较大的相对分子质量和体积相关,且其溶胀特性可束缚大量的自由水。研究表明,多糖流体力学体积越大,临界接触浓度越小,理论上多糖黏度与临界接触浓度存在反比关系。在稳定性方面,瓜尔胶具有良好的无机盐类兼容能力,可以有效耐受一价金属盐,且在较低浓度的高价盐溶液中可提高其黏度。此外,其耐酸耐碱能力可在 pH 值为 3.5~10 的范围内稳定胶体溶液的性状。在复配性能方面,瓜尔胶可与黄原胶相互作用,显著提高复配的黏度,具有增效作用,而瓜尔胶与卡拉胶之间无显著增效作用,这可能与两者都含有大量的羟基和半乳糖有关。瓜尔胶的结构如图 5.8 所示。

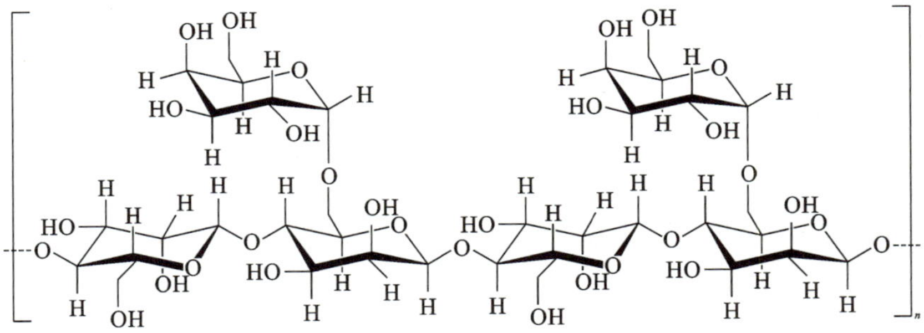

![瓜尔胶的结构式]

图 5.8　瓜尔胶的结构式

(十) 魔芋胶

魔芋胶是从魔芋属草本植物的球状块茎中经加工提取得到的非离子型水溶性高分子多糖,其主要成分为魔芋葡甘露聚糖(简称葡甘聚糖,KGM),属于一种低热能、低蛋白质、高膳食纤维的食品。外观为粉末状,微黄,遇水膨胀,脱水干燥能成膜。魔芋胶结构(图5.9)的主链由葡萄糖残基(G-)和甘露糖残基(M-)通过 β-1,4-糖苷键聚合而成,略带的支链则以 β-1,3-糖苷键与主链相连,支链上还带有乙酰基(Ac-),可与糖残基的伯醇基反应产生酯。液相色谱的测定结果显示,魔芋胶大分子链中,乙酰基数:糖残基数=1:19,而糖残基中 G-:M-=15:23。魔芋胶不同于凝胶多糖,无法形成稳定的分子间交联,其水溶液能形成微弱的分子间聚集,在外界应力作用下,微弱的结构极易被破坏而产生流动性。在一定的外界因素下,魔芋胶的分子构象可以发生改变,促进其分子的聚集和凝胶化。魔芋胶经热碱处理能形成热不可逆凝胶。由于碱的存在,乙酰基发生皂化反应而脱离,在脱离乙酰基时产生有瞬时活性基团的大分子,该大分子可在热运动中与另一大分子单糖残基通过氢键产生物理交联而形成凝胶。脱乙酰基反应是魔芋胶凝胶化的诱导反应。研究发现,魔芋胶的热凝胶化包括两个阶段:第一阶段能量活化驱动使轻度脱水的 KGM 链局部展开,具备松散的结构;第二阶段从无规线圈到自组装网络构型的转变,形成由无乙酰基部分组成的连接区,随着温度的进一步升高,可以引发显著的团聚,形成具有一定滞后性的复杂超分子结构,最终形成凝胶。但这类热碱处理形成的魔芋胶凝胶存在凝胶强度较差、凝胶易析水等不良现象。

在溶解性方面,由于水分的迁移扩散速度远大于葡甘聚糖大分子的迁移扩散速度,因此魔芋胶易出现溶胀,在颗粒表面形成黏稠薄膜,出现结块的现象,阻碍了魔芋胶的进一步溶解。在成膜性方面,魔芋胶易形成高透明度和高致密度的薄膜,亦可制成叠层的薄膜食品。在流变特性方面,魔芋胶属于非牛顿流体,魔芋胶水溶液的黏度与众多因素有关,如魔芋品种、加工条件、魔芋胶相对分子质量、温度、切变力等。通常而言,魔芋胶的相对分子质量越大,其表观黏度也越大;魔芋胶浓度增大,其黏度也增大,且在较高浓度下增长速率更快;一定浓度的魔芋胶水溶液的黏度随温度的升高而降低,并非呈现完全的线性关系。在结构特性方面,可利用红外吸收光谱鉴定葡甘聚糖中的乙酰羰基(特征性吸收峰为 1720 cm^{-1})。在复配性能方面,魔芋胶可以与黄原胶、卡拉胶、琼脂、结冷胶等发生反应,具有明显的协同增效作用;这与魔芋胶分子链的柔性结构密切相关,使其可以任意伸展、卷曲,并与另一种胶体发生耦合,协同增效的二组分高聚物可能会形成不同的内部结构(网络包容型、网络渗透型、相分离聚集型、耦合型)。魔芋胶结构如图 5.9 所示。

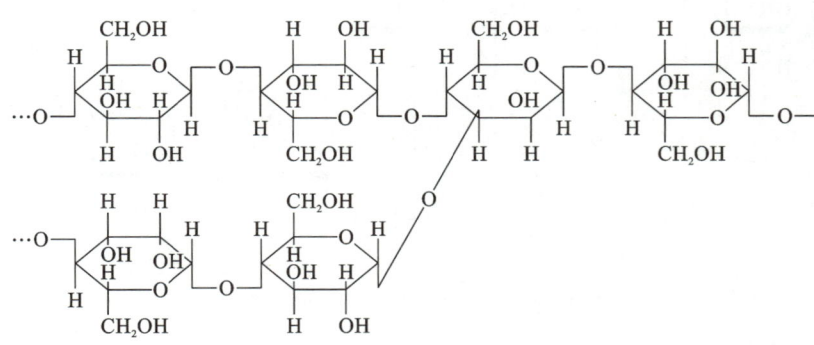

图 5.9　魔芋胶结构

三、淀粉及改性淀粉胶[4-5]

(一)定义

淀粉胶粘剂简称淀粉胶,是以淀粉为基料的天然胶粘剂,属于植物胶,也是烟用水基胶粘剂的一种。稻谷、小麦、玉米、薯类等农产品中都含有大量的淀粉(直链淀粉和支链淀粉,如图 5.10 所示),通过物理、化学方法加工成改性淀粉,以此为基础配合相应的添加剂,就可以制备性能各异的淀粉胶。淀粉胶原料易得、无毒无害、可生物降解、对环境友好,经过化学改性后能够克服自身缺陷。传统改性方法有氧化、酯化、交联剂接枝共聚等,以及新型改进方法主要包括生物质改性、乳化剂共混合改性及辐照交联改性等。用不同化学基团取代淀粉分子中的部分羟基,可制得性能更好的改性淀粉胶,如氧化淀粉胶、淀粉醋酸酯胶、羧基淀粉胶等。改性后的淀粉胶应用广泛,大量应用于瓦楞板纸箱制造、邮票上胶、木材加工、书籍装订等领域。而淀粉胶在卷烟行业一般用于烟支卷制搭口、烟支滤嘴接装、滤棒中线及条盒包装的黏结。但也有报道称,用磷酸淀粉成型的再造烟叶,其外观、香气燃烧性、抗拉强度、抗撕裂度、湿强度较好。淀粉胶及改性淀粉胶在再造烟叶中应用较少,主要是其燃烧会产生不良气味,偶有使用,用量较少,仅作为复配胶使用。在卷烟爆珠壁材中使用改性淀粉胶时则容易吸潮而导致爆珠渗漏、粘连、压力值明显改变等,不利于爆珠或爆珠烟的长途运输,质量隐患较大。因此改性淀粉胶在卷烟爆珠中的应用越来越少。

(二)烟用淀粉胶粘剂的现状和发展

目前,国内烟用淀粉胶的应用很少,而亚洲一些东南亚国家还有少数的卷烟生产企业将淀粉胶用于卷烟制作,主要的用途也仅限于手工烟支的生产,生产速度远低于普通机器的卷接速度。烟用淀粉胶具有易清洗、开放时间长等优点,尤其是使用在烟支搭口位置,其碳水化合物组成结构简单,在燃烧时对吸味的影响较小。可将烟用淀粉胶用于包装方面,其高黏度、高湿黏性等特点对包装非常有利。同时,由于淀粉胶的开放时间较长,可以减少脏机现象的出现。但是有些缺点限制了烟用淀粉胶在生产速度越来越快的卷烟行业的使用。现在广泛使用的卷烟机 Protos70 的生产速度为 7000 支/min,而普通淀粉胶的干燥速度连满足 4000 支/min 的要求都很困难。另外,由于包装机的速度也随着卷烟速度的提高而提高,对胶粘剂的黏结速度和性能都有了很高的要求,因此淀粉胶就很难满足现在的市场要求。淀粉胶的黏结强度低,可黏结基材少,干燥时间长,容易霉变,对存放和使用环境以及使用周期有很高的要求,这些都是造成淀粉胶无

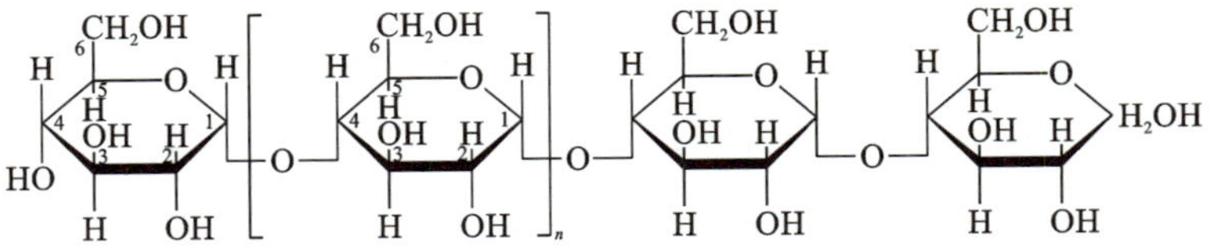

图 5.10　直链淀粉和支链淀粉的结构

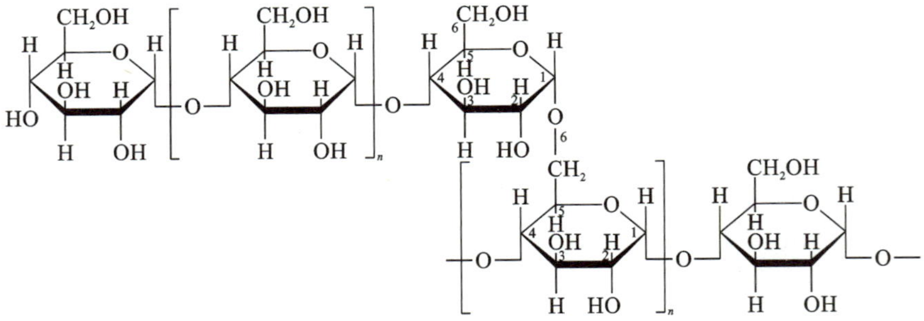

法在卷烟行业广泛使用的主要原因。因此,淀粉胶的进一步发展需要通过淀粉改性提高其干燥速度,同时使其可以黏结更多样化的基材并保证强度。目前随着技术的革新,通过淀粉的改性与新型天然材料的配合,一些胶粘剂生产厂家与研究机构已经开发出可以满足 7000 支/min 甚至更高速的淀粉搭口胶,相信在不久的将来,可用于接装的淀粉胶将被研发出来。

四、蛋白质类[6-7]

蛋白质类胶粘剂主要有明胶、骨胶和改性乳清蛋白等。在卷烟爆珠生产中经常会利用明胶容易成膜的特点制备爆珠壁材,而使用改性乳清蛋白则主要是利用蛋白质网络的牢固度,提高卷烟爆珠壁材的力学强度。以下主要简要介绍明胶和改性乳清蛋白。

(一) 明胶

食品级明胶,微黄色至黄色、透明或半透明、微带光泽的薄片或粉粒;无臭、无味;在水中久浸即吸水膨胀并软化,重量可增加 5～10 倍。该产品为动物的皮、骨、腱与韧带中胶原蛋白经不完全酸水解、碱水解或酶降解后纯化得到的制品。明胶不溶于有机溶剂,不溶于冷水,易溶于温水,熔点为 24～28 ℃,其溶解度与凝固温度相差很小,易受水分、温度、湿度的影响而变质。另外,明胶的熔点和凝固点均低于人体体温。明胶是亲水性胶体,具有很好的保护胶体的性质,可作为疏水胶体的稳定剂、乳化剂。明胶是一种重要的天然高分子材料,是由胶原蛋白水解产生的非均匀肽分子聚合物质,是胶原降解的产物,具有良好的生物相容性和生物可降解性。高温下的明胶液呈流体状,冷却形成凝胶,干燥后可形成一层明胶膜。

(二) 改性乳清蛋白

将乳清蛋白和水按质量比为 1∶10 进行混合得到乳清蛋白液,将乳清蛋白液置于磁力搅拌器中,先以 1000 r/min 的速度在 40 ℃下加热 2 h,然后将温度升至 80 ℃,恒温加热 30 min 后,迅速倒入冰水中冷却,最后放入冰箱中,至 4 ℃恒温过夜,得到冷凝乳清蛋白;通过内源乳化冷凝,使得乳清蛋白初步凝胶,提高其蛋白网络的牢固度,从源头上增加卷烟爆珠壁材原料的力学强度。将上述得到的冷凝乳清蛋白和低聚异麦芽糖按质量比为 5∶1 混合后装入反应釜中,并用碳酸氢钠溶液调节 pH 值至 7.5～7.8,加热升温至 110～120 ℃,保温搅拌反应 15～20 min,得到改性乳清蛋白;通过将冷凝乳清蛋白和还原糖进行混合,加热发生聚合、缩合的美拉德反应,产生大量芳香族聚合产物,这些芳香族产物本身疏水性极强,它们的形成极大地提高了壁材原料的疏水性,可以大大弥补卷烟爆珠壁材吸潮吸湿缺陷。

第三节　其他烟用胶粘剂制备工艺

一、羟甲基纤维素的制备工艺

（一）制备原理

CMC制备过程一般分为两步。

首先，纤维素与氢氧化钠发生碱化反应，生成碱纤维素。

$$[C_6H_7O_2(OH)_3]_n + nNaOH \longrightarrow [C_6H_7O_2(OH)_2ONa]_n + nH_2O$$

然后，碱纤维素进一步与氯乙酸发生醚化反应生成CMC。

$$ClCH_2COOH + NaOH \longrightarrow ClCH_2COONa + H_2O$$

$$[C_6H_7O_2(OH)_2ONa]_n + nClCH_2COONa \longrightarrow [C_6H_7O_2(OH)_2OCH_2COONa]_n + nNaCl$$

该反应体系只适用于碱性环境，属于Williamson醚合成法。制备过程中可能发生以下副反应。

$$ClCH_2COONa + NaOH \longrightarrow HOCH_2COONa + NaCl$$

（二）制备工艺

CMC的制备工艺主要有水媒法、溶媒法和溶液法。这些方法总体上向高纯度、高取代度、高黏度的目标发展。

（1）水媒法

水媒法是最早的CMC制备方法。Kalle工厂早在1940年就用水媒法实现了CMC的商业化生产。水媒法工艺较为简单，反应以水作为介质，对设备要求较低，投资相对少，成本低。水媒法的缺点是传热慢，水介质会加剧副反应，醚化剂使用效率过低，且水难以充分渗入纤维素中，所得产品为低档的工业级CMC，杂质多。杨琼对水媒法工艺进行了优化，得到最佳工艺条件：棉花：氯乙酸：30%NaOH＝5：6：26（质量比），常温常压，反应约2h，所得CMC取代度为0.8～2.2。水媒法制备CMC的工艺流程如图5.11所示。

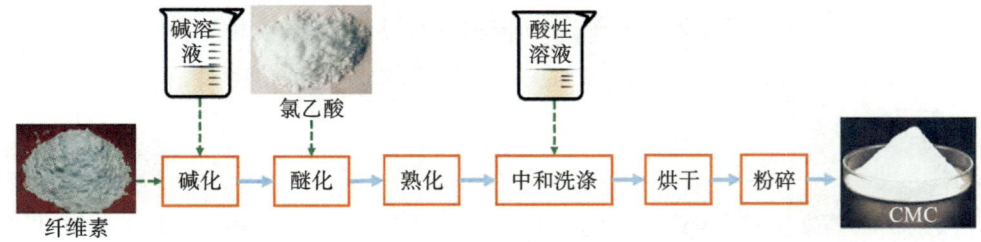

图5.11　水媒法生产CMC的工艺流程

（2）溶媒法

溶媒法是在水媒法经验基础之上，用有机溶剂代替水充当反应介质。根据有机溶剂用量的不同，溶媒法可分为捏合法和淤浆法。捏合法主要以捏合机为反应釜，有机溶剂用量相对较少；淤浆法则是将碱化反应和醚化反应分开且有机溶剂用量远多于捏合法。相比于水媒法，溶媒法省去了水媒法所固有的浸碱、压榨、熟化等工序，生产周期更短，且易于把握加料时机。以惰性有机溶剂（如乙醇、2-丙醇、异丙醇或异丁醇等）作为反应介质，可增加纤维的无序度，使反应传质均匀且传热快；其作为分散剂可确保碱溶液均匀分散，也可减少纤维润胀后水分子导致的分子链间暂时的氢键交联，同时减少碱纤维素的水解逆反应；由于

碱在有机溶剂中的溶解度远小于在水中的溶解度,纤维素的碱吸附量提高。溶媒法的主反应快且程度大、醚化效率高、副反应少,所得 CMC 的稳定性、取代度及均一性好,水溶液的透明度高,主要用于生产中高档 CMC。与溶媒法相关的研究与应用最多,新的改良工艺层出不穷。Alam 等[10]以 80％乙醇为反应介质,通过多步羧甲基化制得高取代度的 CMC。溶媒法工业化生产 CMC 需配备有机溶剂的分离回收装置,相应的原料和设备成本较高。溶媒法制备 CMC 的工艺流程如图 5.12 所示。

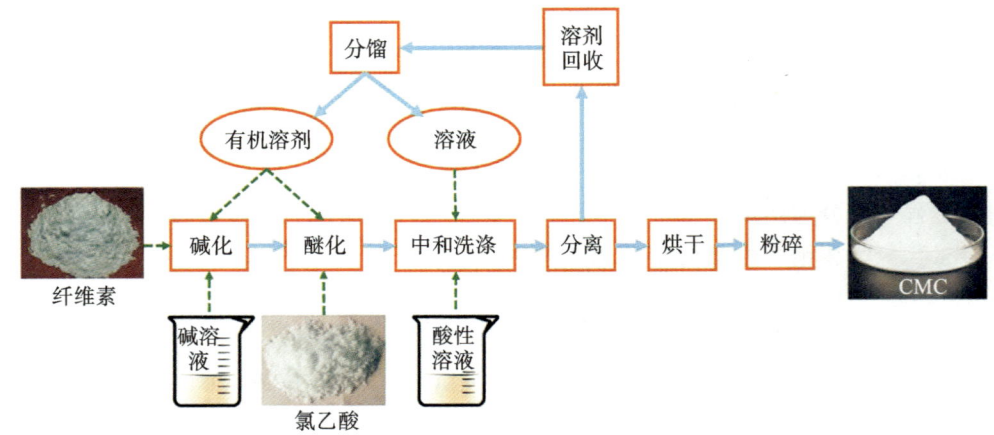

图 5.12　溶媒法生产 CMC 的工艺流程

（3）溶液法

溶液法主要是通过溶剂溶解纤维素,从而使纤维素的碱化、醚化反应过程在均相状态下发生。相比于水媒法和溶媒法,溶液法易于控制反应过程,制得的 CMC 取代度高且分布均一。非衍生化溶剂和衍生化溶剂是两大类纤维素溶剂。非衍生化溶剂能够在分子水平溶解纤维素,且该溶解过程只涉及简单的物理溶解;而衍生化溶剂在溶解纤维素过程中会伴随化学反应,产生一些衍生物,进而影响纤维素改性。因此,非衍生化溶剂更适用于溶液法。但由于能保持纤维素分子链结构不变的溶剂太少、成本难以降低、废液回收技术不够成熟,溶液法难以投入实际工业生产。

经过不断的试验研究,溶液法出现了多种溶剂体系。Cai 等[11]探索出一系列 NaOH/尿素类纤维素低温溶剂体系,并研究了其中的规律。Song 等[12]以 LiOH/尿素为溶合成 CMC-季铵化纤维素聚电解质复合纳米颗粒。Heinze 等[13]以[BMIM]Cl 为溶剂,在无催化剂条件下合成了 CMC,收率较高。Ramos 等[14]以二甲基亚砜/四丁基氟化铵离子液体为溶剂,成功制得取代度高达 2.17 的 CMC。Cheng 等[15]将纤维素微纤丝溶解在 LiOH/尿素水溶液中,通过均匀的羧甲基化和纤维素链的自组装制得 CMC 微纤丝,其制备过程如图 5.13 所示。

（三）提纯

食品、医药、化妆品等领域对 CMC 纯度的要求很高,而我国高纯级 CMC 的生产力低,供应较少,这对提纯方式提出了新的挑战。通常工业上的精制方式有醇洗法和酸洗法 2 种。

醇洗法是用醇溶液洗涤粉末,主要为了去除粉末中乙醇酸钠、氯化钠等副反应产物。根据 CMC 和副产物在水中溶解度的不同,用 80％以上的醇溶液对 CMC 粉末进行洗涤,副产物溶于水而被除去。酸洗法通过一定浓度的硫酸对粉末进行洗涤,从而反应生成不溶于水的 CMC,然后再用大量的水洗涤去除杂质,酸浓度过高易使 CMC 发生裂解反应,因此需控制酸的浓度在较低水平。相比于醇洗法,酸洗法避免了部分 CMC 溶解在水中而被带出,得率较高。为提高 CMC 的提纯效果,也可将醇洗法与酸洗法结合,以酸醇溶液对 CMC 进行提纯。

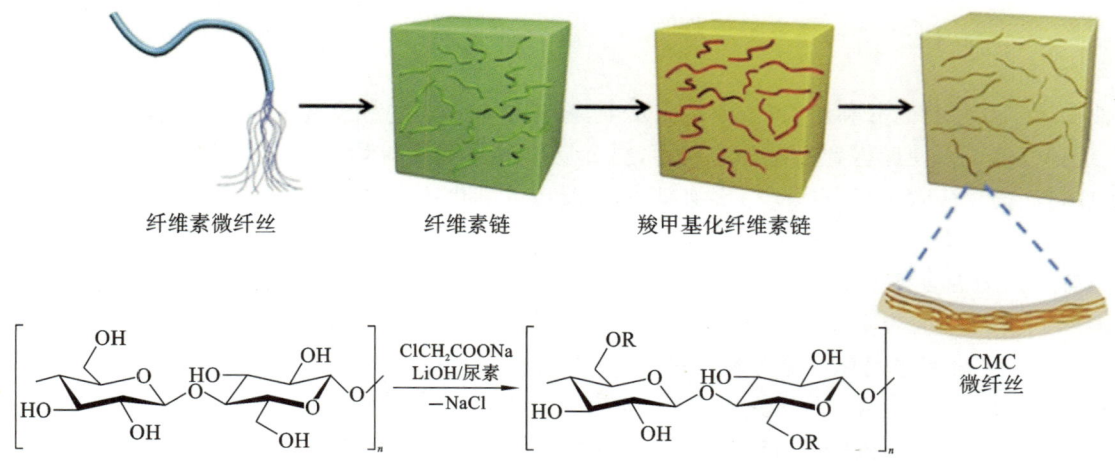

纤维素微纤丝　　　纤维素链　　　羧甲基化纤维素链　　　CMC微纤丝

图 5.13　CMC 微纤丝制备示意图

（四）制备过程的影响因素

（1）原料的种类及结晶度

棉花、桉木浆、一些植物秸秆或废渣、水果皮、酒糟等都可作为制备 CMC 的原料。但棉花和木浆仍是生产 CMC 的主要原料。CMC 生产原料对 α-纤维素含量的要求很高，而棉纤维中的 α-纤维素含量可达90%，因此国内外大多数企业仍以棉纤维作为生产原料。由于棉纤维成本较高，寻找其替代原料成为当前热门研究方向之一。Mondal 等[16]从玉米皮中提取 α-纤维素并将其制备成食品级 CMC，其纯度大、得率高，取代度为 2.41，具备优良的保水和储油性能。Joshi 等[17]成功用混合办公废纸（MOW）合成了黏度较高的 CMC。原料的结晶度对羧甲基化反应的影响显著。Olaru 等[18]发现，无定形区的反应速率常数大于结晶区。结晶区纤维素分子链排列致密有序，无定形区比较松弛、不规则，因而反应物质更易于渗入无定形区。

（2）预处理方式

大多纤维素原料中都含有木质素、半纤维素等杂质。木质素包裹在纤维素的外面，半纤维素结合在纤维素微结构的表面，且相互连接，形成高强度的网络结构，因此需对纤维素原料进行预处理，以去除半纤维素和木质素。常用的预处理方法主要有碱蒸煮法、酸蒸煮法、氧化处理法、蒸汽爆破处理法、酶处理法等[9]。碱蒸煮法在目前工业中使用最多，能较为彻底地去除半纤维素和木质素，充分溶胀物料中的纤维素结构。张玲玲等[19]用 NaOH 溶液对棉短绒进行消晶活化预处理，在后续反应中制得高取代度的 CMC。酸蒸煮法比较适合处理木质素含量高的纤维素原料，含氧酸不但能有效除去木质素，而且对纤维素原料中的淀粉和果胶也有较好的脱除效果。氧化处理法通常使用臭氧、次氯酸钠和过氧化氢作为氧化剂，在去除木质素的同时兼有漂白功能。蒸汽爆破处理法的原理是将一定湿度的纤维素原料装入蒸汽爆破器，通过高温蒸汽对内加压，持续一段时间后瞬间泄压，以此达到对纤维素的蒸煮和冲击作用。这种方法能充分破坏细胞壁的结构，有效脱除小部分木质素及大部分的半纤维素，适合与碱蒸煮法或酸蒸煮法结合使用[20]。酶处理法适合处理含有蛋白质和脂肪的纤维素原料；蛋白质对产品纯度有一定影响，脂肪氧化会使产品带有异味，均可通过酶处理法除去。Rahkamo 等[21]发现，将碱和蛋白酶结合使用，对针叶木浆的预处理效果较好。王文枝[22]将碱处理和胰蛋白酶处理相结合，对豆渣进行预处理，达到了较好的纤维素提取效果。

（3）微波辅助

纤维素的羧甲基化过程缓慢，采用微波辅助可有效加快反应速率。微波辐射加热具有较高的选择性，可防止某些副反应的发生，从源头上制止和减少污染物，具有环境友好的特点。对于活化能较高的反应而言，微波辅助法可提高能量利用效率并显著缩短反应时间[23]。Santos 等[24]通过碱处理和漂白处理，从啤酒糟中提取纤维素，利用微波反应器制得 CMC。谭凤芝等[23]以废弃棉为原料，在微波辐照下制得 CMC，

并研究了微波辐射的强度和方式对产品取代度的影响。Hivechi 等[25]对微波辐射下超声波法制备 CMC 进行了优化,通过响应面分析法探索最佳条件。

(4)加料方式

为使反应试剂得到充分利用,减少副反应发生,可对加料方式进行改进。多次碱化法在加料过程中使用较多,这种方法可以使碱得到更充分的利用,提高反应效率和反应均匀性,类似的还有多次醚化法。二次/多次加料法的反应效果显著优于一次加料法,其反应的醚化效率更高,产品质量显著提高。

(5)溶剂体系选择

不同有机溶剂混合体系对反应过程的影响程度不同。Olaru 等[18]研究了在乙醇、丙酮、乙醇-丙酮、异丙醇-丙酮 4 种介质中的羧甲基化反应发现,使用乙醇-丙酮混合体系比单独使用乙醇或丙酮时的效果好。这主要得益于不同溶剂之间存在协同效应。

(6)醚化剂选择

醚化反应遵循 SN2 亲核取代机理,由氯乙酸钠生成的高能正离子攻击碱纤维素这一步骤决定反应速度。这对醚化剂本身有一定要求:分子链短小,无侧链,以降低空间位阻,有利于醚化剂攻击;其负电离子基团(离去基团)具有较强的离去能力,促进正向反应;无机重金属或残留物易通过后处理被除去。吴爱耐等[26]采用溶媒法,以氯乙酸和氯乙酸异丙酯的混合物为醚化剂,大幅提高羧甲基取代反应的均匀度。

(7)催化剂

选择在醚化阶段加入合适的催化剂可提高醚化反应速率。覃海错等[27]以甘蔗渣纤维素为原料,在醚化反应过程中加入 KI/NaAc 催化剂以制备 CMC。与 Cl^- 相比,I^- 是更好的离去基团,I^- 与氯乙酸中的 Cl^- 发生交换,生成碘乙酸,使醚化剂更活跃;C—I 键的键能低,使得 I^- 易于离去并与其他氯乙酸分子反应,进一步提高反应速率,I^- 可循环使用直到反应全部完成。

(8)工艺参数

①有机溶剂浓度。

在水-有机溶剂混合体系中,适当增加有机溶剂的配比,可提高 NaOH 在水中溶解的比例,有利于纤维素溶胀及其结晶区破坏和转化,提高产品的纯度和均匀性。但若有机溶剂在混合体系中的配比过大,水合 Na^+ 的形成及其向纤维素中的迁移就会更加困难,不利于纤维素结晶区结构的破坏,因此水-有机溶剂混合体系中两者的比例应控制在合适的范围内。

②碱化剂和醚化剂浓度。

碱化剂在羧甲基化反应中主要起到碱化纤维素以及催化醚化反应的作用。碱化剂浓度过高易使纤维素分解,浓度过低则使纤维素活化不完全。例如由椰子汁制得的细菌纤维素的羧甲基化反应,在低于或高于 30% 的 NaOH 浓度下,由于低反应速率或聚合物降解,羧甲基的取代度下降[28]。

适当提高醚化剂的用量可增加纤维素羟基附近的反应基团,从而促进羧甲基化。过量的醚化剂会与 NaOH 反应,形成副产物乙醇酸钠,从而降低羧甲基化的反应速率。He 等[8]对纸浆纤维进行羧甲基化,通过对比试验发现:氯乙酸浓度为 3 mmol/g 时,可获得最高的羧甲基取代度,所得 CMC 样品羧基含量达到 485 μmol/g。

③反应温度和时间。

反应温度直接关系到纤维素对碱的吸附量和纤维的润胀程度。温度高,纤维素对碱吸附量减少,而碱纤维素水解程度加大,不利于碱纤维素生成。温度低,有利于生成碱纤维素以及抑制其水解反应,但温度过低也会导致润胀速度和醚化反应变慢。Silva 等[29]发现,当反应温度从 30 ℃提高到 70 ℃时,腰果树胶衍生的 CMC 取代度显著降低。不同原料对应的最佳反应温度不同。在其他条件不变的情况下,取代度随着反应时间的延长而增加,但达到饱和后会趋于稳定。

二、果胶的制备工艺[30-33]

果胶作为一种天然植物多糖,可提取果胶的原料很多,但是不同的植物组织果胶的含量差异很大。目前主要以苹果皮、柠檬皮、柑橘皮作为果胶提取的原料。烟草工业中还可以以烟草为提取原料。

果胶的基本提取思路是：先利用物理、化学、生物等方法将果胶从原料中分离出来，得到水溶性的果胶；再经过浓缩、沉淀、离心和干燥等步骤将水溶性的果胶转化为成品果胶。提取方法有很多，主要有酸提取法、草酸铵法、离子交换树脂法、微生物法、酶分离法、微波法、超声波法等。

（一）预处理

一般情况下，果胶提取前，须去除原料中具有不良口感的组分、色素、粉尘、多余糖或酸类杂质，以提高果胶提取率和品质。

（二）提取方法

（1）酸提取法

酸提取法因操作步骤简便、工艺完善，成为工业上广泛使用的生产方法。该方法的实现原理如下：在加热条件下，采用酸性物质（如硫酸、盐酸、醋酸、柠檬酸等）随机打断长链果胶分子的化学连接键，达到将不溶于水的大分子果胶分解成可溶于水的小分子果胶的目的，随后用乙醇进行沉淀并析出，实现果胶的提取。

工业生产通常使用盐酸，但盐酸是无机强酸，果胶在长时间高温高酸条件下易解聚，严重腐蚀设备，并且废酸液严重污染环境。有机酸反应温和，对设备腐蚀较轻，对环境友好；同时，柠檬酸、酒石酸等有机酸的酸根离子能螯合钙、镁等阳离子，利于果胶物质溶出。不同酸的提取效果略有不同，Virk 等人研究发现柠檬酸提取苹果果胶的效率比盐酸高；梁志鸿等人发现用酒石酸提取的橘皮果胶品质好，浸提率高；刘义武等人认为用盐酸提取柠檬皮果胶的效果较好。

（2）草酸铵法

草酸铵能与果胶酸钙反应生成可溶性果胶铵盐；也可用螯合剂六偏磷酸钠，增加非水溶性果胶的溶解性。王云帆等人应用草酸铵从脐橙皮中提取果胶，研究发现在最佳工艺条件下（加水量 60 倍于干橙皮重，提取液 pH 值为 1.8，提取温度为 80 ℃，提取时间为 120 min，草酸铵浓度为 0.2%），果胶提取率为 25.14%。草酸铵法避免了高酸环境给操作人员带来的危险，但草酸铵本身有毒，高温条件下会释放出氨气。所以，该法的生产安全性、对环境的影响以及工业可行性还有待研究。

（3）离子交换树脂法

阳离子交换树脂能吸附钙等阳离子和相对分子质量小于 500 的小分子物质，加速果胶溶出，并提高产品纯度。封红梅等人用离子交换树脂法提取柑橘皮渣中的果胶，研究发现在最佳条件下［料液比 1∶20（质量∶体积）、树脂含量 4%、pH 值 1.7、温度 85 ℃、时间 140 min］，粗果胶提取率为 19.806%，认为该法适于高脂果胶的提取。离子交换树脂法工艺操作简单、成本较低；但是，果胶长时间在强酸高温环境中会发生解聚或变性，同时，对树脂的要求较高。

（4）微生物法

微生物法是利用一些微生物如真菌、细菌等在发酵过程中产生的酶选择性地分解植物组织中的复合多糖体，使果胶"剩出"。提取液中果皮不破碎，也不需要进行热、酸处理；提取完全，容易分离，且果胶相对分子质量大，胶凝度高，质量稳定。筛选出合适的微生物是微生物法首要解决的问题。田亚红采用微生物法提取甘薯渣果胶，研究发现在最佳条件下（发酵温度 35 ℃、pH 值 5.0、发酵时间 48 h、接种量 15%），果胶提取率为 6.55%。微生物法为利用含有较多淀粉的甘薯渣等原料生产果胶开辟了有效途径。

（5）酶分离法

酶分离法的原理是以果胶为营养源的菌种在生长过程中产生能使果胶分离出来的酶，将其与原料一起发酵，以达到提取果胶的目的。徐志强等优化了烟草粉末中果胶酶解的方法，最终确定了酶解参数，样品使用 80% 乙醇回流萃取 2 次后，加入 pH 值为 4.0 的柠檬酸三钠/柠檬酸缓冲溶液和 480 U/g 的果胶酶，于 58 ℃下反应 2 h。同热酸提取法相比，该方法提取的果胶质量稳定、重复性好、萃取率高，但也存在生产周期较长、使用条件较为苛刻的缺陷，且酶解反应的温度、时间、缓冲溶液 pH 值、酶使用量等都会影响酶的提取效率，提取工艺尚不成熟，故尚未广泛应用于工业生产。

（6）微波法

微波法是一种能耗低、提取效率高且对环境友好的果胶提取新技术。主要实现原理是水、甲醇、丙酮等极性溶剂吸收微波能量后转换成热能,从而确保整个样品得以均匀受热,温度升高加速植物细胞内的水分散失,最终在膨胀机制作用下细胞壁结构被破坏,加快果胶的溶解和提取。Baghe-rian 等比较了酸提取法、微波法对柚子果胶的提取效率,发现当辐射功率为 900 W 时,采用微波加热 2 min 的果胶提取效率与采用酸提取法提取 90 min 的效率相当,在 900 W 辐射功率下处理 6 min,果胶提取率高达 27.81％。微波用于果胶的提取,具有溶剂耗量小、耗时短、提取率高的优点,是果胶提取中有发展潜力的新技术。

（7）超声波法

超声波的空化效应能破坏细胞组织结构而加快反应、扩散速度。但是,超声波的均匀性和衰减问题不利于实现规模化生产。王海燕采用超声辅助酸法和传统酸法提取榴莲壳内皮中的果胶,研究发现在传统酸法最佳工艺条件下(料液比 1∶30、pH 值 2.0、温度 90 ℃、时间 90 min),果胶提取率为 14.97％,在超声波辅助的最佳条件下(料液比 1∶30、pH 值 2.0、温度 80 ℃、时间 60 min),提取率达 19.68％,且果胶颜色浅、杂质少;王媛莉等人研究发现超声波辅助草酸铵法提取豆腐柴果胶可以显著缩短反应时间、提高果胶得率;余先纯等人采用超声波对柚皮进行处理,然后加入复合酶提取果胶,不仅果胶提取率比常规水浴法高,且果胶含有较多糖类物质,不含蛋白质,纯度较高。Homa Bagherian 等人发现间歇性超声波处理比连续处理效果更佳。因此,超声波辅助须选择合适的频率和功率。

（三）分离纯化

（1）醇沉淀法

醇沉淀法是指将大量的醇加入果胶提取液中,利用果胶不溶于醇类溶剂的特点,形成醇-水混合剂,将果胶沉淀出来。该方法制得的果胶色泽好,纯度高,且生产工艺简单。郭丽萍等用醇沉淀法从香蕉皮中分离果胶,所得果胶色泽较好,呈灰白色,质地黏稠。但陈芳艳等在选用乙醇作为剑麻果胶的沉淀剂后发现,此方法消耗大量的醇,且回收时能耗较大,增加了生产成本,不利于规模化生产。选用 HCl 作为电解质加入乙醇中,沉淀效果更加理想。

（2）盐析法

盐析法的原理是利用两种相反电荷的电中和作用,在果胶溶液中加氨水中和,再加入电解质金属盐类,可产生含少量盐的氢氧化物沉淀和不溶于水的果胶酸盐及其他杂质。经分离后,用酸化醇进行洗涤脱盐,使少量盐的氢氧化物沉淀消失,酸与金属离子发生置换反应生成果胶。所得的果胶因为不溶于醇而沉淀下来。现在研究通常采用的是铝盐沉淀法、铁盐沉淀法、钙盐沉淀法和混合盐析法。刘义武等在柠檬皮果胶液中用盐析法沉淀果胶,研究表明盐析法提取果胶具有低消耗、低污染等优点,其应用前景较广阔。

（3）膜分离法

膜分离法是利用天然或人工合成的高分子膜的选择性,以外界能量或化学位差为推动力,对双组分或多组分的溶质和溶剂进行分离、分级、提纯和浓缩的方法。毛波等利用膜分离技术改进传统工艺对提取糖分后的南瓜渣提取液进行除杂浓缩,再经过醇沉精制,最后通过真空干燥得到果胶产品。试验结果显示,经过膜除杂和浓缩后的果胶溶液,后续乙醇的使用量减少,果胶的纯度有所提高。因而采用此工艺可降低成本,提高经济效益。姚国新等用微滤膜和超滤膜两级膜对甜菊糖水提液进行除杂,再用纳滤膜进行脱盐浓缩。结果表明,经过膜处理后的液体体积浓缩为原液体的 1/15,纯度达到 87％左右。

三、海藻钠的制备工艺[34]

（一）酶解法

酶解法工艺如下:清洗→粉碎→酶浸泡→消化→稀释→搅拌→过滤→钙析→酸化脱钙→碱溶→乙醇沉淀→过滤→烘干→粉碎→成品。

该法工艺与钙凝-酸化法的区别是在消化步骤之前加入了酶,海藻酸盐主要存在于海藻细胞的细胞质基质和细胞壁中,纤维素酶可以酶解海带细胞的细胞壁,从而促使海藻胶溶出,经过浸泡充分分解,浸出质量提高。酶作用温和,不会破坏海藻酸钠结构,还可以降低产物蛋白质和多酚的含量,但是酶解法成本高、能耗大、提取周期长、条件苛刻、酶解时间长、条件不易控制、技术含量高、酶解不完全,需要增加大量设备保证连续化生产。此法是近年来在海藻酸钠提取探索道路上的新工艺,尚未得到规模化的工业推广。

(二)超滤法

超滤法工艺如下:浸泡→切碎→消化→稀释→过滤、洗涤→酸凝→中和→超滤→乙醇沉淀→过滤→烘干→粉碎→成品。

该法工艺在酸凝-酸化法中和步骤和乙醇沉淀步骤中间加入了超滤技术。超滤技术是一种膜分离传统上使用的横流式技术,以防止过度积聚膜表面的污染物,并控制结垢率。在横流式操作内的流态膜孔是层状的,在进料通道中产生湍流,增强膜表面的剪切力,并提高传质率。横流速度通常会产生湍流或过渡状态条件渠道,提供高效的方法清除积聚的表面微粒。超滤技术最大的缺点是大型项目需要的横流泵成本较高。超滤膜孔径尺寸在$0.001\sim0.02~\mu m$范围内,能过滤掉符合尺寸的细颗粒,比如胶体材料、细菌、病毒和其他一些病原体及热原。

超滤膜在生物制药中可用来分离蛋白质、核酸、多糖、多肽、抗生素、病毒等。超滤的优点包括没有相转移、无须添加任何强烈化学物质、不损坏热敏性物质、温度温和、过滤速率较快、便于做无菌处理等。所有这些优点都能使分离操作简化,避免了生物活性物质的活力损失和变性。

超滤法提取海藻酸钠是将膜处理技术引入提取工艺,可以得到纯度、色泽、黏度更优的海藻酸钠产品,尤其是黏度提高特征最明显,可降低能耗、杂质,提高产量,是一种较理想的新工艺。

(三)微波辅助提取法

微波辅助提取法工艺如下:浸泡→切碎→微波→消化→稀释→过滤、洗涤→酸凝→中和→乙醇沉淀→过滤→烘干→粉碎→成品。

该法工艺是在酸凝-酸化法消化步骤之后,混合液以一定功率的微波提取一定时间后再进行后续操作。近年来,微波辅助提取法已被广泛用于提取天然材料中的活性成分。微波辅助提取法是一种利用微波辐射快速加热溶剂以提高萃取效率的方法。最大微波加热效应发生在2450 MHz的频率、$600\sim700$ W的能量输出条件下。这种微波辐射的热量可以加热和蒸发样品中的水分。导致的结果是细胞壁上的压力增加,细胞膨胀,压力从内部推动细胞壁,拉伸和打破细胞。细胞壁的破坏有利于目标化合物的排出和提取。微波辐射的高温可以水解植物的细胞壁成分如纤维素结构中的醚键,使纤维素在短时间内溶解。此外,在高温下,它可以促进纤维素脱水并降低纤维素的机械强度,溶剂就很容易进入细胞,溶解目标成分。从一些研究结果看,在各种类型的香料、中药草药和水果的活性成分提取方面,微波辅助提取法可以提高提取效率和提取物的质量。微波辅助提取法具有所需时间短、溶剂少、降低能耗的优点,适用于耐热成分的提取,萃取率更高,准确度和精密度更好。

(四)超声波辅助萃取法

超声波辅助萃取法工艺如下:浸泡→切碎→超声波→消化→稀释→过滤、洗涤→酸凝→中和→乙醇沉淀→过滤→烘干→粉碎→成品。

超声波法是一种新型多糖提取方法。根据超声萃取原理,从固-液或者液-液物料中提取有用成分,常用频率为20~300 kHz。利用超声波可以从植物的叶、枝、花、果、籽、根茎中提取有用成分,且可以显著提高提取率并缩短提取时间。在海藻酸钠的提取过程中,细胞壁的破碎程度直接影响提取率。而超声波由于对细胞壁的破碎作用在多糖提取中得到了广泛应用。和传统的酸碱提取相比,超声波辅助萃取法可以减少化学试剂的使用,减少高温环境,降低提取时间,更为绿色环保。但超声时间不宜超过0.5 h,因为超声波具有较强的机械剪切作用,长时间作用会使多糖大分子键断裂,从而影响海藻酸钠的得率及品质。

四、卡拉胶的制备工艺[35]

卡拉胶的提取方法主要有直接提取法、酶提取法、碱预处理提取法等,提取工艺会影响卡拉胶的凝胶

性、黏度和稳定性等理化性质。

(一) 直接提取法

取 10 g 洗净晒干的海藻加入烧杯中,加入 500 mL 去离子水,或者用 500 mL 碱液浸泡,将其置于 100 ℃ 的水浴锅中搅拌加热,提取 3 h 后得到提取液。用稀酸中和提取液至 pH 值为 7~8,用筛网对提取液进行初步过滤。将 Celite545 助滤剂加入初步过滤的提取液中,用真空泵和贴了滤纸的布氏漏斗抽滤,对提取液进行二次过滤。将滤液冷却,置于容器中,放入冰箱进行低温冷冻。冷冻后将其取出,加入 750 mL 无水乙醇进行脱水,加入 85% 酒精进行清洗,最后干燥得到卡拉胶成品。直接提取法制备的卡拉胶产量高,但其凝胶强度低,在一些对凝胶强度要求不高的产品中使用较为广泛。

(二) 酶提取法

将海藻洗净晒干,取一定量晒干的海藻,用水浸泡,用中性纤维素酶和中性蛋白酶进行处理,同时加入金属螯合剂去除重金属离子。对酶处理后的体系进行过滤除去滤液,加入去离子水进行加热提胶。过滤除去不溶物,加入大孔吸附树脂脱色,接着趁热精滤,滤液冷却后加入硫酸酯酶处理,再加入氯化钾进行凝胶,经裹包油压脱水得到固态凝胶,最后烘干得到卡拉胶成品。酶提取法具有原料利用率高、凝胶强度高等优点。

(三) 碱预处理提取法

将海藻洗净晒干,加入一定浓度的碱液浸泡,在水浴中进行加热处理。将碱处理过后的体系进行过滤,倒去处理后的碱液,用去离子水将海藻洗至 pH 值为 7~8,沥干。加入适量的去离子水进行水浴加热提胶,用真空泵和贴了滤纸的布氏漏斗抽滤,对提取液进行过滤分离。提取液冷却后,放入冰箱中过夜进行低温冷冻脱水,冷冻样品解冻后,压滤除水,放烘箱干燥得到卡拉胶成品。在 7 种卡拉胶中,具有胶凝性的只有 κ-卡拉胶和 ι-卡拉胶。两者的含量决定了卡拉胶的凝胶强度,碱处理降低了卡拉胶的硫酸盐含量,增加了 3-6-内酯-半乳糖(36-AG),使麒麟菜胶体中的 1,4-连接的 D-半乳糖-6-硫酸酯脱去硫酸基转变为 1,4-连接的乳糖,促使 μ-卡拉胶转变为 κ-卡拉胶,ν-卡拉胶转变为 ι-卡拉胶,导致卡拉胶的类型发生变化,从而增强了卡拉胶的凝胶强度。

五、琼脂的制备工艺

(一) 高温高压法

琼脂提取的传统方法是高温高压法,提取流程如下:原料处理→浸泡→煮胶→过滤→冷却→脱水→干燥→粉碎→包装。该提取工艺简单,因没有经过酸碱处理,琼脂分子破坏较少,提取率较高,但同时也因没有碱处理去除硫酸根,导致琼脂凝胶强度较低。一般此法适用于硫酸基含量较低的原料,如石花菜。

(二) 碱法提取工艺

碱法工艺常见有低温高碱、中温高碱和高温稀碱 3 种,碱处理在琼脂提取过程中的作用是脱除硫酸基和色素,以提高琼脂的品质。碱法工艺提胶流程如下:原料处理→碱处理→漂洗→酸处理→漂洗→漂白→漂洗→煮胶→过滤→冷却→脱水→干燥→粉碎→包装。中、低温高碱法提取琼脂,因温度适中,生产工艺较易控制,但用碱量大,清洗耗水量大,环境负担大,生产周期长,导致生产成本较高。高温稀碱法碱浓度较低,环境污染较小,生产周期短,但因提取温度较高,生产工艺不易控制,碱在高温条件下容易破坏琼脂,导致胶质流失,降低产率。

为更好地利用碱法工艺提取琼脂,学者们一直在不断探索其工艺条件。在中低温高碱提取琼脂方面,戚勃等[36]通过研究碱处理温度、处理浓度和时间对龙须菜琼脂凝胶强度的关系,为采用冷碱法提取龙须菜琼脂的工业化提供理论依据。关于高温稀碱法提取琼脂方面的研究较多。穆凯峰等[37]采用高温稀碱法提取坛紫菜琼脂,以琼脂得率、凝胶强度等为考察指标,通过试验得出提取率较高、品质较佳的工艺条件。高温条件下,采用碱法提取琼脂容易造成胶质流失。Arvizu 等[38]研究碱处理时间对提取江蓠琼胶的影响,结果表明,琼脂提取率和凝胶强度随碱处理时间的延长而降低,当碱处理时间为 0.5 h 时,二者均达到最大值。李来好等[39]研究高温稀碱法提取江蓠琼脂的工艺条件,表明在碱处理过程中,加入适量的蒽衍生物可降低碱处理过程中江蓠胶质的流失,从而提高琼脂的提取率。宗培杰等[40]在提胶过程中,加入适量的食用表面活性剂,促进细胞壁的破坏,加速胶质的溶出。此外,在废碱液中加入适量活性炭处理,吸附碱液中的杂质,能够提高碱液纯度,促进废碱液的循环利用,降低生产成本。

(三)酶法辅助提取工艺

酶法辅助提取工艺的特点是利用纤维素酶在碱处理前或处理后作用于藻体,加速破坏藻体的细胞壁,从而促进胶质溶出。邱慧霞等[41]对纤维素酶辅助提取江蓠琼脂的工艺进行研究,在碱处理之后加入适量的纤维素酶处理江蓠菜,然后再煮胶,不仅提高了琼脂的得率,而且不影响琼脂的凝胶强度。该研究不仅优化了琼脂的最佳提取工艺,而且研究发现江蓠藻经酶处理后,用活性炭替代化学试剂进行漂白,既减少了清洗次数,缩短了生产周期,又减缓了对环境的污染。此外,考虑采用硫酸酯酶辅助纤维素酶处理江蓠菜,降解琼脂上的硫酸基,减少碱液和清洗水的用量,对降低生产成本、节能减排具有重要意义。

六、黄原胶的制备工艺[42]

黄原胶主要由 X. campestris 发酵而来,此外菜豆黄单胞菌(X. phaseoil)、锦葵黄单胞菌(X. malvaeearurn)和胡萝卜黄单胞菌(X. carotae)也可以作为发酵菌株,用来合成黄原胶。这些细菌可以以葡萄糖、果糖、蔗糖、甘油和玉米淀粉等为底物合成黄原胶。

(一)生物合成

黄原胶的生物合成是一个能量密集性过程,其中直接或间接地涉及多种酶。以葡萄糖为例,通过 Entner-Doudoroff 途径和三羧酸循环,葡萄糖被用于合成生物质和 UDP-葡萄糖、GDP-甘露糖和 UDP-糖醛酸等各种高能中间体(图 5.14)。首先,培养基中的底物以主/被动运输的形式进入菌体内,在相关酶的作用下转化成葡萄糖-6-磷酸、果糖-6-磷酸等活性底物,经一系列酶促反应生成 UDP-葡萄糖、GDP-甘露糖和 UDP-糖醛酸等黄原胶合成的高能活性前体。接着,通过位于内/外膜上的黄原胶合成酶系(由 gum 基因簇编码)聚合、组装成大分子黄原胶并分泌到胞外。

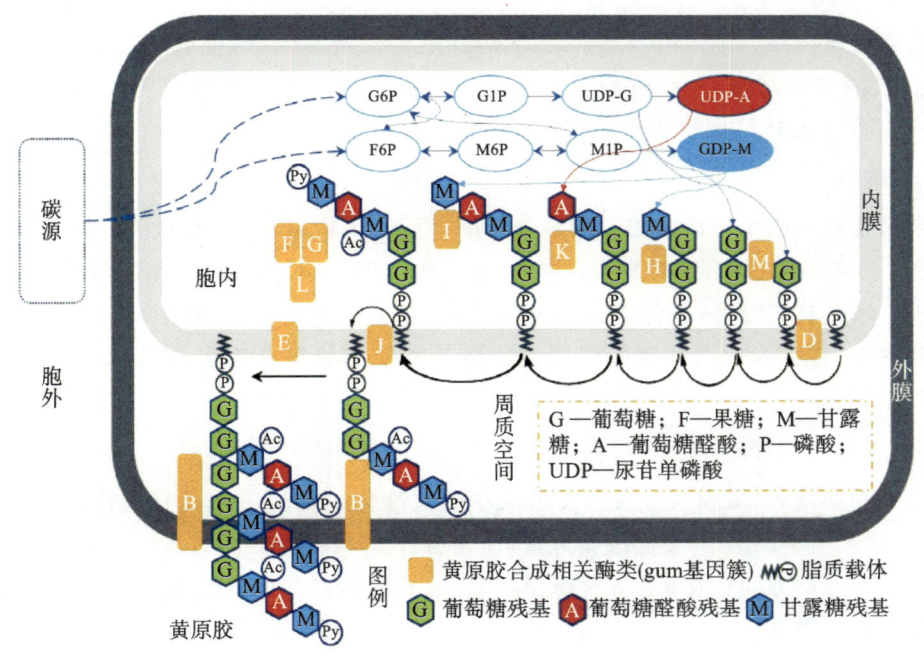

图 5.14　以葡萄糖、果糖等碳源为底物合成黄原胶

（二）黄原胶的生产

黄原胶生成流程主要包括发酵、黄原胶沉淀、固液分离、干燥、磨粉、分装等（图5.15）。工业上，黄原胶的生产原料要求为简单易得且价格低廉，目前生产黄原胶的主要碳源为葡萄糖浆、蔗糖和淀粉。除碳源外，培养基还有有机/无机氮源、磷酸盐、镁离子等。培养基在灭菌后，接入菌株，然后通入无菌空气，在搅拌条件下进行发酵。根据菌种的不同，所用温度一般为28～32 ℃，pH值为6.5～7.5。发酵过程中，培养基中溶氧对黄原胶的最终产量有决定性的影响。一般溶氧越高越好，工业发酵黄原胶产量一般为30～50 g/L，生产效率为0.4～0.7 g/(L·h)。发酵结束后，一般先采用巴氏灭菌法除去发酵液中的多种水解酶，如葡聚糖糖酶、甘露聚糖酶、淀粉酶、几丁质酶等，有时会加入其他蛋白质变性剂以加快酶的失活。将水解酶灭活后，就要对菌体和黄原胶进行分离。工业上常采用醇沉法分离黄原胶，以这种方法得到的黄原胶一般还有少量菌体及色素，为了提高黄原胶的品质，醇沉以后的黄原胶可以再进行过滤或者离心处理，然后经干燥、粉碎、分装等步骤制成商品黄原胶。

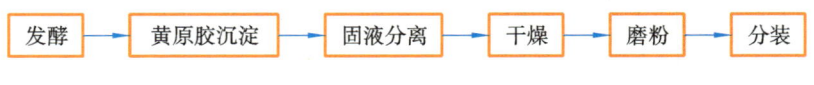

图5.15　黄原胶的生产方法

（三）黄原胶的修饰

黄原胶之所以能够获得广泛应用，原因不仅在于黄原胶独特的流变性，还在于黄原胶产品的多样性。在黄原胶生产过程中，可以通过控制生产条件，生产出多种性能不同的产品以满足不同客户的需求，亦即对黄原胶进行各种化学修饰以获得不同的产品。最常见的修饰方式为控制黄原胶中乙酰化或丙酮酸缩酮的含量，比如采用乙酰化修饰缺陷的菌株或者在巴氏灭菌过程中升高pH值至9以上以除去乙酰化修饰。再就是在发酵过程中向培养基中加入NaOH、KOH或Ca(OH)$_2$使黄原胶生产相应的盐，黄原胶成盐后可以大幅影响黄原胶与其他半乳甘露聚糖的协同性。

七、壳聚糖的制备工艺[43]

（一）微生物发酵法

从真菌中提取壳聚糖是一条最有发展前途的途径，它不受资源限制，可规模化生产。目前这方面的研究报道不断增多，其中Claudia Crestini报道用Lentinusedo des固体发酵提取甲壳质，培养基中可提取甲壳质收率达到6.18 g/kg，比其他物质中的收率高出近50倍。

（二）酶降解法

利用真菌和植物病原体中分离出的甲壳质分解酶，溶于Mellvaine缓冲液（0.2 mol/L的NaH$_2$PO$_3$和0.1 mol/L的柠檬酸）中，在30 ℃保温降解，按照产物的聚合度控制反应时间，用质量分数为10%的氯乙酸终止反应。这种方法具有特异性，条件温和且易控制，有选择性地切断了特定糖苷键等优点，从而制得特定的寡聚体。这种方法发展前景好，其主要因素取决于所使用的甲壳质酶，但缺点是不易制得高聚合度（大于6）的寡聚糖产品。

（三）酶合成法

酶合成法是一种新技术，采用从放线菌发酵液中分离纯化得到的一种具有糖转移功能的甲壳质合成酶，该酶能在醋酸缓冲液中（40 ℃）在高底物浓度（质量分数5%～10%）的条件下催化甲壳质，从低聚合度（4～5）向高聚合度（6～7）方向转化，产品的聚合度范围小，目标产品的纯度高。此反应对温度、pH值、底物浓度和反应时间较为敏感。

（四）化学法从虾、蟹等动物的甲壳中提取甲壳质

从虾、蟹等动物的甲壳中提取甲壳质是目前最经济的生产工艺。虾、蟹壳的主要成分为碳酸钙、磷酸

盐、粗蛋白、脂肪和甲壳质。其中甲壳质约占 20%。利用虾、蟹壳废料加工制取壳聚糖的过程，一般有脱除无机盐（碳酸钙）、蛋白质和乙酰基 3 个步骤，其工艺流程如下：虾蟹等壳去杂、洗净，酸浸除去无机盐壳，碱浸除去蛋白质，经漂白、烘干、称重，即得白色甲壳素，甲壳素再经脱乙酰处理，放入质量分数为 60% 的氢氧化钠溶液中，加热到 145 ℃，持续 1 h，再分离提纯即得壳聚糖。

在工艺过程中，虾、蟹废料可预先粉碎，进行搅拌或不进行搅拌，但要设法使被处理的虾、蟹壳充分浸泡于溶液中，例如对溶液采用不间断的回流方式，脱乙酰基时充氮气或氢气等。

这种方法已沿用数十年，是工业生产的主要方法。但是，该法存在不少缺点，在实际应用中，特别是在生物医学的应用中，要求材料的理化性质有高度的均一性。近几年的研究表明，甲壳质脱乙酰基酶的脱乙酰反应具有反应条件温和可控、对原结构的聚合度没有影响等特点。特别是最近从豆刺盘孢中分离得到的甲壳质脱乙酰基酶，不但有高度的催化活性，而且不受产物乙酸的抑制，显示出良好的应用前景，对这方面进行深入研究，可为高质量壳聚糖的生产提供绝佳的途径。

八、罗望子胶的制备工艺[44]

罗望子胶的提取方法主要有两种：一种是热水抽提法，另一种是有机酸提取法。

（一）热水抽提法

热水抽提法是早期提取罗望子胶的主要方法，罗望子胶的得率为 50%，提取过程中保证了罗望子胶结构不发生变化。具体工艺为：罗望子种子→去皮→粉碎→热水提胶→等电点沉降→分离→异丙醇沉淀→过滤→干燥→微粉碎→罗望子胶。

（二）有机酸提取法

与热水抽提法相比，采用有机酸提取法提取罗望子胶的得率较高，且省去了醇沉淀的工序。有报道称用柠檬酸处理后罗望子胶的最高得率高达 68.2%。具体工艺为：罗望子种子→去皮→粉碎→煮沸（有机酸溶液）→静置沉降→过滤→浓缩→烘干→粉碎→罗望子胶。

九、阿拉伯胶的制备工艺

阿拉伯胶精粉的主要原料是阿拉伯树的树胶。阿拉伯树生长在热带地区，主要分布在非洲、中东和印度等地。采集阿拉伯树的树胶需要在树干上开口，待树胶流出后进行收集。采集到的树胶需要经过初步处理，去除杂质并晾晒至干燥。

经过初步处理的阿拉伯树胶需要进行清洗，以去除残留的杂质。清洗后的树胶需要进行研磨，使其成为粉末状。研磨过程需要使用专用设备，将树胶块状物体研磨成细小的粒子。研磨后的阿拉伯胶粉末需要溶解于水中。将一定比例的树胶粉末加入水中，并进行搅拌和加热，使其完全溶解。溶解后的树胶溶液需要经过过滤，去除其中的杂质和固体颗粒。

过滤后的树胶溶液，进行漂白、巴氏杀菌后，还需要进行浓缩，以提高胶精粉的含量。浓缩过程通常采用真空浓缩技术，将树胶溶液以一定的温度和压力进行浓缩处理，使其含水量减少。浓缩后的树胶溶液需要进行干燥，将其转化为固体的胶精粉。干燥过程有多种方法，常见的包括喷雾干燥、真空干燥和风干等。

干燥后的胶精粉需要进行粉碎和筛分，以获得所需要的颗粒大小。粉碎过程通常使用研磨机进行，将胶精粉研磨成所需的颗粒大小。筛分过程则使用筛子或振动筛进行，将粉碎后的胶精粉按照不同的颗粒大小进行分级。

十、槐豆胶的制备工艺

槐豆胶工艺流程如下：槐角晒干→粉碎→过筛→溶剂处理→冲洗→烘干→粉碎过筛脱皮→微粉碎→过 100 目筛→商品槐豆胶。

槐豆胶操作要点如下。刺槐种子晒干：由于槐角果皮含有大量果胶，黏性较大，粉碎前需晒干。粗粉

碎:根据果实各部分硬度不同,进行粗粉碎,果皮、子叶、胚的硬度较小,先被粉碎成粉状,胚乳极其坚硬,连同种皮没有被粉碎。过筛:筛去果皮、子叶、胚,得带皮胚乳。

溶剂处理:由于种皮与胚乳连接紧密,且种皮含有大量色素,易使胚乳着色变黑,选用次氯酸钠作为溶剂,一方面使种皮与胚乳易于分离,另一方面可以起到漂白作用,从而改善胶的颜色。冲洗烘干:用水冲洗数次,在 60 ℃下烘干。粉碎过筛:粉碎种皮,过筛得胚乳。微粉碎:粉碎内胚乳,过 100 目筛,得商品槐豆胶。将商品槐豆胶经热水抽提,除去不溶物,再进行浓缩、干燥可得纯品槐豆胶。

杨永利[45]报道了一种提取槐豆胶的工艺流程,同时进行了系列漂白试验并研究了溶剂处理对槐豆胶和黄原胶协效性的影响。于明[46]等人在传统热水抽提法的基础上,加以超声波处理,利用超声波的空化作用、热效应、机械作用加速细胞壁的破碎,使细胞内的成分易于溶出,以达到缩短提取时间、提高提取率的目的,并确定超声提取槐豆胶的最佳工艺参数为料液比 1∶47[质量(g)与体积(mL)之比]、提取温度 43 ℃、提取时间 63 min、超声功率 800 W。在此条件下槐豆胶的提取率达 28.03%。董翠芳[47]等人以提取率为评价指标,采用单因素试验研究了液料比、提取温度、提取时间、微波功率对提取槐豆胶的影响,得到槐豆胶的微波辅助提取最佳工艺为:液料比 60∶1[体积(mL)与质量(g)之比],提取温度 60 ℃,提取时间 30 min,微波功率 300 W。该条件下的槐豆胶提取率可达 7.60%。

十一、环糊精的制备工艺

环糊精的生产一般采用有机法,即用环糊精葡萄糖基转移酶(CGT 酶)催化淀粉及相关基团合成环糊精,并和有机溶剂特异性结合后析出。CGT 酶作用淀粉生成的环糊精一般是 α-环糊精、β-环糊精、γ-环糊精和少量大环糊精的混合物,其中 β-环糊精的水溶解度最小,相对来说制备较为容易。世界上首次实现 β-环糊精工业化生产的国家是日本。美国、匈牙利、德国、法国、俄罗斯紧随其后,相继开展了环糊精的研究和生产。目前,国际市场上生产和供应环糊精的公司主要是美国的 Corn 公司、日本食品化工株式会社等。国内生产环糊精的企业较少,且产量不高,价格昂贵,纯度也不高,因此国内市场环糊精供应主要依赖进口。

使用有机法制备 β-环糊精虽然制备产率较高,但是生产过程涉及有机溶剂,对环境污染较大,并且有机法制备出的产物在个别领域的应用受到限制(食品、医药领域)。王超凡[48]等人对一种无机溶剂酶催化生产 β-环糊精的工艺进行研究,并采用响应面试验法确定了生产 β-环糊精的适宜工艺条件:选取木薯淀粉作为底物,不经过预处理,环状糊精葡萄糖基转移酶添加量是 4 U/g,CaCl2 的浓度为 30 mmol/L,pH 值为 7.88,温度为 63.67 ℃,反应时间为 17.24 h,产率可达 24.02%。

目前 γ-环糊精主要通过环糊精葡萄糖基转移酶(CGT 酶)转化淀粉获得。生产流程和关键点如图 5.16 所示。原淀粉底物的糊化预处理可以有效破坏原淀粉颗粒的致密结构,使其体积膨胀,崩解,淀粉链伸展,进而提高 CGT 酶的底物可及性和产物得率。然而,随着淀粉浓度增高,底物黏度显著增加,反应效率降低;同时底物中的支链淀粉在转化时,其分支点附近结构无法被 CGT 酶作用,降低了底物利用率,为此也可以进行脱支预处理;与 α-环糊精和 β-环糊精相比,组成 γ-环糊精所需要的葡萄糖残基更多,利用酶法预处理提高支链淀粉侧链长将有利于 CGT 酶合成 γ-环糊精。因此淀粉底物与预处理方法的选择是提高底物转化率和产物得率的 2 个关键点。酶法转化的工艺环节是 γ-环糊精生产的核心环节,不同种类的 CGT 酶以及不同的络合剂都能对 γ-环糊精的生产造成很大的影响。因此限制 γ-环糊精规模化生产的三大因素是过高的酶制剂成本、产物的抑制作用以及复杂的纯化工艺[49]。

十二、瓜尔胶的制备工艺[50]

瓜尔胶是天然半乳甘露聚糖,由豆科植物瓜尔豆的种子去皮去胚芽后的胚乳部分,干燥粉碎后加水,进行加压水解后用 20%乙醇沉淀,离心分离后干燥粉碎而得。因含有较多杂质,还需进一步纯化。

纯化瓜尔胶的方法较多,目前主要是酶法和化学法,主要包括:①生物酶水解;②采用丙酮和乙醇对瓜尔胶交替处理,结合离心和沉淀方法进行精制;③用费林试剂沉淀处理。Pablyana 等采用不同的纯化方法

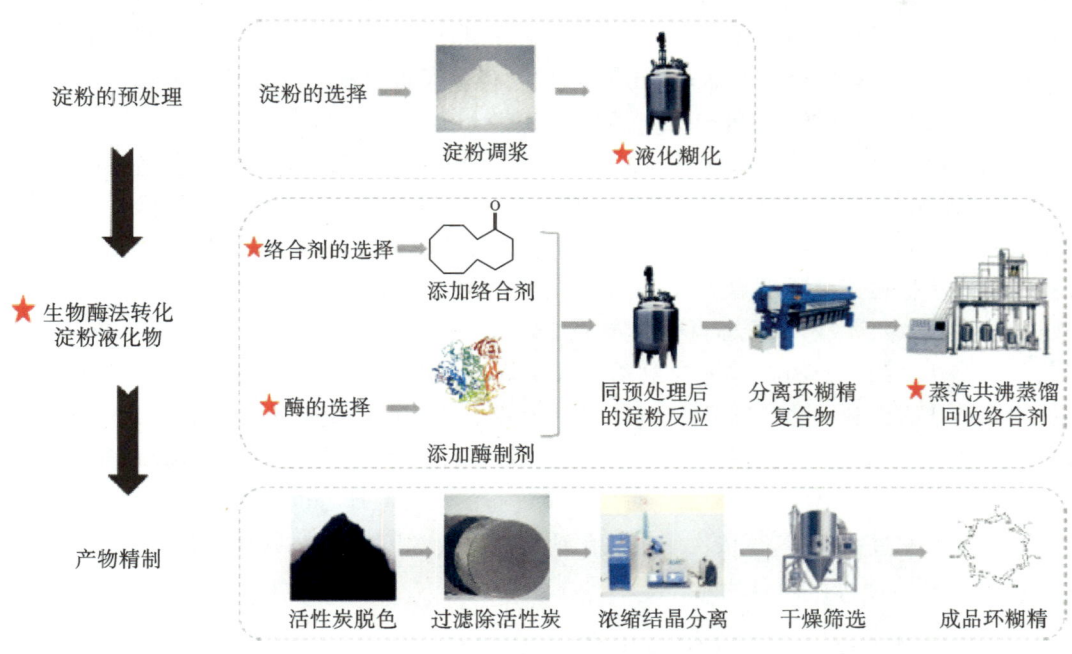

图 5.16　酶法合成 γ-环糊精流程及其关键点

处理瓜尔胶,结果显示均能够降低产品中蛋白质、树胶醛糖和葡萄糖残基的含量,但不同方法所获得的精制瓜尔胶在纯度、热稳定性、流变性等方面均存在差异,其处理成本差别也很大,作为生物材料,应根据具体应用选择不同的纯化方法。

瓜尔胶溶液在受热情况下会发生非催化水解,主要产生水溶性单糖和寡糖。研究表明,水解温度在180～240 ℃,反应时间为 3～60 min 时,瓜尔胶水解产物主要是聚合度为 20 的寡糖、单糖(甘露糖和半乳糖)、5-羟甲基-2-糠醛(5-HMF),在 200 ℃水解 7 min 时寡糖产量达到最大值 94.4%,此后寡糖产量随时间而降低,单糖产量开始随时间增加,在 60 min 时达到 34.5%,其中甘露糖为 22.8%,半乳糖为 11.7%,此后单糖继续分解为次级产物,如 5-HMF,其产率在 220 ℃、30 min 时达到最大,为 26.3%。

瓜尔胶的酶法处理主要集中在三个方面。一是以获得低聚合度的瓜尔胶或半乳甘露寡糖的酶法催化水解,主要使用 β-甘露聚糖酶,目前研究相对较多。二是以调整分子中半乳糖和甘露糖的糖基比例为目的进行的侧链酶法修饰,主要使用 α-半乳糖苷酶或半乳糖醛酸酶。M. S. Shobhaa 等从黑曲霉中获得具有多聚半乳糖醛酸酶活性的胶质酶,可以对瓜尔胶的半乳甘露聚糖进行糖基调整和主链切割,该酶在 pH 值为5.0、温度为 50 ℃时有最佳活性,对相对分子质量为 240 kDa,G∶M 为 1∶1.6 的瓜尔胶半乳甘露聚糖进行水解 60 min 后,其相对分子质量达到 70 ku,G∶M 为 1∶2.8。改性后的瓜尔胶溶解特性得到改善,30 min 在水中溶解率达到 98%。三是以提高半乳甘露聚糖纯度为目的的酶法精制,一般采用蛋白酶、淀粉酶、纤维素酶,通过温和的水解反应,部分去除瓜尔胶中的蛋白质、淀粉等杂质。该法能够在温和的条件下,最大限度地保留瓜尔胶多糖的天然理化性能及内部结构,因而在食品添加剂和生物材料制造上具有优势。

十三、魔芋胶的制备工艺

魔芋胶是葡甘聚糖的俗称。魔芋除含有 18 种氨基酸(7 种必需氨基酸)和 K、Ca、Mg、Fe、Mn 等多种微量元素外,它的主要成分是葡甘聚糖(KGM),为水溶性优质膳食纤维,热量极低,具有吸水性强、黏度高(高达 48000 Pa·s,是瓜尔胶黏度的 4～6 倍)、膨胀率高等特点。工业用魔芋胶黏度多为 20000～30000 mPa·s,系所发现亲水植物胶中黏度最高者。

魔芋精粉的加工方法分为干式加工法和湿式加工法两种。干式加工法是由魔芋片经研磨分离而制取精粉的方法。其原理是基于精粉粒子与飞粉的密度相差较大,用旋风分离法提取精粉。干式加工法的特点是不受季节影响,可全年生产,工艺简单,质量稳定。干式加工法工艺流程为:魔芋干、魔芋角或魔芋片→粗粉碎→粗粉除杂→细粉碎→分离除杂(重复多次)→精粉成品→检验→包装→成品。

魔芋胶是魔芋精粉(60~80目)进一步纯化及细化的产物。

魔芋精粉主要成分是魔芋葡甘聚糖,除此之外还含有很多杂质,这些杂质既有无机盐,也有氨基酸、小分子肽、蛋白质和其他多糖,它们的存在均可显著降低魔芋胶的黏度。乙醇沉淀法提取魔芋胶主要是利用魔芋胶溶于水而不溶于乙醇的特性。乙醇沉淀法因为低成本、易操作而成为目前最常用的提取方法。一般操作方法是将魔芋精粉充分吸水溶胀后,使用一定浓度的乙醇溶液进行提取、去除杂质,再进行过滤脱水、工业酒精沉淀、无水乙醇洗,风干即可得到魔芋胶纯品。

基于乙醇沉淀法,又提出酸纯化法、生物酶法、Pb(AC)$_2$法等纯化方法。酸纯化法是将魔芋精粉中的蛋白质和纤维素等杂质先利用酸处理操作去除,然后使用上述乙醇沉淀法得到较高得率的魔芋葡甘聚糖。生物酶具有专一性,生物酶纯化法就是利用这一特性,针对魔芋精粉中杂质种类采用功能不同的酶进行除杂,从而获得精制魔芋胶。利用Pb(AC)$_2$能对蛋白质进行沉淀的原理可以有效除去魔芋精粉中的蛋白质。将魔芋精粉先用石油醚进行脱脂,再依次用氢氧化钠溶液碱提、盐酸溶液中和后加入适量Pb(AC)$_2$处理,最后反复用80%乙醇溶液沉淀制得纯品。

十四、烟用淀粉胶粘剂原材料及生产工艺介绍

稻谷、小麦、玉米、马铃薯等农产品中含有大量的淀粉,这些淀粉通过物理、化学方法,又可加工成可溶淀粉、糊精、羟乙醚淀粉等多种形式。因此,根据不同的用途要求,以不同的淀粉为基料,配合相应的添加剂,可制成黏度、固体含量、颜色、机械性能各异的淀粉胶。

工业用淀粉胶通常以玉米为原料,将玉米淀粉在水中分散,然后加热或添加少量的氢氧化钠使淀粉糊化,再加水稀释,就制成普通玉米淀粉胶。实际配制淀粉胶时,常加入淀粉质量0.2%~2%的硼砂,以起防霉、交联、增韧的作用,还可提高耐水性和耐霉菌性,有的加入0.5%~3%的甲醛或苯酚作防腐剂;有的加入甘油、乙二醇等作增塑剂;有的加入植物油类物质、果汁类天然物质,可以改善黏结性能,调整固化时间,同时通过黏度调节剂的加入,可以改善产品的最终黏度,弥补淀粉胶黏度高的缺点。为了进一步提高淀粉胶的实用性,也可以用聚乙烯醇、脲醛树脂、间苯二酚-甲醛树脂(见酚醛树脂)或异氰酸酯来改性。

烟用常见淀粉胶配方见表5.1。

表 5.1 烟用常见淀粉胶配方

成分	份数	成分	份数
淀粉	35~40	黏度调节剂	1~10
增黏剂	1~20	防霉剂	少量
水	20~40	消泡剂	少量

烟用淀粉胶生产工艺介绍如下。

当淀粉在水中加热到一定温度时,淀粉的粒子就开始溶胀和破裂,从而部分溶解或者分散开,这个过程通常被称为淀粉的糊化。淀粉都有各自的糊化温度,即在水中溶解性突然提升、黏度提高的温度。因此,淀粉胶的生产就是一个类似于淀粉糊化改性的过程。淀粉的改性方式很多,对于烟用淀粉胶,一般是使用加热法对淀粉进行改性生产,这种方法引入的其他原料少,同时工艺简单,产品也更加环保。生产环境较好的企业,可以在生产中使用高温蒸汽法杀菌,再进行无菌包装。

烟用淀粉胶的生产工艺正是根据这点来设定的,所以这个工艺过程相对也比较简单。具体步骤如下。

第一步：加料。将淀粉加到高速搅拌的水中。

第二步：加热。对反应釜缓慢加热，控制温度略高于其糊化温度，在糊化温度下，淀粉粒子会溶胀起来，最后溶解在水中，这时淀粉胶的黏度会迅速上升。

第三步：调整。加入一些黏度调节剂，改善产品的黏度，满足客户对产品使用的要求。

第四步：包装。加热到 40 ℃时，淀粉胶黏度较低，容易流动，方便包装。由于淀粉胶本身的抗菌能力差，所以容易出现霉变等问题，在包装时应严格控制包装环境。

第四节　其他烟用胶粘剂主要技术指标及分析技术应用

胶粘剂的性能直接影响着使用产品的质量。目前对烟用其他胶粘剂的技术指标和检测方法尚无统一的标准，但是通常均需要满足食品标准。没有食品标准的胶粘剂，常规检测项目则有外观、pH 值、密度、固体含量、黏度、贮存期等，本书中归纳介绍的其他烟用胶粘剂技术指标和常规检测方法仅供读者参考，读者也可根据情况，向胶粘剂生产厂提出质量要求。

一、CMC 主要技术指标及检验方法[51]

CMC 是一种应用范围较广的离子型纤维素醚，也是国内再造烟叶生产主要采用的胶粘剂。国外一般将其按纯度分成粗品（纯度为 60%～70%）、工业品（纯度约 90%）、精制品（纯度在 95% 以上）3 个等级。每个等级又按黏度分成若干个品号，一般分为高、中、低黏度产品。我国目前生产的 CMC 有几十种。适合再造烟叶用 CMC 的技术指标见表 5.2。

表 5.2　适合再造烟叶用 CMC 的技术指标

项目		要求/指标	检验方法
感官要求	色泽	白色或微黄色	将适量试样均匀置于白瓷盘内，在自然光线下观察其色泽和状态
	状态	纤维状粉末或颗粒状	
理化指标	羧甲基纤维素钠含量，$w/(\%)$	≥99.5	GB 1886.232
	黏度（质量分数为 2% 水溶液）[a] /(mPa·s)	500～800	GB 1886.232
	取代度	0.5～0.7	GB 1886.232
	pH（10 g/L 水溶液）	6.0～8.5	GB 1886.232
	干燥减量 $w/(\%)$	≤8.0	GB 5009.3[b] 直接干燥法
	乙醇酸钠 $w/(\%)$	≤0.4	GB 1886.232
	氯化物（以 NaCl 计）$w/(\%)$	≤0.5	GB 1886.232
	钠 $w/(\%)$	≤12.4	GB 1886.232
	砷（As）/(mg/kg)	≤2.0	GB 5009.76
	铅（Pb）/(mg/kg)	≤2.0	GB 5009.75

注：[a] 当黏度（质量分数为 2% 水溶液）≥2000 mPa·s 时应改用质量分数为 1% 的水溶液测定。

　　[b] 干燥温度为（105±2）℃，干燥时间为 2 h。

二、果胶主要技术指标及检验方法[52]

烟草中含有果胶,因此再造烟叶在制造过程中加入的果胶越来越少,当必须添加时,果胶应满足表5.3中的技术要求。

表5.3　适合再造烟叶用果胶技术指标

项目		要求/指标	检验方法
感官要求	色泽	白色、淡黄色、浅灰色或浅棕色	将适量试样置于清洁、干燥的白瓷盘中,在自然光线下观察其色泽和状态
	组织状态	粉末	
理化指标	干燥减量 w/(%)	≤12	GB 5009.3[a] 直接干燥法
	二氧化硫/(mg/kg)	≤50	GB 25533—2010
	酸不溶灰分,w/(%)	≤1	GB 25533—2010
	总半乳糖醛酸,w/(%)	≥65	GB 25533—2010
	酰胺化度(仅限酰胺化果胶)w/(%)	≤25	GB 25533—2010
	铅(Pb)/(mg/kg)	≤5	GB 5009.12
	(甲醇+乙醇+异丙醇)[b],w/(%)	≤1.0	GB 25533—2010

注:[a] 干燥温度和时间分别为105 ℃和2 h。
　　[b] 仅限于非乙醇加工的产品。

三、海藻酸钠主要技术指标及检验方法[53]

海藻酸钠属于食品级植物胶,可在温和条件下与钙离子快速形成凝胶,具有热不可逆性,在高温、冷冻和酸性介质中仍可维持原有的形体,不会发生渗液或收缩,因此是卷烟爆珠壁材中明胶的理想替代物。目前在卷烟爆珠壁材中使用了大量海藻酸钠,因此海藻酸钠应满足表5.4中的技术要求。

表5.4　适合卷烟爆珠壁材用海藻酸钠技术指标

项目		要求/指标	检验方法
感官要求	色泽	乳白色至浅黄色或浅黄褐色	将试样于清洁、干燥的白瓷盘中,在自然光线下观察其色泽和状态
	状态	丝状、粒状或粉末状	
理化指标	黏度(20 ℃)/(mPa·s)	符合声称	GB 1886.243
	pH(10 g/L 水溶液)	6.0~8.0	GB/T 9724
	水分,w/(%)	≤15.0	GB 5009.3 直接干燥法
	水不溶物,w/(%)	≤0.6	GB 1886.243
	灰分(以干基计),w/(%)	18.0~27.0	GB 5009.4
	铅(Pb)/(mg/kg)	≤5.0	GB 5009.75
	砷(As)/(mg/kg)	≤2.0	GB 5009.76

四、海藻酸钙主要技术指标及检验方法[54]

不同卷烟爆珠制备工艺使用海藻酸盐不同,在卷烟爆珠壁材中使用海藻酸钙与海藻酸钠的功能类似。但不同于海藻酸钠,海藻酸钙在水中的溶解度要差得多。海藻酸钙应满足表5.5和表5.6中的技术要求。

表 5.5　适合卷烟爆珠壁材用海藻酸钙技术指标

	项目	要求/指标	检验方法
感官要求	色泽	白色至黄色	将适量试样均匀置于清洁、干燥的白瓷盘内,于光线充足无异味的环境中,观察其色泽和状态
	状态	纤维状或粉末状	
理化指标	海藻酸钙含量(以氧化钙计,以干基计),w/(%)	8.0～13.0	GB 1886.308—2020
	干燥减量,w/(%)	≤15.0	GB 5009.3 直接干燥法[a]
	灰分(以干基计),w/(%)	10.0～20.0	GB 5009.4[b]
	铅(Pb)/(mg/kg)	≤2.0	GB 5009.75
	砷(As)/(mg/kg)	≤2.0	GB 5009.76

注:[a] 干燥温度和时间分别为 101～105 ℃和 4 h。
　　[b] 灼烧温度为 700～800 ℃。

表 5.6　适合卷烟爆珠壁材用海藻酸钙的微生物指标

项目	指标	检验方法
菌落总数/(CFU/g)	≤5000	GB 4789.2
大肠菌群/(MPN/g)	<3.0	GB 4789.3
酵母和霉菌/(CFU/g)	≤500	GB 4789.15
沙门氏菌	不得检出	GB 4789.4

五、瓜尔胶主要技术指标及检验方法[55]

瓜尔胶作为从瓜尔豆中提取的一种高纯化天然多糖,由于其独特的分子结构特点及天然性,迅速成为应用广泛的新型胶粘剂,被广泛应用于食品、石油、造纸、医药和烟草领域。在再造烟叶中使用瓜尔胶应满足表 5.7 和表 5.8 中的技术要求。

表 5.7　适合再造烟叶用瓜尔胶技术指标

	项目	要求/指标	检验方法
感官要求	色泽	白色至淡黄色	将适量样品置于清洁、干燥的玻璃皿中,在自然光线下,观察其色泽和状态,嗅其气味
	状态	粉末	
	气味	几乎无味或淡淡的豆腥味	
理化指标	黏度/mPa·s	符合声称	GB 28403—2012
	干燥减量,w/(%)	≤15.0	GB 5009.3 直接干燥法[a]
	灰分,w/(%)	≤1.5	GB 5009.4
	酸不溶物,w/(%)	≤7.0	GB 28403—2012
	蛋白质,w/(%)	≤7.0	GB 5009.5[b]
	铅(Pb)/(mg/kg)	≤2.0	GB 5009.12
	总砷(以 As 计)/(mg/kg)	≤3.0	GB/T 5009.11
	硼酸盐试验	通过试验	GB 28403—2012
	淀粉试验	通过试验	GB 28403—2012

注:[a] 干燥温度和时间分别为 105 ℃和 5 h。
　　[b] 蛋白质系数为 6.25。

表 5.8　适合再造烟叶用瓜尔胶的微生物指标

项目	指标	检验方法
菌落总数/(CFU/g)	≤5000	GB 4789.2[a]
大肠菌群(MPN/g)	<30	GB 4789.3[a]

注:[a]样品稀释方法见相应标准附录 A 中的 A.7。

六、壳聚糖主要技术指标及检验方法[56]

　　壳聚糖具有生物降解性、细胞亲和性和生物效应等许多独特的性质,尤其是含有游离氨基酸的壳聚糖,是天然多糖中唯一的碱性多糖。同时壳聚糖分子结构中氨基基团反应活性更强,使得该多糖具有优异的生物学功能并能进行修饰化学反应。因此壳聚糖被认为是比纤维素具有更大应用潜力的功能性生物材料。在再造烟叶和卷烟爆珠中使用壳聚糖应满足表 5.9 中的技术要求。

表 5.9　适合再造烟叶和卷烟爆珠用壳聚糖技术指标

项目		要求/指标	检验方法
感官要求	色泽	白色或微黄色,片状产品有光泽	将适量试样置于白瓷盘内,于光线充足、无异味的环境中,按感官要求逐项检验
	状态	片状或粉末	
	气味	具有本身固有气味,无异味	
理化指标	脱乙酰基度,w/(%)	≥85	GB 29941—2013
	黏度(10 g/L,20 ℃)/(mPa·s)	符合声称	GB 29941—2013
	水分,w/(%)	≤10.0	GB 5009.3 直接干燥法
	灰分,w/(%)	≤1.0	GB 5009.4
	酸不溶物,w/(%)	≤1.0	GB 29941—2013
	pH(10 g/L 溶液)	6.5～8.5	GB 29941—2013
	无机砷(以 As 计)/(mg/kg)	≤1	GB/T 5009.11
	铅(Pb)/(mg/kg)	≤2	GB 5009.12

七、卡拉胶主要技术指标及检验方法[57]

　　不同类型的卡拉胶的增稠和胶凝性质有很大不同。例如,钾离子与 κ-卡拉胶能形成坚硬的凝胶,而对 ι-卡拉胶和 λ-卡拉胶只有轻微影响。ι-卡拉胶与钙离子相互作用形成柔软、富有弹性的凝胶,但是盐对于 λ-卡拉胶的性质没有影响。卡拉胶与刺槐豆胶、魔芋胶、黄原胶等胶体可产生协同作用,能提高凝胶的弹性和保水性,通常在烟草中作为复配胶粘剂使用,在再造烟叶和卷烟爆珠中使用卡拉胶应满足表 5.10 和表 5.11 中的技术要求。

表 5.10　适合再造烟叶和卷烟爆珠用卡拉胶技术指标

项目		要求/指标	检验方法
感官要求	色泽	类白色或淡黄色至棕黄色	将适量试样置于清洁、干燥的白瓷盘中,在自然光线下观察其色泽和状态
	状态	粉末或颗粒	

续表

项目		要求/指标	检验方法
理化指标	硫酸酯(以 SO₄计),w/(%)	15～40	GB 1886.169—2016
	黏度/(Pa·s)	≥0.005	GB 1886.169—2016
	干燥减量,w/(%)	≤12.0	GB 5009.3 直接干燥法[a]
	总灰分,w/(%)	15～40	GB 1886.169—2016
	酸不溶灰分,w/(%)	≤1	GB 1886.169—2016
	酸不溶物,w/(%)	≤15	GB 1886.169—2016
	pH	8～11	GB 1886.169—2016
	残留溶剂[b](异丙醇、甲醇),w/(%)	≤0.1	GB 1886.169—2016
	铅(Pb)/(mg/kg)	≤5.0	GB 5009.75 或 GB 5009.12
	砷(As)/(mg/kg)	≤3.0	GB 5009.76
	镉(Cd)/(mg/kg)	≤2.0	GB 5009.15
	汞(Hg)/(mg/kg)	≤1.0	GB 5009.17

注:[a] 干燥温度为 105 ℃,时间为 4 h。

　　[b] 仅针对提取溶剂为异丙醇或甲醇的产品。

表 5.11　适合再造烟叶和卷烟爆珠用卡拉胶的微生物指标

项目		指标	检验方法[a]
菌落总数/(CFU/g)		≤5000	GB 4789.2
大肠埃希氏菌	(CFU/g)	<10	GB 4789.38
	(MPN/g)	<3.0	
沙门氏菌(25 g)		不得检出	GB 4789.4

注:[a] 在无菌条件下,称取 1.0 g 试样,溶解于 100 mL 磷酸盐缓冲液或生理盐水中,配制成 1:100 稀释度的溶液。

八、阿拉伯胶主要技术指标及检验方法[58]

由于阿拉伯胶结构上带有部分蛋白物质及鼠李糖,阿拉伯胶有非常良好的亲水、亲油性,是非常好的天然水包油型乳化稳定剂。其在卷烟爆珠中应用广泛,使用时应满足表5.12和表5.13中的技术要求。

表 5.12　适合再造烟叶和卷烟爆珠用阿拉伯胶技术指标

项目		要求/指标		检验方法	
感官要求	色泽	白色至棕黄色		将适量试样置于白瓷盘内,在自然光线下观察其色泽和状态	
	状态	颗粒状或粉末			
理化指标	干燥减量,w/(%)	颗粒状物	粉状物	颗粒状物	粉状物
		15	10	GB 5009.3 直接干燥法[a]	
	灰分,w/(%)	4		GB 5009.4[b]	
	酸不溶灰分,w/(%)	≤0.5		GB 29949—2013	
	酸不溶物,w/(%)	≤1		GB 29949—2013	
	铅(Pb)/(mg/kg)	≤2		GB 5009.12	
	淀粉或糊精	通过试验		GB 29949—2013	
	单宁胶	通过试验		GB 29949—2013	

注:[a] 干燥温度和时间分别为(105±2) ℃和 5 h。

　　[b] 灼烧温度和时间分别为(675±25) ℃和 8 h。

表 5.13   适合再造烟叶和卷烟爆珠用阿拉伯胶的微生物指标

项目	指标	检验方法
大肠埃希氏菌/(MPN/g)	<3.0	GB 4789.38
沙门氏菌	未检出/25 g	GB 4789.4

九、罗望子胶主要技术指标及检验方法[59]

罗望子胶具有优良的化学性质和热稳定性,是良好的天然黏合剂。在生产再造烟叶的过程中,罗望子胶既是良好的胶粘剂,又是膏类添加物的增稠剂和稳定剂,使用时应满足表 5.14 和表 5.15 中的技术要求。

表 5.14   适合再造烟叶用罗望子胶的技术指标

项目		要求/指标	检验方法
感官要求	色泽	白色至淡褐色	将适量试样置于清洁、干燥的白瓷盘中,在自然光线下观察其色泽和状态,并嗅其气味
	状态	粉末	
	气味	几乎没有气味或略微有一点特殊的气味	
理化指标	干燥减量,w/(%)	≤14.0	GB 5009.3
	灼烧残渣,w/(%)	≤5.0	GB 5009.4
	蛋白质,w/(%)	≤3.0	GB 5009.5
	重金属(以 Pb 计)/(mg/kg)	20.0	GB 5009.74
	砷(As)/(mg/kg)	≤3.0	GB 5009.76
	铅(Pb)/(mg/kg)	≤10.0	GB 5009.12

表 5.15   适合再造烟叶用罗望子胶微生物指标

项目	指标	检验方法
菌落总数/(CFU/g)	≤10000	GB 4789.2
大肠菌群/(MPN/g)	≤3.0	GB 4789.3

十、槐豆胶主要技术指标及检验方法[60]

槐豆胶具有能够大量结合水的能力,通常与其他增稠剂复配用作增稠剂、持水剂、黏合剂、乳化剂、胶凝剂等。其应用在再造烟叶和卷烟爆珠中时应满足表 5.16 和表 5.17 中的技术要求。

表 5.16   适合再造烟叶和卷烟爆珠用槐豆胶技术指标

项目		要求/指标	检验方法
感官要求	色泽	白色至微黄色	将适量试样置于白瓷盘内,在自然光线下观察其色泽和状态
	状态	粉末	
理化指标	干燥减量,w/(%)	≤14.0	GB 5009.3 直接干燥法[a]
	灰分,w/(%)	≤1.2	GB 5009.4[b]
	酸不溶物,w/(%)	≤4.0	GB 29945—2013
	蛋白质,w/(%)	≤7.0	GB 5009.5[c]
	残留溶剂(乙醇和异丙醇),w/(%)	≤1.0	GB 29945—2013
	淀粉试验	通过试验	GB 29945—2013
	铅(Pb)/(mg/kg)	≤2	GB 5009.12

注:[a] 干燥温度和时间分别为(105±2)℃和 5 h。

[b] 灼烧温度和时间分别为(800±25)℃和 3~4 h。

[c] 蛋白质系数为 6.25。

表 5.17 适合再造烟叶和卷烟爆珠用槐豆胶微生物指标

项目	指标	检验方法
菌落总数/(CFU/g)	≤5000	GB 4789.2
大肠埃希氏菌/(MPN/g)	<3.0	GB 4789.38
沙门氏菌	未检出/25 g	GB 4789.4
霉菌和酵母/(CFU/g)	≤500	GB 4789.15

十一、环糊精主要技术指标及检验方法[61-62]

β-环糊精(简称 β-CD)是淀粉经酸解环化生成的产物。它可以包络各种化合物分子,增加被包络物对光热、氧的稳定性,改变被包络物质的理化性质,在卷烟爆珠中应用广泛,使用时应满足表 5.18 和表 5.19 中的技术要求。

表 5.18 适合再造烟叶和卷烟爆珠用 β-环糊精技术指标

项目		要求/指标	检验方法
感官要求	色泽	白色或近白色	将适量试样置于清洁、干燥的白瓷盘内,在自然光线下观察其色泽和状态
	状态	晶状固体或粉末	
理化指标	β-环糊精含量(以干基计),w/(%)	98.0～101.0	GB 1886.352—2021
	水分,w/(%)	≤14.0	GB 5009.3 直接干燥法或 卡尔·费休法
	灼烧残渣,w/(%)	≤0.1	GB/T 9741
	还原糖,w/(%)	≤1.0	GB 1886.352—2021
	铅(Pb)/(mg/kg)	≤2.0	GB 5009.12
	无机砷(以 As 计)	≤1.0	GB 5009.11
	六价铬(Cr^{6+})	≤0.5	YQ/T 60

表 5.19 适合再造烟叶和卷烟爆珠用 β-环糊精的微生物指标

项目	指标	检验方法
菌落总数/(CFU/g)	≤1000	GB 4789.2
大肠菌群/(MPN/g)	≤3.0	GB 4789.3
霉菌/(CFU/g)	≤25	GB 4789.15
酵母/(CFU/g)	≤25	GB 4789.15
沙门氏菌/25 g	不得检出	GB 4789.4
金黄色葡萄球菌/25 g	不得检出	GB 4789.10
志贺氏菌/25 g	不得检出	GB 4789.05
溶血性链球菌/25 g	不得检出	GB 4789.11

十二、淀粉胶粘剂主要技术指标及检验方法

烟用淀粉胶是水基型胶粘剂的一种,主要的技术指标和检验方法与烟用水基胶基水一致,需要测试烟用淀粉胶的黏度以及 pH 值。测试方法和烟用水基胶的测试方法基本一致。

烟用淀粉胶调试固体含量的方式与普通水基胶粘剂的原理一致,但是测试方法上略有不同。在烟用淀粉胶测试中,黏度以糖度(brix)表示,测试设备也是使用糖度计。测试方法如下:

①用纸巾将糖度计擦拭干净;

②将木棒放进被测样品内充分润湿;

③取少许被测样品涂在糖度计下方的三棱镜上;

④立即用力关闭位于上方的三棱镜,确保两扇三棱镜紧闭,放置 30 s;

⑤将糖度计垂直对准光源,读取数据。

胶粘剂通用主要技术指标包含外观(感官)、含量、水分、灰分、pH 值、重金属、微生物指标等。以上介绍了具体胶粘剂的技术要求和检测方法,以下主要介绍几种评定胶粘剂质量的其他通用常规检测方法。

（1）外观

用目视方法检查胶粘剂成分中的视觉质量。测定时,取 $20\sim50$ g 液态胶粘剂置于 $50\sim100$ mL 的玻璃烧杯中,用玻璃棒将胶粘剂提起到距烧杯口约 20 cm 处,观察胶液流动状态及色泽,要求胶液质地均匀、黏度适中、色泽鲜亮,不含机械杂质及其他可视杂质等。

（2）pH 值

胶粘剂的水提取液或水溶液的 pH 值测定,常用比色法和 pH 计法。比色法简单,但误差大,只能测得近似值。用 pH 计法,测试时,称取胶粘剂试样于烧杯内,加一定体积的蒸馏水,充分溶解、混匀,放置室温,用 pH 计测定。

（3）密度

密度随温度而变化,当表示密度时,必须表明温度。胶粘剂通常测其相对密度。物质的密度和同体积水的密度之比称为该物质的相对密度(D),可用下式表示:

$$D_4^{20} = \frac{\text{单位容积 20 ℃试样质量(g)}}{\text{同等容积 4 ℃水的质量(g)}} \tag{5-1}$$

测试时,洁净干燥的比重瓶称重为 W_1、W_2,用吸管将新煮沸并冷却的蒸馏水装入比重瓶 W_1,放在 20 ℃恒温槽中恒温 30 min,取出揩干瓶外水分,然后称瓶与水的重量为 W_3。同样,将胶粘剂试样注入比重瓶 W_2,于 20 ℃恒温槽中恒温 1 h,取出用滤纸揩去毛细管中溢出的试样和瓶外的水分,称重为 W_4,用下式计算相对密度:

$$D_{20}^{20} = \frac{W_3 - W_1}{W_4 - W_2} \tag{5-2}$$

（4）固体含量

固体含量是胶粘剂在一定温度下,加热后剩余物重量与试样重量的比值百分数。测定方法国内外均采用供箱法,干燥温度与时间各不相同。美国、日本等均以胶粘剂分类,规定了相应的干燥温度和时间,详细参阅 ASTM D 1489、ASTM D 1582、JIS K6839。

固体含量按下式计算:

$$x = \frac{G_2}{G_1} \times 100\% \tag{5-3}$$

式中:x——胶粘剂的固体含量(%);

G_1——胶粘剂干燥前的重量(g);

G_2——胶粘剂干燥后的重量(g)。

试验结果取两次平行试验数值的平均值,两次平行试验数值之差应不大于 1%。

（5）黏度

黏度是流体的内摩擦，表示一层液体与另一层液体做相对运动时的阻力。黏度是评价胶粘剂质量的一项重要指标。黏度测试方法很多，有毛细管黏度法、旋转黏度法和落球黏度法等。再造烟叶胶一般用旋转黏度法。胶粘剂的绝对黏度多采用旋转黏度计测定。黏度按下式计算：

$$\eta = Ka \tag{5-4}$$

式中：η——绝对黏度（Pa·s）；

　　　K——系数（查表）；

　　　a——偏转角度（指针读数）。

胶粘剂多属非牛顿流体，具有触变性，在一定温度下其黏度不是恒定的。测定时，如果连续多次进行，其黏度会逐渐降低。为了避免在黏度测定过程中由于转子旋转而引起的误差，规定转子旋转时间是必要的，国外标准如 JIS 6838 对此有明确规定。旋转黏度法国外参考标准有 ASTM D1048—63、ASTM D2556—69。我国标准为 GB/T 2794—2022。

（6）贮存期

胶粘剂在规定贮存条件下，能保持使用工艺性能的贮存时间为贮存期，一般以黏度作为判定指标。判定指标黏度、测试周期均应事先规定。观察胶粘剂黏度变化规律，直至超过限定的正常使用黏度为止。

第五节　其他烟用胶粘剂分析技术

随着对烟草再造烟叶质量的要求越来越高，不仅要求再造烟叶的机械性能与烟叶性能相近，化学性能和燃吸性也要与烟叶接近，这就要求薄片中使用的胶粘剂物理机械性能和粘接性要好，而且无毒、无害、无不良气味。而随着爆珠卷烟的发展，人们不仅要求卷烟爆珠中胶粘剂满足爆珠壁材制备工艺，同时也要求胶粘剂无毒、无害、无不良气味。

一、分析方法

采用顶空-固相微萃取-气相色谱-质谱法分析了常见烟用其他胶粘剂的挥发性半挥发性成分。分析方法如下。

前处理条件：取样品 0.5 g，加入 20 μL 喹啉（内标）的二氯甲烷溶液进行萃取，进顶空-固相微萃取-气相色谱-质谱仪直接测定。

HS-SPME 条件：萃取温度为 80 ℃，萃取时间为 20 min，解吸附时间为 3 min，萃取头转速为 250 r/min。

气相色谱条件：色谱柱为 DB-5MS 毛细管色谱柱（60 m×0.25 mm×0.25 μm）。进样口温度为 250 ℃，升温程序为初始温度 40 ℃，保持 1 min，以 2 ℃/min 的速率升至 250 ℃，保持 10 min。载气：高纯氦气，恒流模式，柱流量 2 mL/min。进样方式：分流进样，分流比20∶1。

质谱条件：电离方式为 EI；电离能量为 70 eV；离子源温度为 200 ℃；传输线温度为 260 ℃；检测模式为全扫描（full scan）监测模式，质量扫描范围为 30～500 amu；溶剂延迟时间为 1 min。

二、预胶化淀粉分析结果

预胶化淀粉的分析结果表明（见表 5.20），其中主要的挥发性半挥发性成分为十九烷、十四烷、四氢-4H-吡喃-4-醇、碳酸壬基乙烯酯。

表 5.20 预胶化淀粉挥发性半挥发性成分分析结果

序号	保留时间/min	化合物	相对含量/(%)
1	6.80	四氢-4H-吡喃-4-醇	16.164
2	38.79	3-羟基-丁醛	3.492
3	59.73	十四烷	18.475
4	65.29	3-丁烯酰胺	4.161
5	68.16	碳酸壬基乙烯酯	11.199
6	69.94	1-七烷胺	7.611
7	72.08	十九烷	32.370
8	83.22	碳酸癸壬酯	6.527

三、营养琼脂分析结果

营养琼脂的分析结果表明(见表 5.21),其中主要的挥发性半挥发性成分为 2,4-二叔丁基苯酚、1,2,3-丙三醇-三乙酸酯、2-哌啶酮。

表 5.21 营养琼脂挥发性半挥发性成分分析结果

序号	保留时间/min	化合物	相对含量/(%)
1	23.91	2,6-二甲基吡嗪	3.770
2	44.13	2-哌啶酮	14.807
3	55.47	1,2,3-丙三醇-三乙酸酯	15.669
4	59.72	草酸 2-乙基己基异己基酯	5.174
5	66.44	2,4-二叔丁基苯酚	56.834
6	72.10	3-乙基-3-甲基庚烷	3.746

四、罗望子胶分析结果

罗望子胶的分析结果表明(见表 5.22),其中主要的挥发性半挥发性成分为己酸、己醛、亚硫酸壬基戊酯、戊醇、庚酸、γ-己内酯。

表 5.22 罗望子胶挥发性半挥发性成分分析结果

序号	保留时间/min	化合物	相对含量/(%)
1	10.96	戊醛	0.859
2	14.15	戊醇	3.189
3	16.08	己醛	7.539

续表

序号	保留时间/min	化合物	相对含量/(%)
4	21.15	正戊酸	0.455
5	22.06	3-甲硫基丙醇	0.086
6	22.70	1H-1,2,3,4-四唑-5-基乙胺	0.258
7	23.03	庚醛	0.205
8	29.84	己酸	72.298
9	30.83	辛醛	0.595
10	33.13	1-甲基双环[3.2.1]辛烷	0.258
11	33.50	3-辛烯-2-酮	0.980
12	34.59	γ-己内酯	1.279
13	36.05	庚酸	1.642
14	37.70	1-戊烯	0.171
15	37.91	亚硫酸壬基戊酯	5.686
16	42.08	异硫氰酸烯丙酯	0.100
17	46.10	己酸-2-甲基丙酯	0.263
18	46.32	癸醛	0.263
19	48.47	2,3-二氢-4-甲基-呋喃	0.458
20	51.17	亚硫酸己基辛酯	0.094
21	52.04	己酸戊酯	0.213
22	54.40	5-甲基十八烷	0.041
23	55.45	1,3-甘油二乙酸酯	0.980
24	57.13	γ-丁内酰胺	0.275
25	57.83	2-丁基-2-辛烯醛	0.768
26	59.71	十九烷	0.451
27	62.84	丙烷	0.063
28	64.14	2-丙酰胺	0.037
29	64.45	2-哌啶酮	0.052
30	66.07	十八烷基-2-丙酯亚硫酸	0.076

序号	保留时间/min	化合物	相对含量/(%)
31	70.35	3-甲基-癸烷	0.077
32	72.08	十六烷	0.249
33	76.75	1-(2-甲基-1-环戊烯-1-基)乙醇酮	0.037

五、壳聚糖分析结果

壳聚糖的分析结果表明(见表5.23),其中主要的挥发性半挥发性成分为2,4-二叔丁基苯酚、2,5-二甲基-1,4-苯二酚、十四烷。

表5.23　壳聚糖挥发性半挥发性成分分析结果

序号	保留时间/min	化合物	相对含量/(%)
1	56.20	2,5-二甲基-1,4-苯二酚	4.071
2	57.76	3-甲基-癸烷	0.414
3	59.72	十四烷	3.861
4	63.03	硬脂醇	1.605
5	63.53	5-甲基-2-(1-甲基乙基)-1-己醇	0.377
6	65.29	3-乙基-3-甲基庚烷	0.632
7	65.90	反式-2,3-环氧癸烷	0.283
8	66.43	2,4-二叔丁基苯酚	81.537
9	68.08	碳酸十一烷基酯	1.495
10	68.74	草酸双(6-乙基辛-3-基)酯	3.234
11	70.35	2-甲基-三十三烷	1.537
12	73.50	2-甲基-3-庚酮	0.332
13	77.26	2-甲基-4-庚酮	0.251
14	80.12	3,3-二甲基己烷	0.370

六、瓜尔胶分析结果

瓜尔胶的分析结果表明(见表5.24),其中主要的挥发性半挥发性成分为苯甲酸、辛酸、2-丁基-2-辛烯醛、己内酰胺、山梨酸、己醛。

表5.24　瓜尔胶挥发性半挥发性成分分析结果

序号	保留时间/min	化合物	相对含量/(%)
1	16.09	己醛	9.863

续表

序号	保留时间/min	化合物	相对含量/(%)
2	28.64	辛酸	13.327
3	30.86	辛醛	3.029
4	35.57	山梨酸	10.744
5	38.70	壬醛	2.782
6	42.75	苯甲酸	13.446
7	45.86	菠萝酮	1.791
8	49.76	己内酰胺	12.821
9	51.18	2-丙酰胺	1.042
10	55.46	1,2,3-丙三醇-三乙酸酯	7.854
11	56.44	2-(1-甲基-2-吡咯烷基)吡啶	3.912
12	57.17	丙烷	1.287
13	57.83	2-丁基-2-辛烯醛	13.168
14	59.70	十六烷	4.931

参考文献

[1] 金海燕.烟草薄片粘合剂的研制[J].化学工程师,2011,185(2):58-60.

[2] 范红梅,金勇,李亚白,等.一种稠浆法再造烟叶用胶粘剂:201510151670.8[P].2015-04-01.

[3] 胡静,黄翼飞,钟玮,等.一种加热不燃烧烟草制品用胶粘剂及其应用:201910782567.1[P]. 2019-08-23.

[4] 胡金鑫,葛继武,茅正阳,等.一种植物胶基爆珠壁材及其制备方法:202210398237.4[P].2022-04-15.

[5] 孙绍彬,代进鹏,金永春,等.一种防粘连、快速溶解的食用爆珠及其制备方法:202211146610.3[P].2022-09-21.

[6] 孟鑫,刘妍,田园,等.改性淀粉胶粘剂的研究进展[J].化学与粘合,2022,44(3):248-252.

[7] 刘志坤,于红卫,方群,等.淀粉胶粘剂的研究和应用进展[J].中国胶粘剂,2015,24(5):45-50.

[8] HE M,YANG G H,CHEN J C,et al. Nanofibrillation of a Bleached Acacia Pulp by Grinding with Carboxymethylation Pretreatment[J]. Paper and Biomaterials,2018,3(3):32-38.

[9] 李外,赵雄虎,季一辉,等.羧甲基纤维素制备方法及其生产工艺研究进展[J].石油化工,2013,42(6):693-702.

[10] ALAM A,MONDAL M. Utilization of cellulosic wastes in textile and garment industries. Ⅰ. Synthesis and grafting characterization of carboxymethyl cellulose from knitted rag[J]. Journal of Applied Polymer Science,2013,128(2):1206-1212.

[11] CAI J,ZHANG L N. Unique gelation behavior of cellulose in NaOH/urea aqueous solution [J]. Biomacromolecules,2006,7(1):183-189.

[12] SONG Y B,ZHOU Y,CHEN L Y. Wood cellulose-based polyelectrolyte complex

nanoparticles as protein carriers[J]. Journal of Materials Chemistry,2012,22(6):2512-2519.

[13] HEINZE T, SCHWIKAL K, BARTHEL S. Ionic Liquids as Reaction Medium in Cellulose Functionalization[J]. Macromolecular Bioscience,2005,5(6):520-525.

[14] RAMOS L A, FROLLINI E, HEINZE T. Carboxymethylation of cellulose in the new solvent dimethyl sulfoxide/tetrabutylammonium fluoride[J]. Carbohydrate Polymers,2005,60(2):259-267.

[15] CHENG D, WEI P D, ZHANG L N, et al. New Approach for the Fabrication of Carboxymethyl Cellulose Nanofibrils and the Reinforcement Effect in Water-Borne Polyurethane[J]. ACS Sustainable Chemistry&En-gineering,2019,7(13):11850-11860.

[16] MONDAL M I H, YEASMIN M S, RAHMAN M S. Preparation of food grade carboxymethyl cellulose from corn husk agrowaste[J]. International Journal of Biological Macromolecules,2015,79:144-150.

[17] JOSHI G, NAITHANI S, VARSHNEY V K, et al. Synthesis and characterization of carboxymethyl cellulose from office waste paper: A greener approach towards waste management[J]. Waste Management,2015,38:33-40.

[18] OLARU N, OLARU L. Influence of Organic Diluents on Cellulose Carboxymethylation[J]. Macromolecular Chemistry and Physics,2001,202(1):207-211.

[19] 张玲玲,周乃锋,张军燚,等.基于消晶活化预处理法的高取代度羧甲基纤维素制备[J].纺织学报,2014,35(1):25-29,34.

[20] IBRAHIM M M, EL-ZAWAWY W K, ABDEL-FATTAH Y R, et al. Comparison of alkaline pulping with steam explosion for glucose production from rice straw[J]. Carbohydrate Polymers,2010,83(2):720-726.

[21] RAHKAMO L, VIIKARI L, BUCHERT J, et al. Enzymatic and alkaline treatments of hardwood dissolving pulp[J]. Cellulose,1998,5(2):79-88.

[22] 王文枝.豆渣制备高粘度羧甲基纤维素的研究[D].南京:南京农业大学,2007.

[23] 谭凤芝,李沅,王大鹭,等.微波辐射下高取代度羧甲基纤维素的制备[J].大连工业大学学报,2008,27(2):149-151.

[24] SANTOS D M D, BUKZEM A D L, ASCHERI D P R, et al. Microwave-assisted carboxymethylation of cellulose extracted from brewer's spent grain[J]. Carbohydrate Polymers,2015,131:125-133.

[25] HIVECHI A, BAHRAMI S H, ARAMI M, et al. Ultrasonic mediated production of carboxymethyl cellulose:Optimization of conditions using response surface methodology[J]. Carbohydrate Polymers,2015,134:278-284.

[26] 吴爱耐,斯公敏.羧甲基纤维素钠最佳工艺制备条件研究[J].科技通报,1998,14(3):193-198.

[27] 覃海错,黄文榜,孙一峰,等.甘蔗渣纤维制备羧甲基纤维素新工艺[J].广西师范大学学报(自然科学版),1998,16(1):87-90.

[28] RACHTANAPUN P, JANTRAWUT P, KLUNKLIN W, et al. Carboxymethyl Bacterial Cellulose from Nata de Coco:Effects of NaOH[J]. Polymers,2021,13(348):348.

[29] SILVA D A, PAULA R, FEITOSA J P A, et al. Carboxymethylation of cashew tree exudate polysaccharide[J]. Carbohydrate Polymers,2004,58(2):163-171.

[30] 唐徐禹,顾丽莉,李增良,等.天然果胶提取工艺的研究进展[J].纤维素科学与技术,2021,29(4):52-59.

[31] 高健,马路山,胡建军,等.果胶提取技术研究进展[J].食品工业科技,2014,35(6):368-372.

[32]　聂立璇,陈善义,陈千思,等.烟叶果胶研究进展[J].中南农业科技,2023,44(4):240-242,251.

[33]　翁家钏,许润炜,李颖.果胶的提取及分离纯化技术的研究进展[J].现代食品,2016(12):24-27.

[34]　孙艳宾,李宁,梁君玲,等.海藻酸钠提取工艺研究进展[J].食品科技,2022,47(08):201-206.

[35]　季团章,权维燕,李乐凡.卡拉胶的提取工艺及其在医药领域的应用研究进展[J].山东化工,2023,52(5):94-96.

[36]　戚勃,杨贤庆,李来好,等.冷碱处理条件与龙须菜琼胶强度的关系[J].食品科学,2009,30(22):23-26.

[37]　穆凯峰,吴永沛,陈昭华,等.坛紫菜琼胶生产工艺的研究[J].水产科学,2009,28(8):454-457.

[38]　ARVIZU-HIGUERA D,RODRÍGUEZ-MONTESINOS Y E,MURILLO-LVAREZ J I,et al. Effect of alkali treatment time and extraction time on agar from Gracilaria vermiculophylla [J].Journal of Applied Phgcology,2007,20(5):65-69.

[39]　李来好,陈培基,王道公,等.提取江蓠琼脂新工艺条件的研究[J].中国海洋大学学报(自然科学版),1995(S1):227-234.

[40]　宗培杰,赵镜锟,张晓东.从江蓠藻中提取琼胶的工艺研究[J].青岛大学学报(工程技术版),2016,31(2):89-94.

[41]　邱慧霞,赵谋明.酶法海藻提胶工艺的研究[J].食品与机械,1998(2):15-16.

[42]　张雪梅,严海源,张忠亮,等.黄原胶的生产及应用进展[J].轻工科技,2022,38(3):15-19.

[43]　王传芬,蒋文强.壳聚糖的生产与应用[J].农产品加工,2005,34(03):31-34.

[44]　任艳艳,张水华.罗望子胶的生产及其应用[J].食品工业,2003,24(03):24-25.

[45]　杨永利,白玉华.食品级槐豆胶的加工工艺及漂白研究[J].天然产物研究与开发,1997,9(03):44-47.

[46]　于明,朱文学,郭菡,等.响应面分析法优化超声提取槐豆胶工艺[J].食品科学,2013,34(2):114-118.

[47]　董翠芳,王立霞,尹傲.微波辅助提取槐豆胶工艺条件优化[J].广东化工,2021,48(9):58-59.

[48]　王超凡,宋拓,丁俊美.无机溶剂法制备 β-环糊精的工艺研究[J].中国酿造,2013,32(11):112-117.

[49]　柏玉香,吴浩.γ-环糊精工业化生产的研究进展[J].食品与发酵工业,2021,47(22):279-287.

[50]　孔俊豪,史劲松,孙达峰,等.瓜尔胶及其衍生物最新研究进展[J].食品研究与开发,2009,30(4):167-170.

[51]　中华人民共和国国家卫生和计划生育委员会.食品安全国家标准 食品添加剂 羧甲基纤维素钠:GB 1886.232—2016[S].北京:中国标准出版社,2017.

[52]　中华人民共和国卫生部.食品安全国家标准 食品添加剂 果胶:GB 25533—2010[S].北京:中国标准出版社,2011.

[53]　中华人民共和国国家卫生和计划生育委员会.食品安全国家标准 食品添加剂 海藻酸钠(又名褐藻酸钠):GB 1886.243—2016[S].北京:中国标准出版社,2017.

[54]　国家卫生健康委员会,国家市场监督管理总局.食品安全国家标准 食品添加剂 海藻酸钙(又名褐藻酸钙):GB 1886.308—2020[S].北京:中国标准出版社,2020.

[55]　中华人民共和国卫生部.食品安全国家标准 食品添加剂 瓜尔胶:GB 28403—2012[S].北京:中国标准出版社,2012.

[56]　中华人民共和国国家卫生和计划生育委员会.食品安全国家标准 食品添加剂 脱乙酰甲壳素(壳聚糖):GB 29941—2013[S].北京:中国标准出版社,2014.

[57]　中华人民共和国国家卫生和计划生育委员会.食品安全国家标准 食品添加剂 卡拉胶:GB 1886.169—2016[S].北京:中国标准出版社,2017.

［58］ 中华人民共和国国家卫生和计划生育委员会.食品安全国家标准 食品添加剂 阿拉伯胶:GB 29949—2013［S］.北京:中国标准出版社,2014.

［59］ 中华人民共和国国家卫生和计划生育委员会.食品安全国家标准 食品添加剂 罗望子多糖胶: GB 1886.106—2015［S］.北京:中国标准出版社,2016.

［60］ 中华人民共和国国家卫生和计划生育委员会.食品安全国家标准 食品添加剂 槐豆胶(刺槐豆 胶):GB 29945—2013［S］.北京:中国标准出版社,2014.

［61］ 中华人民共和国国家卫生健康委员会,国家市场监督管理总局.食品安全国家标准 食品添加剂 β-环状糊精:GB 1886.352—2021［S］.北京:中国标准出版社,2022.

［62］ 中华人民共和国国家卫生健康委员会,国家市场监督管理总局.食品安全国家标准 食品添加剂 γ-环状糊精:GB 1886.353—2021［S］.北京:中国标准出版社,2021.